职业教育数字媒体技术应用专业系列教材

Adobe Premiere Pro 2023 数字音视频编辑案例教程

主　审　张金秀

主　编　秦　菊　刘鹏程

副主编　姚先莉　刘文森　刘晓梅　孟昭辉

参　编　何晓明　付　玉　卢晓燕　李　超

华中科技大学出版社
http://press.hust.edu.cn
中国·武汉

内容简介

本书坚持立德树人，落实德技并修，深化产教融合，将思想引领、能力培养和知识传授相结合，引入影视编辑制作的新技术、新工艺、新标准，面向影视剪辑、广告制作、栏目包装、特效制作等行业企业技术岗位，培养具备良好专业能力和职业精神的高素质技术技能人才。本书对教学内容进行模块化，坚持理实一体，强化项目载体、任务驱动，激发学生自主学习兴趣；增加多个综合案例和教学视频，拓展学生专业技能和职业素养；增加由校企合作开发的国家级非物质文化遗产项目“济南皮影 VR 博物馆”，将优秀传统文化与现代技术文化融合，渗透人文精神、爱国情怀和创新精神，培养学生“精益求精”的大国工匠精神。

图书在版编目（CIP）数据

Adobe Premiere Pro 2023 数字音视频编辑案例教程 / 秦菊，刘鹏程主编 .—武汉：华中科技大学出版社，2023.6
ISBN 978-7-5680-9718-5

Ⅰ.① A…　Ⅱ.①秦… ②刘…　Ⅲ.①视频编辑软件—教材　Ⅳ.① TP317.53

中国国家版本馆 CIP 数据核字 (2023) 第 118701 号

Adobe Premiere Pro 2023 数字音视频编辑案例教程
Adobe Premiere Pro 2023 Shuzi Yinshipin Bianji Anli Jiaocheng

秦　菊　刘鹏程　主编

策划编辑：金　紫
责任编辑：周怡露
封面设计：金　金
责任监印：朱　玢
出版发行：华中科技大学出版社（中国·武汉）　电话：（027）81321913
武汉市东湖新技术开发区华工科技园　邮编：430223
录　　排：孙雅丽
印　　刷：湖北新华印务有限公司
开　　本：889 mm×1194 mm 1/16
印　　张：12
字　　数：371 千字
版　　次：2023 年 6 月第 1 版第 1 次印刷
定　　价：49.80 元

前　言

Adobe 公司出品的 Premiere 是目前应用较广泛的影视剪辑软件，常用于影视剪辑与后期合成。本书结合学生学情，细化职业面向，精准定位典型工作岗位，提炼典型工作任务，深度分析岗位能力和工作任务，将其融入案例编写中，通过制作案例手把手教学生操作。本书梳理了相关理论知识点，形成清晰的知识脉络，有利于学生完成进阶案例练习，使理论与实践相结合。

本书整体特点如下：案例精讲，步骤详细，知识点融于案例中；聘请企业专家担任指导和顾问；案例配备教学视频，扫描二维码即可观看；“全”与“精”相结合，知识点全面、重点难点精讲。

本书是集体智慧的结晶，从企业调研、院校调研到案例开发、知识点梳理，再到最终审稿通过，由山东临沂市科技信息学校张金秀主审，由山东电子职业技术学院秦菊、山东省济南商贸学校刘鹏程、山东省淄博市工业学校姚先莉、山东省淄博市工业学校刘文森、宁阳县职业中等专业学校刘晓梅、济南骤思广告传媒有限公司孟昭辉等共同编写完成。他们长期从事数字音视频编辑教学和项目研发工作，经验丰富。同时，山东电子职业技术学院何晓明、山东电子职业技术学院付玉、济南工程职业技术学院卢晓燕、济南树莓数码影像有限公司李超，为本书提供大量企业案例与工作室案例，他们有丰富的企业项目制作、工作室项目制作经验，使得本书更具先进性与职业性。

目 录 CONTENTS

模块一

开头不难——影视编辑基础 1

任务 1　春夏秋冬——初识影视编辑 1

任务 2　低碳生活　绿建未来——影视编辑制作流程 9

拓展任务　神奇的大自然 19

模块二

时间的游戏——影视剪辑 21

任务 1　“绿水青山”展示视频 21

任务 2　“未来可期”展示视频 29

拓展任务　“奋斗的青春”宣传片 37

模块三

动画的魅力——动画效果 40

任务 1　“逐梦”短片制作 40

任务 2　“快乐出发”短片制作 46

拓展课堂　动作捕捉 52

模块四

镜头的巧搭——视频转场 55

任务 1　创新科技　引领未来 55

任务 2　民间传统工艺 66

拓展任务　大国工匠 71

模块五

明镜照新妆——视频特效 74

任务 1　面塑定格动画展示视频 74

任务 2　济南皮影戏宣传片 82

拓展任务　偷天换日、盗梦空间 87

模块六

巧妙的解释——字幕和图形 105

任务　《祖国啊，我亲爱的祖国》诗朗诵 105

拓展任务　制作“早闻天下”栏目包装效果 112

模块七

给视频加点“盐”——音频制作 120

任务 1　“大美中国”短片制作 120

任务 2　“诗配乐”短片制作 125

拓展课堂　虚拟现实 131

模块八

难说再见——综合案例 136

任务 1　商品促销宣传广告视频 136

任务 2　Vlog 短视频 171

模块一　开头不难——影视编辑基础

Adobe Premiere Pro 2023 是由 Adobe 公司推出的一款常用视频编辑软件，它提供了出色的字幕工具组合，借助改进功能、简化标题和图形工作流程，提升用户的创作能力和创作自由度，是易学、高效、精确的视频剪辑软件。

本模块通过简单的影视编辑，让读者了解音视频的基础知识、Adobe Premiere Pro 2023 的工作界面，使读者对使用 Adobe Premiere Pro 2023 进行影视编辑的工作流程有初步了解。

- 任务 1　春夏秋冬——初识影视编辑
- 任务 2　低碳生活　绿建未来——影视编辑制作流程
- 拓展任务　神奇的大自然

岗位能力

了解 Adobe Premiere Pro 2023 的基础知识，熟悉 Adobe Premiere Pro 2023 的基本操作，掌握影视编辑制作流程。

项目目标

1. 知识目标

熟练掌握 Adobe Premiere Pro 2023 的界面，明确各部分的功能。

熟练掌握影视编辑制作流程。

2. 能力目标

具备导入视频、音频的能力。

具备视频创意与制作能力。

任务 1　春夏秋冬——初识影视编辑

学习情境

春夏秋冬又称为“四季”，是指一年的四个季节，是地球围绕太阳运行产生的结果。春天始于二十四节气中的“立春”，夏天始于“立夏”，秋天始于“立秋”，冬天始于“立冬”。清代褚人获《隋唐演义》第二十八回中描述：“只见绿一团，红一簇，也不分春夏秋冬，万卉千花，尽皆铺缀。”春夏秋冬视频效果图见图 1-1。

图 1–1　春夏秋冬展示视频效果图

操作步骤指引

1. 启动 Adobe Premiere Pro 2023

选择“开始→所有程序→ Adobe Premiere Pro 2023”或双击桌面上的图标，启动 Adobe Premiere Pro 2023。Adobe Premiere Pro 2023 启动界面见图 1–2。

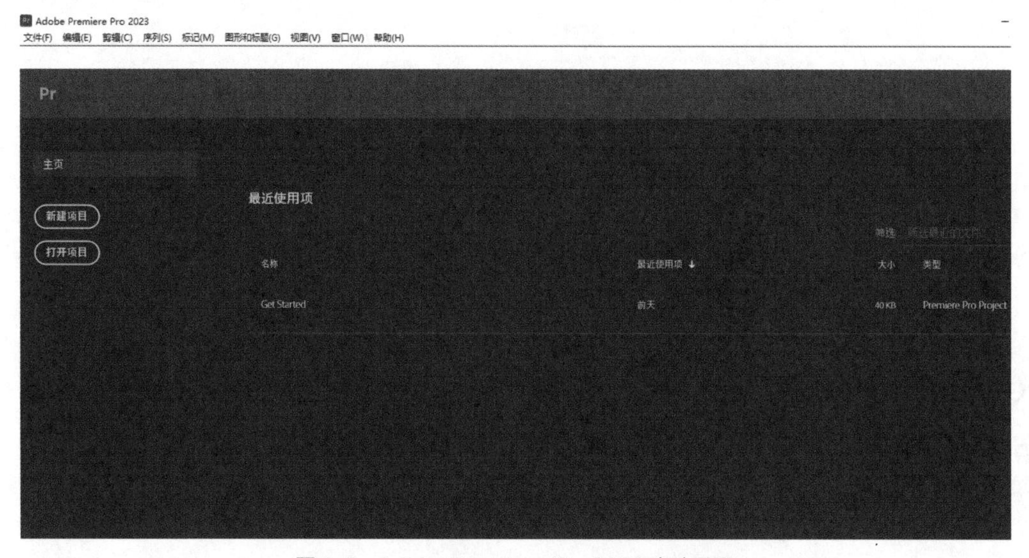

图 1–2　Adobe Premiere Pro 2023 启动界面

2. 新建项目

单击“新建项目”按钮，进入“新建项目”界面，输入项目名，设置项目位置和序列名称，单击“创建”（图 1–3）。

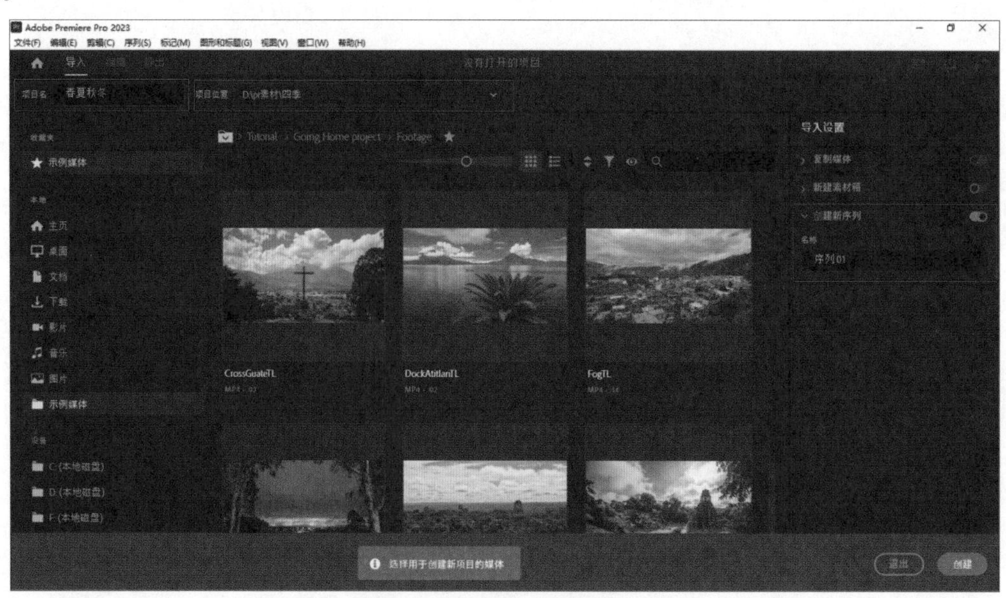

图 1–3　新建项目界面

3. 导入素材

选择“文件→导入”（或使用快捷键 Ctrl+I），弹出“导入”对话框，选择要导入的素材，单击“打开”（图 1–4）。或选择主界面中的“导入”，选择素材，单击“导入”（图 1–5）。或在“项目”面板的空白处双击鼠标，弹出“导入”对话框，选择要导入的素材，单击“打开”（图 1–6）。

图 1–4　“导入“对话框

图 1–5　导入界面

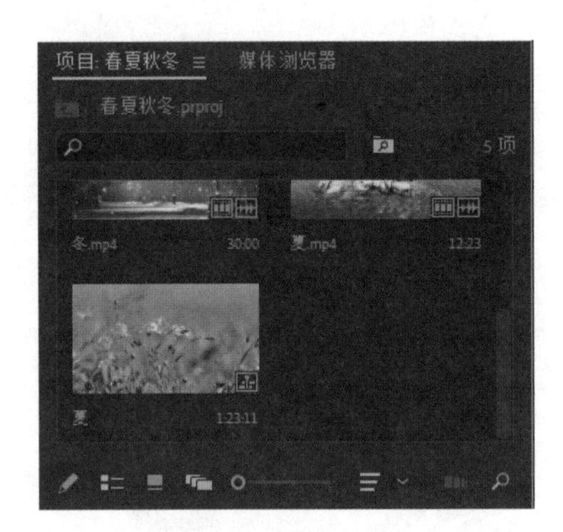

图1–6 “项目”面板

4. 将素材放入时间线面板

①在“项目”面板上单击“春.mp4”，然后按住 Shift 键的同时单击“夏.mp4”“秋.mp4”“冬.mp4”，选中视频素材，将其拖放到“时间线”面板的 V1 轨道中的“00:00:00:00”处，所选素材将按选择的顺序依次排列（图 1–7）。

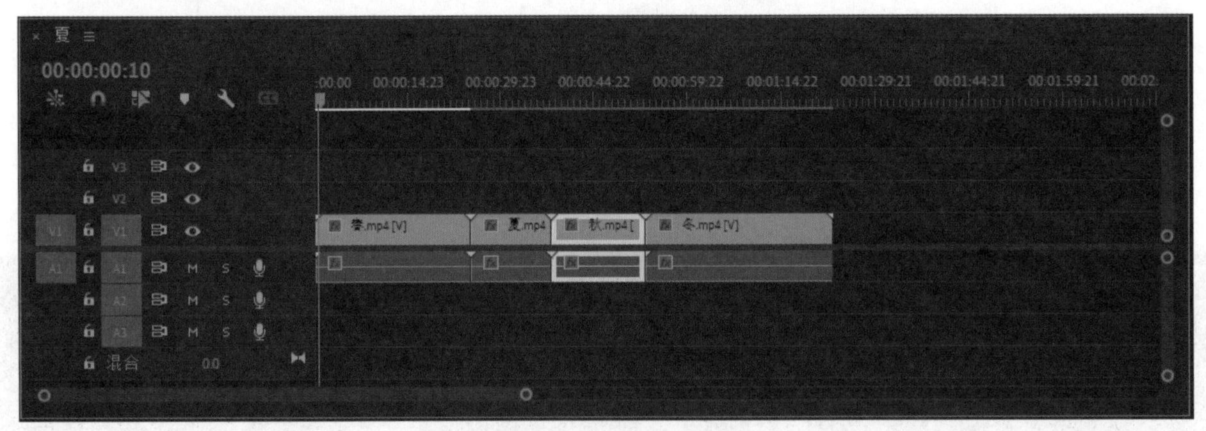

图1–7 “时间线”面板

②在“项目”面板中双击“秋.mp4”，可以在“源”监视器面板中浏览，在“节目”监视器面板中，可以预览“时间线”面板上正在编辑或已经完成编辑的节目效果（图 1–8）。

图1–8 监视器面板（左：“源”监视器面板；右：“节目”监视器面板）

5. 导出媒体

①选择“文件→导出”（或使用快捷键 Ctrl+M），弹出“导出”界面，设置文件名、位置及格式，单击“导出”（图 1–9）。

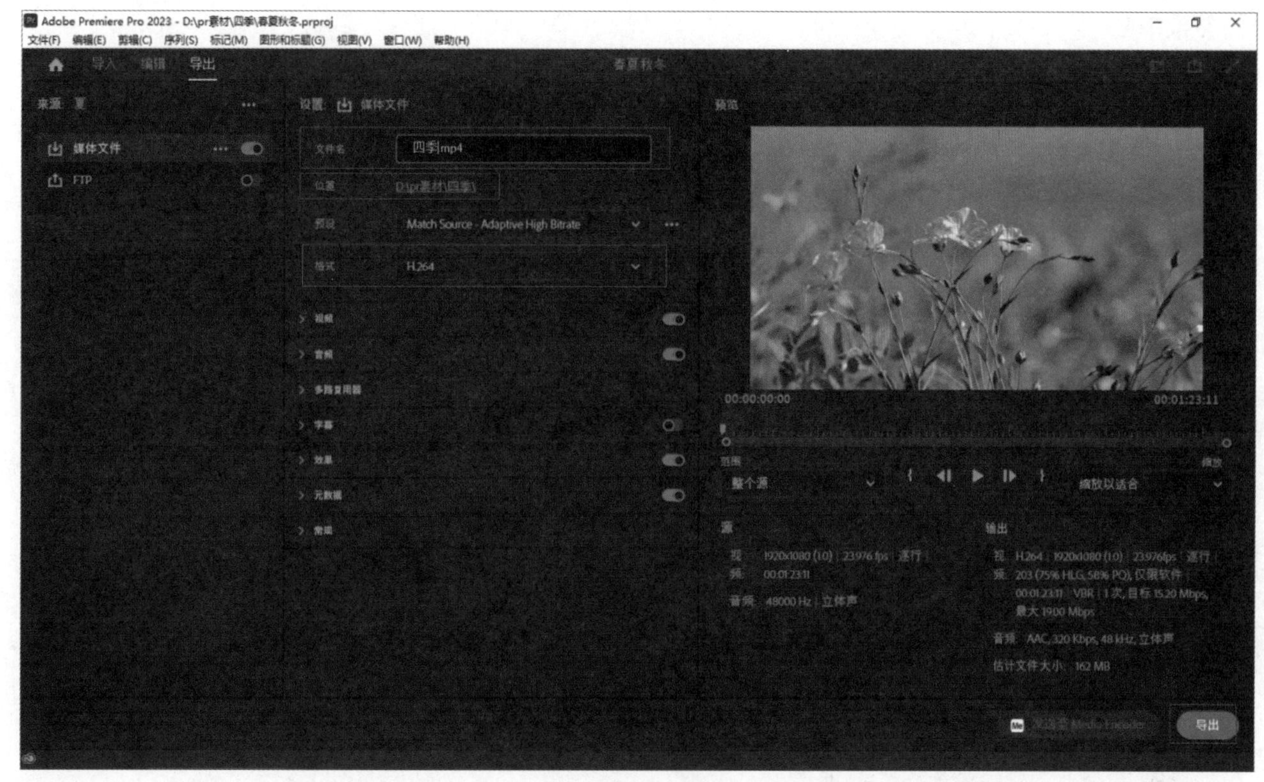

图 1-9　“导出”

岗位技能储备——Adobe Premiere Pro 2023 基础知识

Adobe Premiere Pro 2023 工作界面如图 1-10 所示，在素材编辑工作中，通过对窗口中各面板进行操作来完成影视作品的制作。

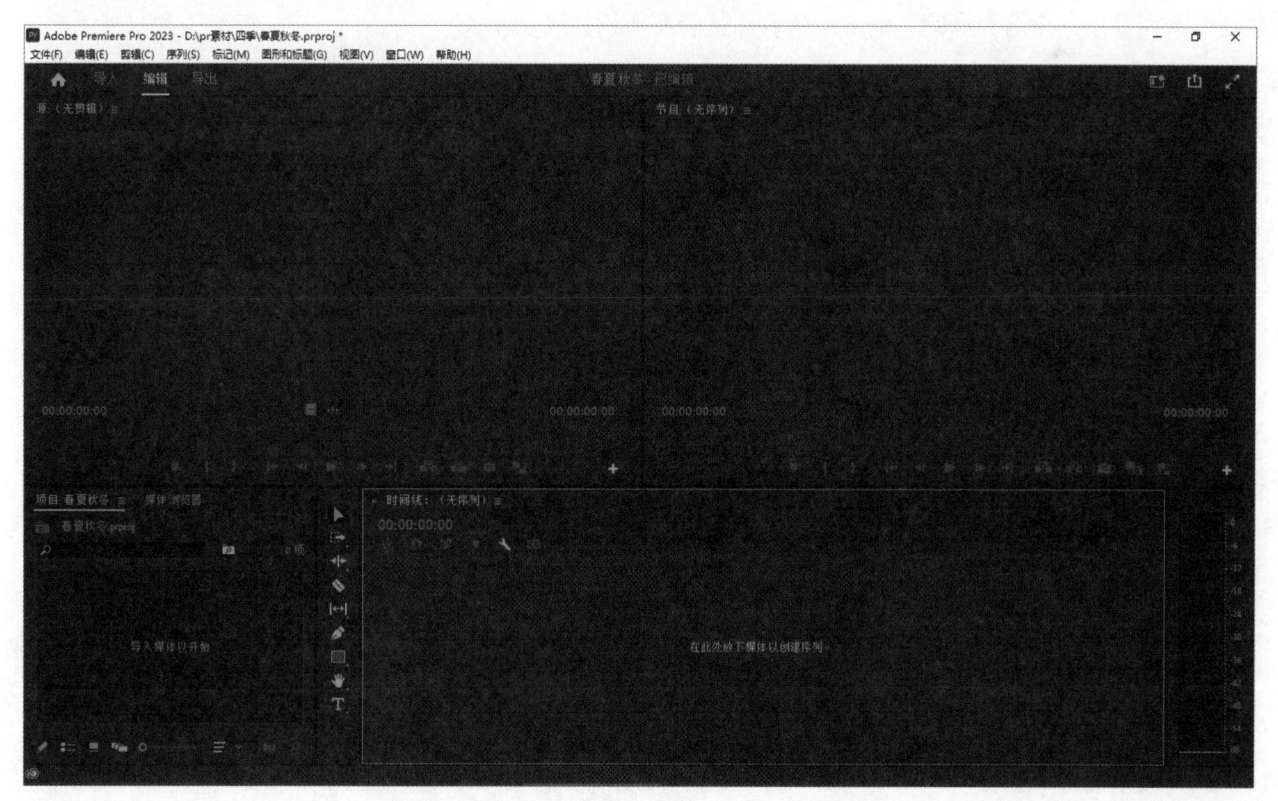

图 1-10　Adobe Premiere Pro 2023 工作界面

1. 菜单栏

文件：主要是创建、打开和保存项目，采集、导入外部视频素材，输出影视作品等操作命令。

编辑：提供对素材的编辑功能，例如还原、复制、清除、查找等。

剪辑：主要用于对素材的编辑处理，包含重命名、移除效果、插入和覆盖等命令。

序列：主要用于在“时间线”面板上预渲染素材，改变轨道数量，包含了序列设置、渲染入点到出点的效果、添加轨道和删除轨道等命令。

标记：主要用于对标记点选择、添加和删除操作，包含了标记剪辑、添加标记、转到下一标记、清除所选标记和编辑标记等命令。

图形和标题：可以安装、导出动态图形模板，新建图层，选择上一个图形、下一个图形，替换项目中的字体等。

视图：可以设置显示模式，标尺、参考线，回放分辨率等。

窗口：主要用于显示或关闭 Adobe Premiere Pro 2023 软件中的各个功能面板。

帮助：提供了程序应用的帮助命令、支持中心和管理扩展等命令。

2.“项目”面板

“项目”面板可以存放建立的序列和导入的素材，通过双击“项目”面板空白处可导入素材，素材可以在列表视图、图标视图、自由变换视图下显示。“项目”面板可链接到项目媒体文件，例如视频剪辑、音频文件、图形、静止图像和序列。用户可以使用“项目”面板中的素材箱组织资源。

3.“时间线”面板

在“时间线”面板中，图像、视频和音频素材有组织地编辑在一起，加入各种转场、特效等，就可以制作视频文件。其最主要的功能之一就是序列间的多层嵌套，也就是可以将一个复杂的项目分解成几个部分，每一部分作为一个独立的序列来编辑，等各个序列编辑完成后，再统一组合为一个总序列，形成序列间的嵌套。灵活应用嵌套功能，可以提高剪辑的效率，能够完成复杂、庞大的影片编辑工程。“时间线”面板为每个序列提供一个名称标签，单击序列名称就会在序列之间切换。

4.“工具”面板

“工具”面板可以对影片进行编辑，见图 1–11。

图 1–11
“工具”面板

5. 监视器

通过 Adobe Premiere Pro 2023 中的“源”监视器和“节目”监视器，用户可以查看视频剪辑和编辑视频序列，了解各监视器中的自定义控件和显示模式。

“监视器”面板是实时预览影片和剪辑影片的重要面板，由两部门组成：左边是“源”监视器面板，右边是“节目”监视器面板，

“源”监视器可播放各个剪辑。在“源”监视器中，可对准备要添加至序列的剪辑设置入点和出点，并指定剪辑的源轨道（音频或视频），也可插入剪辑标记以及将剪辑添加至“时间轴”面板上的序列中。

“节目”监视器可播放正在组合的剪辑的序列，播放的序列就是“时间轴”面板中的活动序列，可以设置序列标记并指定序列的入点和出点，序列入点和出点定义序列中添加或移除帧的位置。

6.“效果”面板

“效果”面板包括预设、Lumetri 预设、音频效果、音频过渡、视频效果、视频过渡（图 1–12）。

7.“效果控件”面板

“效果控件”面板见图 1–13。

图 1-12　效果面板

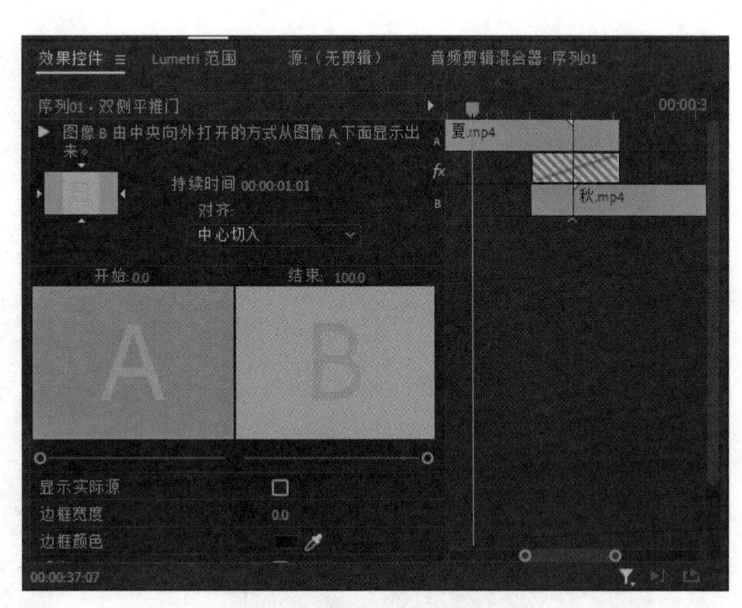

图 1-13　“效果控件”面板

8.“音频剪辑混合器”面板

利用此面板可以混合多个音频，进行音量调节以及音频声道的处理等（图 1-14）。

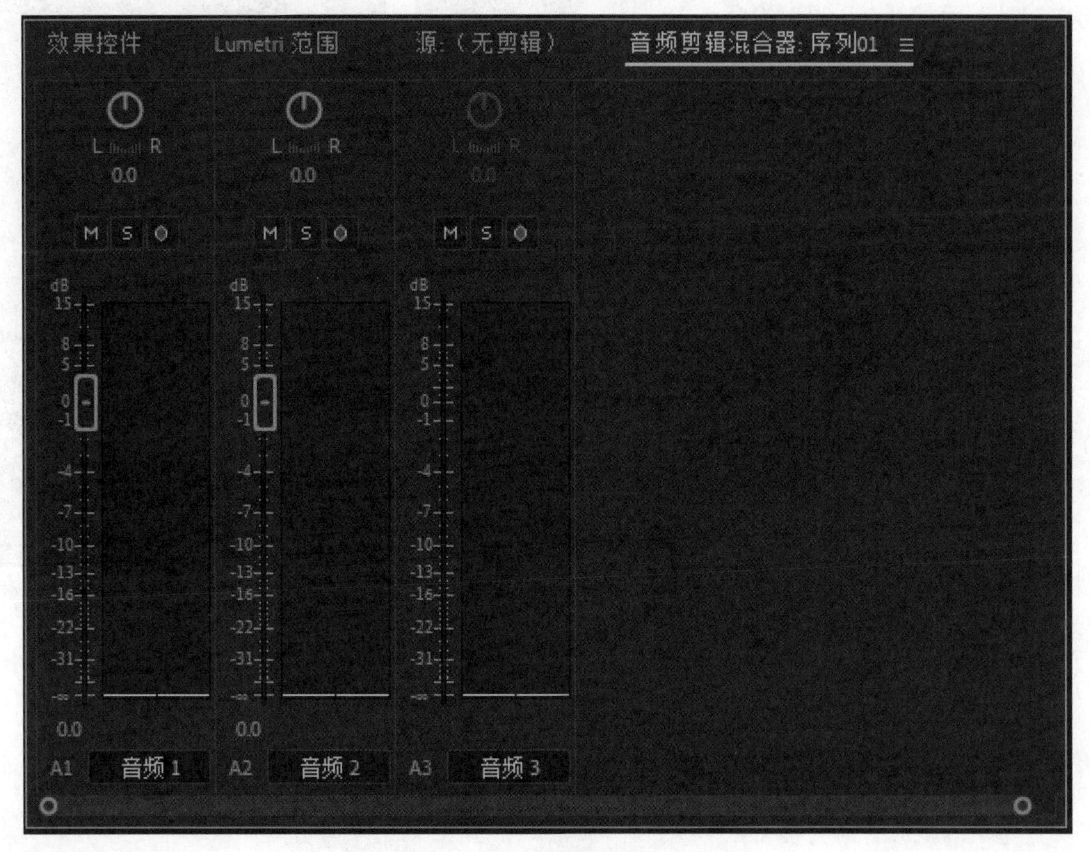

图 1-14　“音频剪辑混合器”面板

9.“信息”面板

在“信息”面板中，主要显示被选中素材及转场的相关信息，见图 1-15。用鼠标在“项目”面板或“时间线”面板上单击某个素材或转场，在“信息”面板中就会显示出被选中素材或转场的基本信息和所在的序列及序列中其他素材的信息。

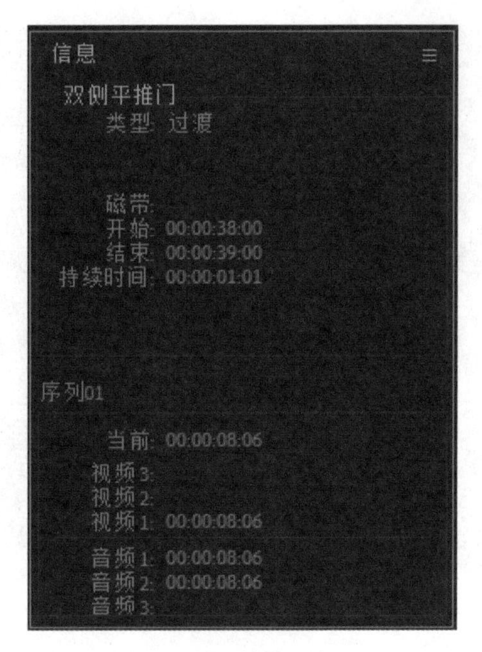

图 1–15 “信息”面板

图 1–16 “历史记录”面板

10. “历史记录”面板

“历史记录”面板可以记录编辑过程中的所有操作，在剪辑的过程中，如果操作失误，可以单击“历史”面板中相应的命令，返回到操作失误之前的状态（图 1–16）。

11. “音波表”面板

“音波表”面板位于“时间线”面板的右侧，当有声音的素材播放时，音波表中以波形表示声音的大小，单位为分贝（图 1–17）。

12. “媒体浏览器”面板

“媒体浏览”面板为快速查找、导入素材提供了非常方便的途径，在这里如同在系统根目录中浏览文件一样，找到需要的素材，可以直接将它拖拽到“项目”面板、“源”面板或“时间线”轨道上（图 1–18）。

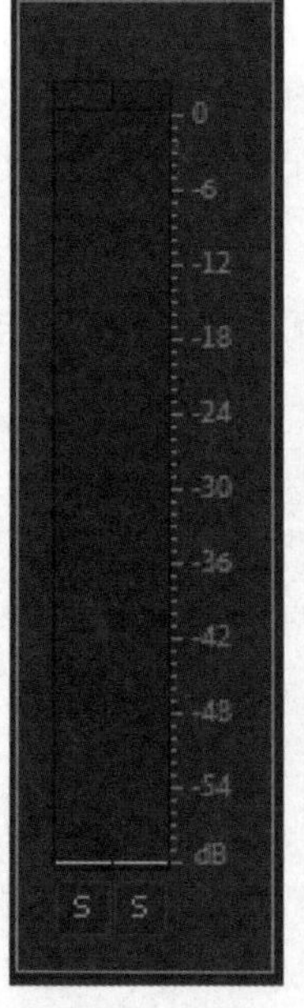

图 1–17 “音波表”面板

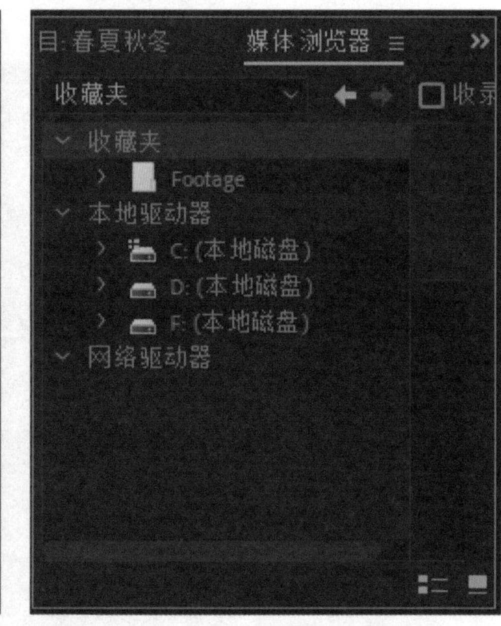

图 1–18 “媒体浏览器“面板

中华传统文化——春夏秋冬的魅力

中国共产党第二十次全国代表大会中提出：“推动绿色发展，促进人与自然和谐共生。”春夏秋冬，有着各自不同的魅力。生机勃勃，夏日炎炎，秋风瑟瑟，冬气来袭，春的暖，夏的热，秋的凉，冬的寒，一年四季都具有自己的魅力，我们应该与大自然和谐相处。

岗位知识储备——音视频编辑基础

任务 2　低碳生活　绿建未来——影视编辑制作流程

学习情境

2021 年，全国节能宣传周定为 8 月 23 日至 8 月 29 日，全国低碳日定为 8 月 25 日。全国节能宣传周活动的主题是“节能降碳　绿色发展”。全国低碳日活动的主题是“低碳生活　绿建未来”。相关展示视频效果图见图 1-19。

图 1-19　“低碳生活 绿建未来”展示视频效果图

操作步骤指引

1. 新建项目文件

① 打开 Adobe Premiere Pro 2023，单击“新建项目”按钮，见图 1-20。

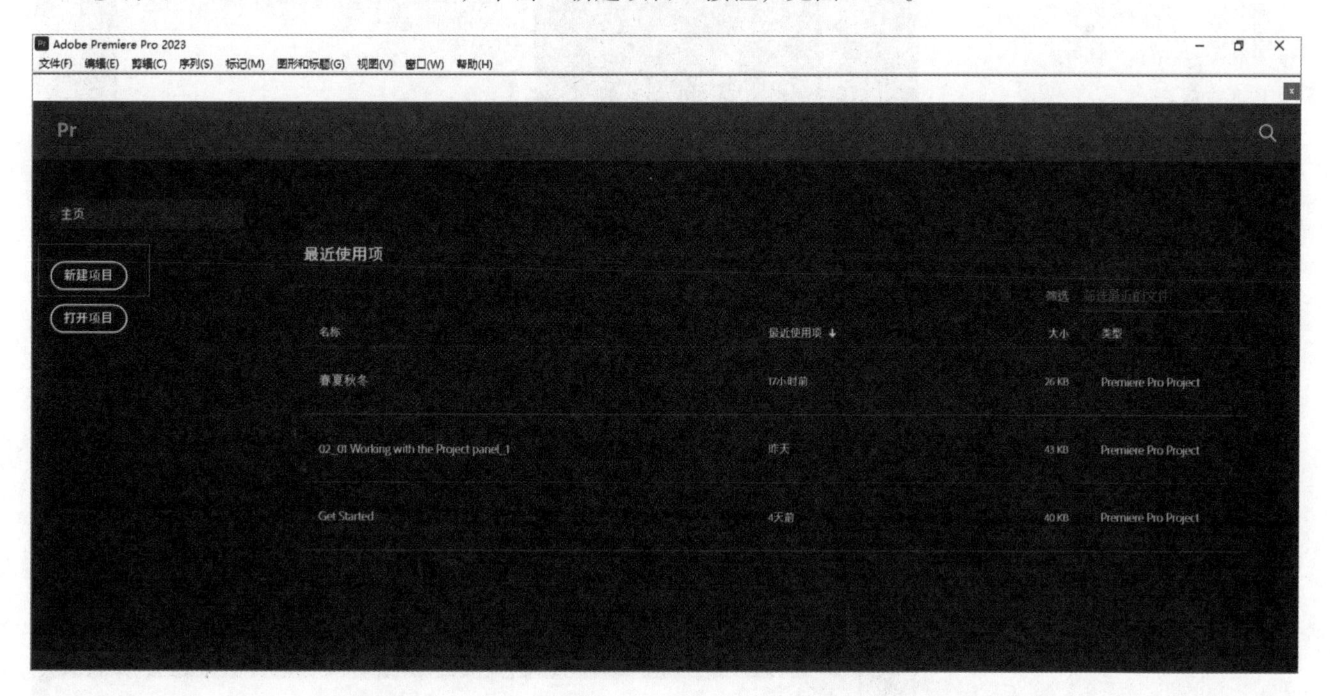

图 1-20　新建项目 1

②在 Adobe Premiere Pro 2023 主页的左上角，单击“项目名”并重命名为“低碳生活　绿建未来”，选择项目位置，单击创建，见图 1-21。

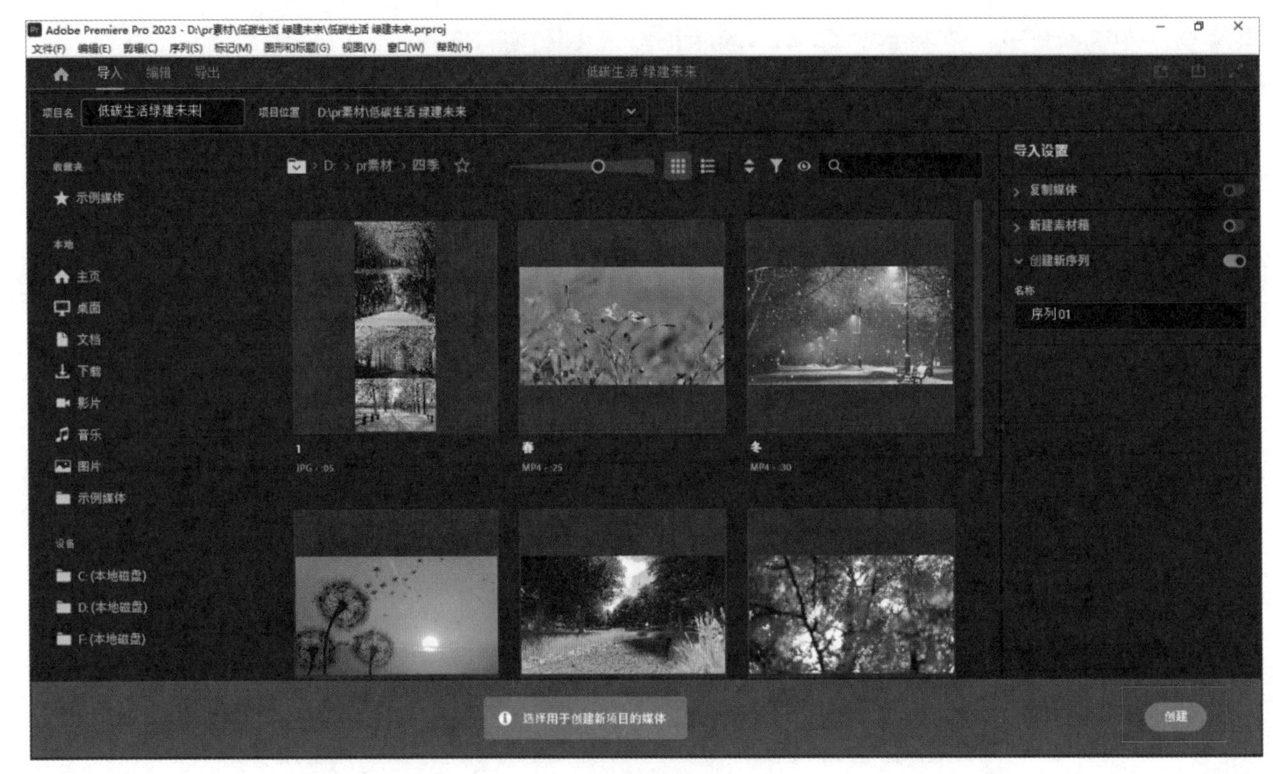

图 1–21 新建项目 2

2. 新建序列

选择“文件→新建→序列”（或使用快捷键Ctrl+N），弹出“新建序列”对话框，进行设置，输出序列名称，单击“确定”（图1–22）。

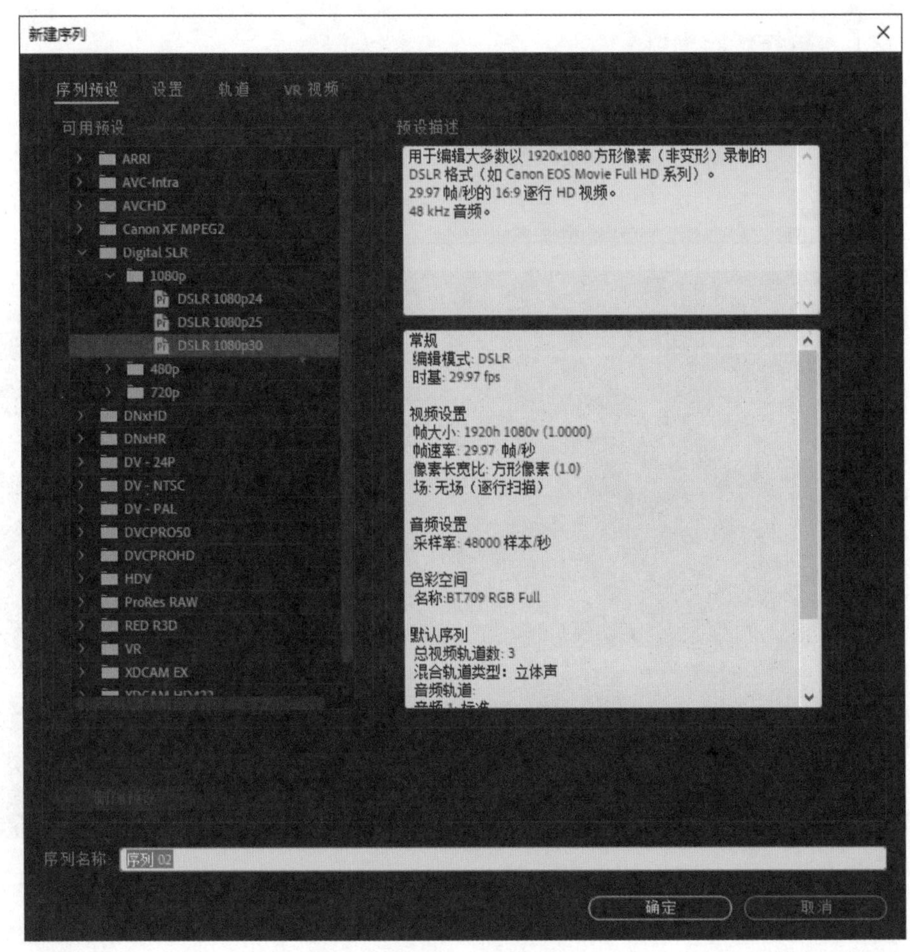

图 1–22 “新建序列”对话框

3. 导入素材

①在“项目”面板中单击鼠标右键选择“新建素材箱”，分别建立图片、视频、音频等素材箱（图 1–23）。

②分别双击图片、视频、音频等素材箱，通过选择“文件→导入”（或使用快捷键Ctrl+I），弹出“导入”对话框，选择要导入的素材，单击“打开”。或选择主界面中的“导入”，选择素材，单击“导入”。或在“项目”面板的空白处双击鼠标，弹出“导入”对话框，选择要导入的

素材，单击“打开”，见图 1–24。

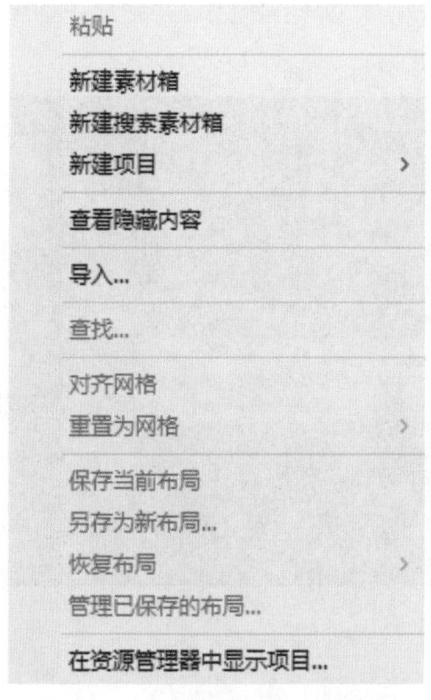

图 1–23　项目面板空白处右击菜单

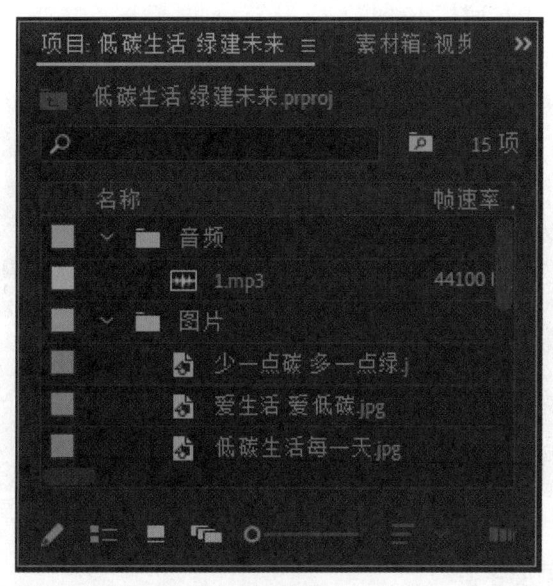

图 1–24　导入素材

4. 将素材放入“时间线”面板

①分别将导入的图片、视频拖放到“时间线”面板的 V1 轨道中的“00:00:00:00”处，将音频拖放到“时间线”面板的 A2 轨道中的“00:00:00:00”处，见图 1–25。

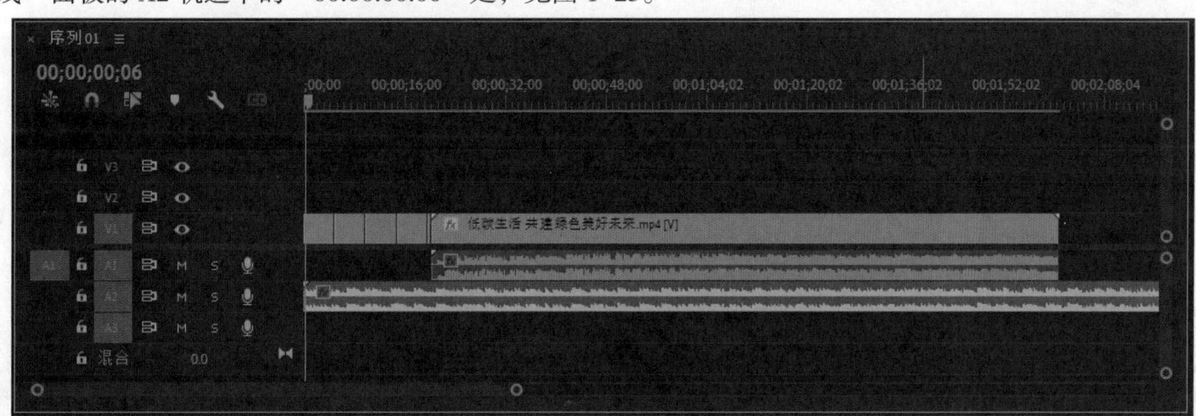

图 1–25　时间线面板

②可以在“源”监视器面板中浏览素材，在“节目”监视器面板中，可以预览“时间线”面板上正在编辑或已经完成编辑的节目效果，见图 1–26。

图 1–26　监视器面板（左：“源”监视器面板；右：“节目”监视器面板）

5. 编辑视频、音频

选择工具面板中的“剃刀”工具，对视频进行裁减，选择“选择工具”选中被裁减的部分，按 Delete 键删除。用同样的方法裁减 A2 轨道上的音频，并把编辑后的音频拖放到 A1 轨道上，见图 1–27。

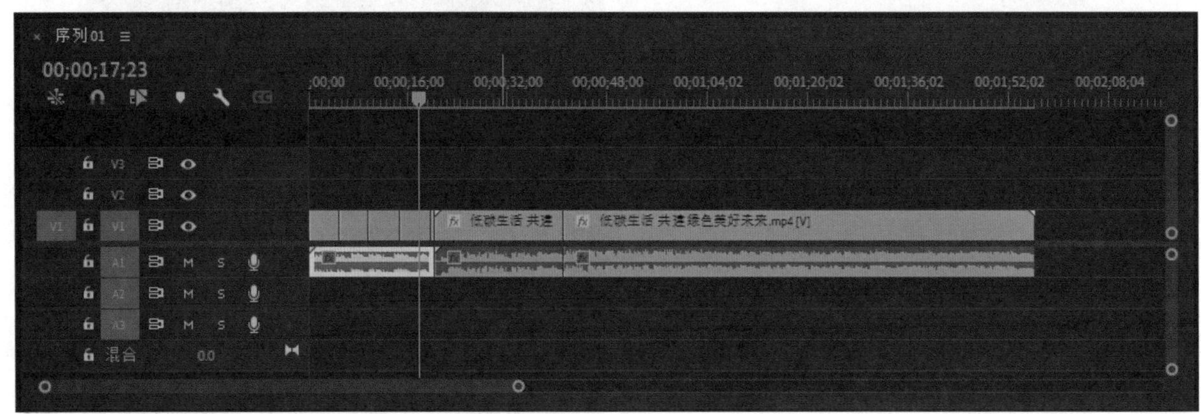

图 1–27 用“剃刀”工具裁减后

6. 添加字幕

① 单击“工具”面板中“文字”工具 T，在“节目”监视器面板中单击或拖拽出一个矩形区域，输入字幕文本“低碳生活　绿建未来”，系统会自动生成一个图形字幕层。

② 对文字进行设置，设置其字体为“幼圆”，并设置字体大小 139，填充颜色为“红色”，描边为“黄色”。调整字幕位置，见图 1–28 和图 1–29。

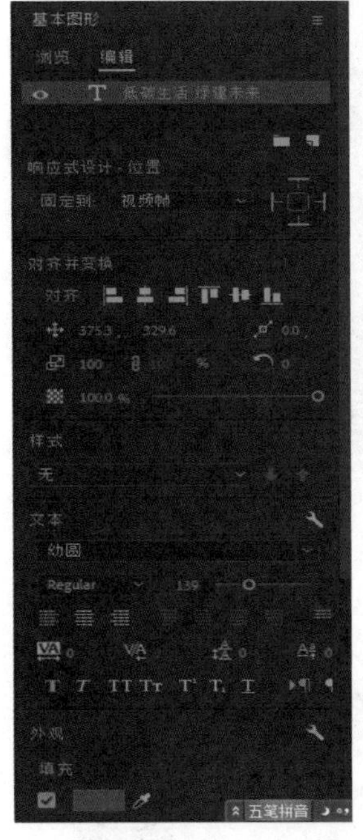
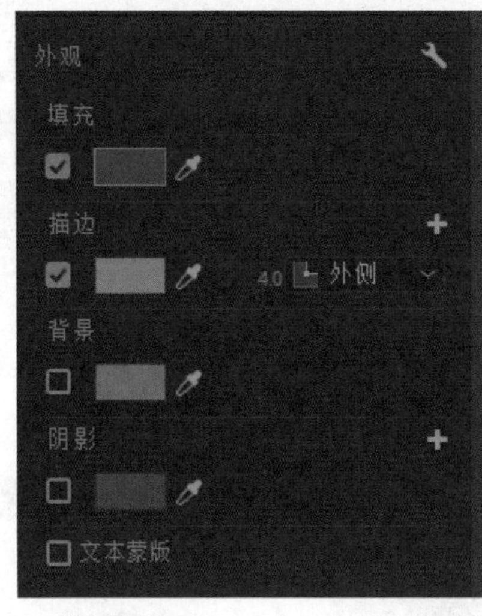

图 1–28 基本图形面板

图 1–29 添加字幕后

7. 添加效果

① 选择“效果”面板中的“视频过渡”，分别选择“圆划像”“交叉溶解”等视频过渡效果，将其拖放到两两素材之间，见图 1–30。

② 选择“效果”面板中的“音频过渡”，选择“交叉淡化”中的“指数淡化”，将其拖放到 A1 轨道两个音频中间，见图 1–31。

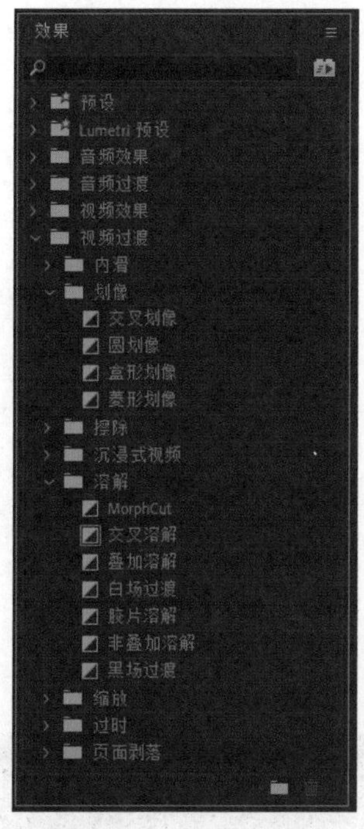

图 1-30　“视频过渡”

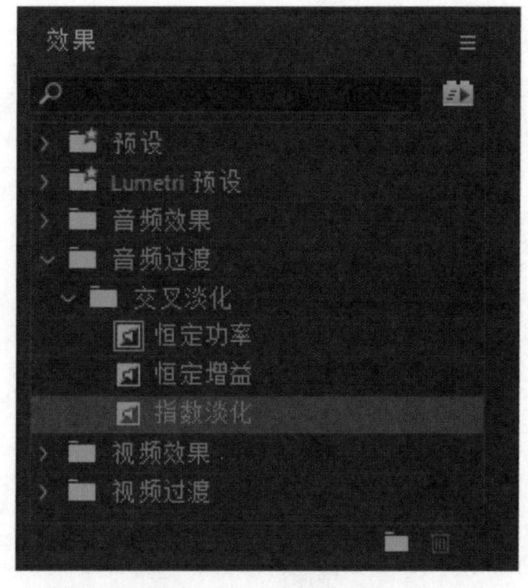

图 1-31　“音频过渡”

8. 导出媒体

选择“文件→导出”（或使用快捷键 Ctrl+M），弹出“导出”界面，设置文件名、位置及格式，单击“导出”，见图 1-32。

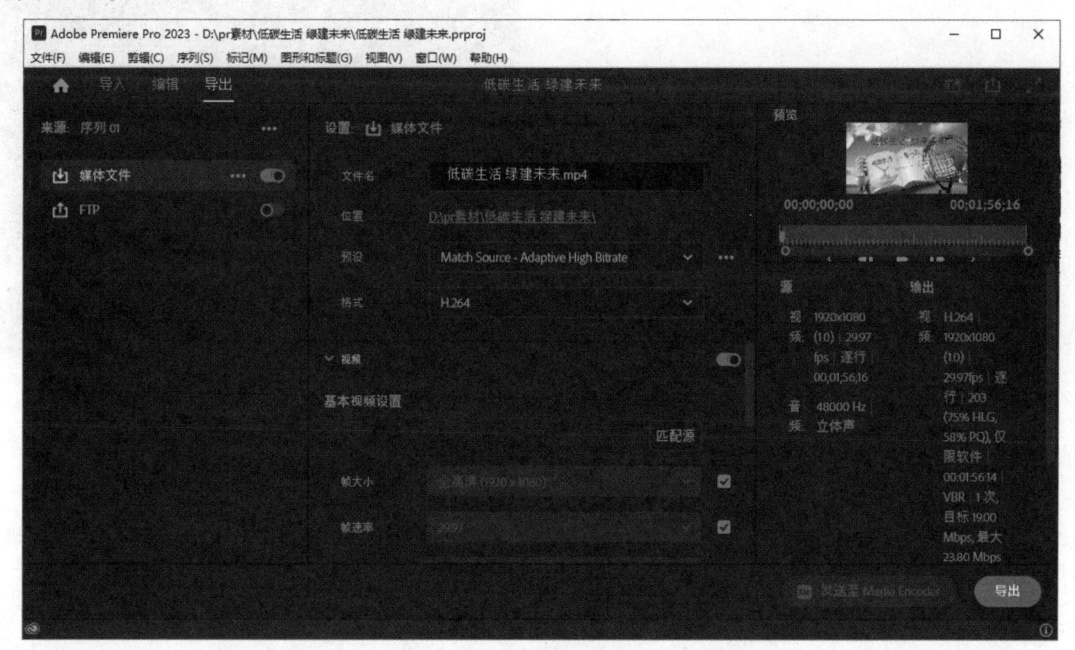

图 1-32　导出

岗位技能储备——Adobe Premiere Pro 2023 基础知识

1. 新建项目

新项目的创建有两种方式：通过开始界面或“文件”菜单。

①通过开始界面创建新项目。启动 Adobe Premiere Pro 2023 程序，出现“开始”界面，单击“新建项目”按钮后，在弹出的界面中设置项目名称、位置等。在“项目位置”处单击右侧的下拉箭头，选择“选择位置”，

弹出“项目位置”对话框，选择位置，单击“选择文件夹”。在左侧文件目录找到相应的素材库，快捷键Ctrl+A 全选素材，单击右侧栏的“新建素材库”并重命名，之后单击右下角“创建”按钮。

②通过“文件”菜单创建新项目。“文件→新建→项目”（Ctrl+Alt+N），在弹出的界面中按照上述方法进行设置。

2. 创建与设置序列

创建序列有以下四种方式。

①选择菜单中“文件→新建→序列”（Ctrl+N）命令（图 1–33），弹出“新建序列”对话框（图 1–34），在“序列名称”框中可以更改名称，默认为“序列 01”，单击“确定”按钮，即可在“项目”面板中创建了一个名为“序列 01”的序列。

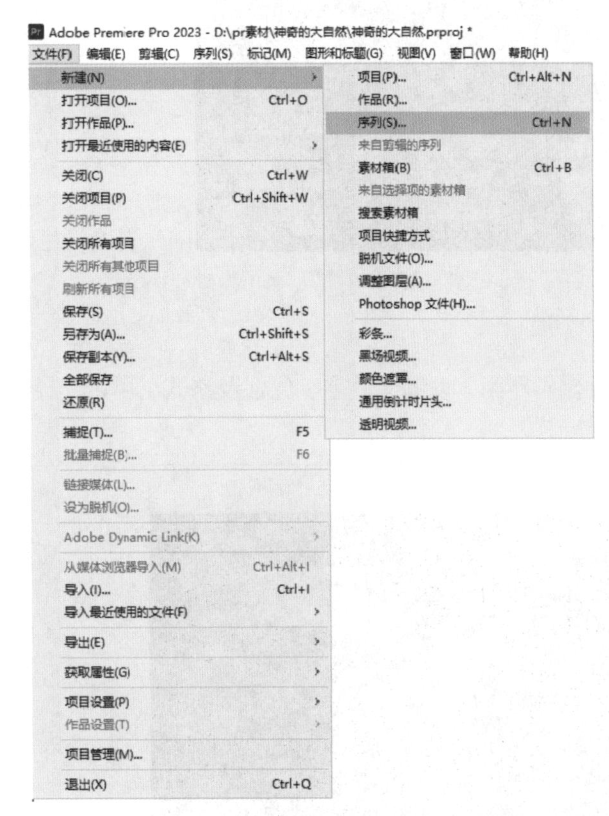

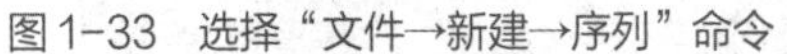
图 1–33 选择“文件→新建→序列”命令

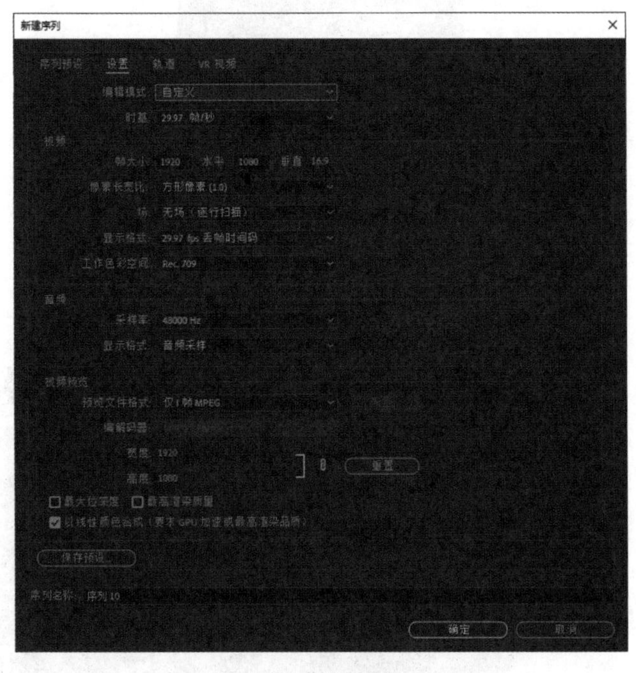

图 1–34 新建序列

②右击“项目”面板的空白处，在弹出的快捷菜单中选择“新建项目→序列”命令，弹出“新建序列”对话框。

③在“项目”面板上底部的“新建项”按钮，在弹出的快捷菜单中选择“序列”命令，弹出“新建序列”对话框。

④拖动素材到“时间线”面板，自动建立以素材名称命名的序列。

新建序列对话框中的“设置”选项卡可用于控制序列的基本特性。

编辑模式：可确定用于预览文件和回放的视频格式。选择最匹配的目标格式规范、预览显示或捕捉卡的编辑模式选项。编辑模式不会确定最终影片的格式。在导出过程中，可以指定输出设置。利用自定义编辑模式，可自定义其他序列设置。

时基：指定 Adobe Premiere Pro 2023 用于计算每个编辑点的时间位置的时分。通常，24 用于编辑电影胶片，25 用于编辑 PAL（欧洲标准）和 SECAM 视频，29.97 用于编辑 NTSC（北美标准）视频。

视频：包括声道格式、采样率、显示格式三种参数。

声道格式：允许选择序列的格式。

采样率：更高品质的音频需要更多的磁盘空间和处理。重新采样或设置与源音频不同的速率，不但需要额外的处理时间，而且会影响品质。

显示格式：指定音频时间显示是使用音频采样还是使用毫秒来度量。在“源”监视器或“节目”监视器菜单中，当选中显示音频时间单位时，会应用显示格式（默认情况下，时间以帧为单位显示，但是在编辑音频时可以用采样级别精度为音频单位来显示时间）。

帧大小：指定回放序列时帧的像素尺寸。通常，项目的帧大小与源文件的帧大小一致。回放速度很慢时，请不要通过更改帧大小来补偿。而应从项目面板菜单中选择其他的质量设置。或者，可以通过更改导出设置来调整最终输出的帧大小。序列的最大帧大小是 10240×8192。更改帧大小时，按照比例缩放运动效果。允许用户在更改序列时缩放动态效果。标准影片工作流程会涉及顶部和底部序列上的黑条。这些黑条显示的是时间码或剪辑名称之类的项目数据。如果不需要此信息，用户可以在不损坏剪辑的情况下更改序列。

像素长宽比：为单个像素设置长宽比。为模拟视频、扫描图像和计算机生成的图片选择方形像素，或者选择源所使用的格式。如果用户所使用的像素长宽比不同于视频的像素长宽比，则该视频的渲染往往会扭曲。

工作色彩空间：有助于在正确的色彩空间中自动生成文件的较小、中等、高分辨率副本。

场：指定帧的场序。如果用户使用逐行扫描视频，请选择无场（逐行扫描）。无论源素材是否以逐行扫描方式拍摄，许多捕捉卡都会捕捉场。

显示格式：Adobe Premiere Pro 2023 可以显示多种时间码格式。用户可以使用影片格式显示项目时间码。例如，如果用户的资源来自动画程序，则编辑从影片捕获素材时，可以用简单的帧编号形式显示时间码。更改显示格式选项并不会改变剪辑或序列的帧速率。只会改变其时间码的显示方式。时间显示选项与编辑视频和电影胶片的标准相对应。对于帧和英尺 + 帧时间码，用户可以更改起始帧编号，以便匹配所使用的另一个编辑系统的计时方法。

注意：使用 NTSC 视频资源时，请使用 30 fps 丢帧时间码。此格式符合 NTSC 视频素材所固有的时间码基础，并且能准确地显示其持续时间。

3. 保存和打开项目

（1）保存项目

选择菜单中“文件→保存”命令，或按“Ctrl+S”快捷键，显示保存进度。保存结束后，返回工作界面继续编辑。

如果想把正在编辑的项目用另一个文件名存盘，选择菜单栏中“文件→另存为”或“文件→保存副本”命令，弹出“保存项目”对话框，选择保存位置，并输入文件名，单击“保存”按钮。

（2）打开项目

选择菜单栏中“文件→打开项目”命令（或按 Ctrl+O 快捷键），在弹出的“打开项目”对话框中，选择要打开的文件，单击“打开”按钮。Adobe Premiere Pro 2023 打开源文件需要找到素材文件的存放路径。

如果需要打开最近编辑过的某个项目，可以选择菜单栏中“文件→打开最近使用的内容”命令，在级联菜单中选择要打开的文件。

4. 设置首选项

在 Adobe Premiere Pro 2023 中可以自定义显示外观和功能，通过设置“首选项”来设置系统参数控制 Adobe Premiere Pro 2023 软件的基本操作设置。

“编辑→首选项→常规”，打开“首选项”对话框（图 1-35）。

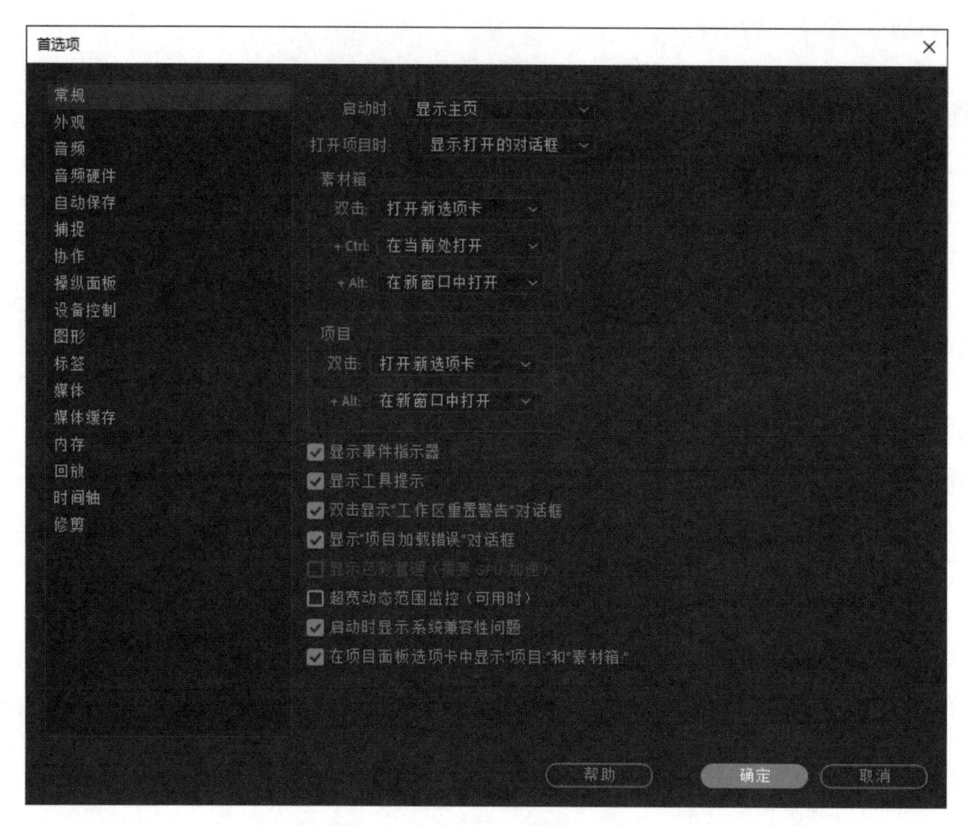

图 1-35　首选项

5. 导入素材

（1）捕捉素材

①打开项目后，选择“文件→捕捉”，然后选择“设置”选项卡。

②在“捕捉设置”窗格中，单击“编辑”。

③在“捕捉设置”对话框中，从“捕捉格式”菜单中选择一个选项。

④单击“确定”。

（2）导入素材

①菜单法：文件导入，在打开的“导入”对话框中，选择素材文件，单击“打开”。

②“项目”面板：在“项目”面板空白处右击或双击，在弹出的快捷菜单中选择“导入”，在弹出的“导入”对话框中，选择素材文件，单击“打开”。

③快捷键：Ctrl+I，在弹出的“导入”对话框中，选择素材文件，单击“打开”。

（3）导入素材

① 导入序列图像。

a. 设置静止图像序列的帧速率。选择“编辑→首选项→媒体”，从“不确定的媒体时基”菜单中选择帧速率，单击“确定”（图 1-36）。

b. 确保每个静止图像的文件名末尾包含相同位数的数字，并且有正确的文件扩展名，例如 file000.jpg、file001.jpg 等。

图 1-36　首选项媒体

c. 选择“文件→导入”，在序列中找到并选择首个编号文件，选择“图像序列”，然后单击“打开”，勾选 “图像序列”，单击“打开”。

② 导入 Photoshop 和 Illustrator 文件。

可以根据需要导入分层的文件：将选定图层作为单个剪辑导入素材箱、将选定图层作为单个剪辑导入素材箱和序列或者将选定图层合并成单个视频剪辑。

选择“文件”“导入，选择 PSD 格式文件，单击“打开”，弹出 “导入分层文件”对话框，在“导入为”处选择相应的选项，单击“确定”，见图 1–37。

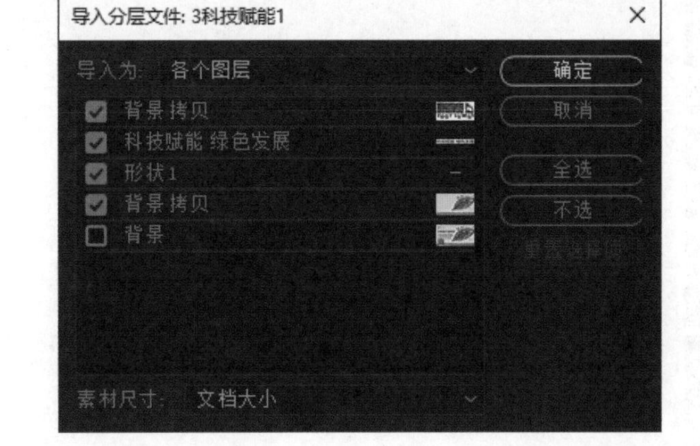

图 1-37　导入分层文件

③ 导入文件夹。

选择“文件→导入”，选择文件夹，单击“导入文件夹”，见图 1–38。

④导入项目。

选择“文件→导入”，选择项目文件，单击“打开”，弹出“导入项目”文件夹，选择“项目导入类型”，单击“确定”，见图 1–39。

图 1–38　导入文件夹

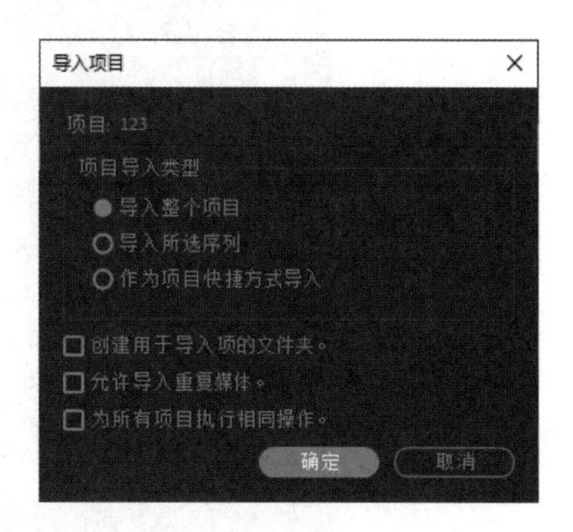

图 1–39　导入项目

6. 工具的使用

：选择工具 V。

：向前选择轨道工具 A。

：向后选择轨道工具 Shift+A。

：波纹编辑工具 B。

：滚动编辑工具 N。

：比率拉伸工具 R。

：重新混合工具。

：剃刀工具 C。

：外滑工具 Y。

：内滑工具 U。

：钢笔工具 P。

：矩形工具。

：椭圆工具。

：多边形工具。

：手形工具 H。

：缩放工具 Z。

：文字工具 T。

：垂直文字工具。

7. 导出媒体

① 在“项目”面板中选择一个序列或媒体文件。

② 文件导出媒体（Ctrl+M）。

③ 为导出的文件选择文件名和位置。

④ 选择预设，单击导出。

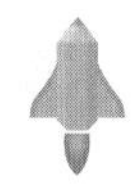

中华传统文化——绿色生活

牢固树立健康生活、绿色生活理念，将科学使用资源、保护地球家园、节能降耗的低碳生活方式自觉贯穿日常生活。坚持学习低碳生活知识，养成低碳生活习惯，构成低碳生活共识，做“低碳生活”的引领者，主动参加低碳活动，把低碳生活落到实处。

岗位知识储备——Adobe Premiere Pro 2023 视频编辑流程

拓展任务　神奇的大自然

学习情境

大自然，包括人类社会在内的整个客观物质世界。人类应该尊重大自然，不破坏大自然，使生活环境美好，自然资源得到持续利用。神奇的大自然效果图见图 1–40。

图 1–40　神奇的大自然效果图

操作步骤指引

① 打开 Adobe Premiere Pro 2023，单击“新建项目”按钮，输入项目名称，设置保存位置，单击创建。

② 在项目面板空白处双击，弹出“导入”对话框，选择“大自然”，单击“导入文件夹”。再次在项目面板空白处双击，弹出“导入”对话框，选择“自然现象 .mp4”和“1.mp3”，单击“打开”。

③ 将“大自然图片”拖入时间线，自动建立“大自然图片”序列。

④ 将“自然现象 .mp4”拖入时间线图片后，在“自然现象 .mp4”上右击选择“取消链接”，选择 A1 轨道中的音频，按 Delete 键删除，并调整画面大小。

⑤ 将“1.mp3” 拖入时间线 A1 轨道。

⑥ 调整 V1 轨道上的视频使其与 A1 轨道中的音频末尾对齐。

⑦ 选择效果面板“视频过渡→溶解→交叉溶解”，将其拖到 V1 轨道每个素材中间。

⑧ 按下 Ctrl+S 保存。

单击主界面右上角的快速导出按钮，设置保存位置及名称，单击导出。

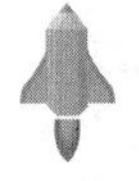

不可不知的新技术——新媒体

新媒体包括网络媒体、户外媒体、手机媒体，其交互性强，互动性好。主流新媒体平台有微博、微信公众号、今日头条、搜狐自媒体、抖音等。

抖音是一款音乐创意短视频软件，用户可以通过这款软件选择歌曲，拍摄作品。

抖音特效主要使用了计算机视觉和计算机图形学技术。计算机视觉代表对现实世界的理解，计算机图形学的作用是将渲染虚拟元素叠加到画面，特效就是用计算机视觉和计算机图形学技术的互动把现实和虚拟连接起来，经过大量工程与产品化的迭代，最终为用户呈现出生动有趣的视觉效果。

技能拓展（和工作页对应）

根据工作页内容，完成神奇的大自然设计。

工作页（神奇的大自然）

工作页
（神奇的大自然设计）

课堂笔记

模块二　时间的游戏——影视剪辑

Adobe Premiere Pro 2023 影视剪辑可以将视频、音频及图像素材按照影片制作的需求进行编辑及裁剪，并按一定的顺序将各类素材有序添加到时间轴轨道中，制作出精彩的数字影片以表达完整的主题思想。

- 任务 1　“绿水青山”展示视频
- 任务 2　“未来可期”展示视频
- 拓展任务　“奋斗的青春”宣传片

岗位能力

了解 Adobe Premiere Pro 2023 影视剪辑的基本流程，掌握影视剪辑的基本技巧与方法，提高灵活应用工具及面板进行视频、音频剪辑的能力。

项目目标

1. 知识目标

掌握项目新建与保存、素材导入与管理的方法。

熟练掌握利用工具及面板进行视频编辑的方法和操作技巧。

2. 能力目标

具备影视剪辑的能力。

具备影视剪辑的创意与编辑能力。

任务 1　“绿水青山”展示视频

学习情境

自然界是人类生存与发展的基础，“绿水青山”是“生态兴”的重要表现，“生态兴则文明兴，生态衰则文明衰”。环境就是民生，青山就是美丽，蓝天就是幸福。我们要像保护眼睛一样保护生态环境，像对待生命一样对待生态环境。“绿水青山”展示视频效果图见图 2–1。

图 2–1　“绿水青山”展示视频效果图

操作步骤指引

1. 新建项目

启动 Adobe Premiere Pro 2023，进入“主页”页面，单击“新建项目”按钮，打开如图 2–2 所示的“导入”窗口，新建项目名为“绿水青山”，设置合适的项目位置，单击“创建”，打开“编辑”窗口（图 2–3）。

图 2–2 “导入”窗口

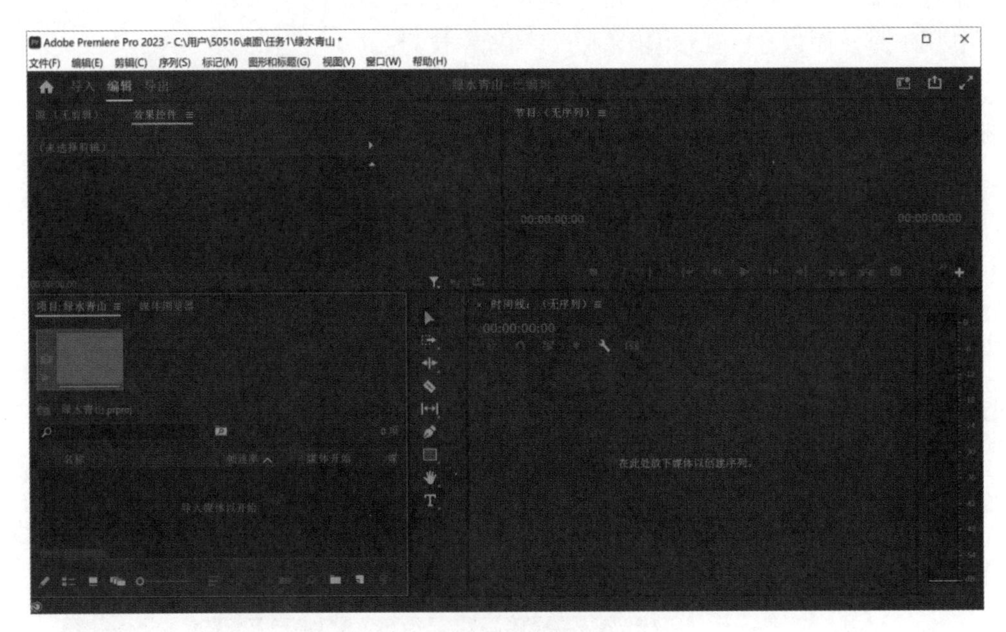

图 2–3 “编辑”窗口

2. 管理素材

① 单击“项目”面板底部的“新建素材箱”按钮，在“项目”面板中新建素材箱，并命名为“视频”，用同样的方法依次新建“图像”和“音频”素材箱，效果如图 2–4 所示。

② 选择“编辑→首选项→时间轴”命令，在弹出的对话框中设置 “静止图像默认持续时间”为 3 秒。右键单击“视频”素材箱，在弹出的快捷菜单中选择“导入”命令，在打开的“导入”对话框中选择“视频 1.mp4” “视频 2.mp4”文件，将其导入“视频”素材箱。用同样的方法，依次将图像及音频导入相应的

素材箱中，效果如图 2-5 所示。

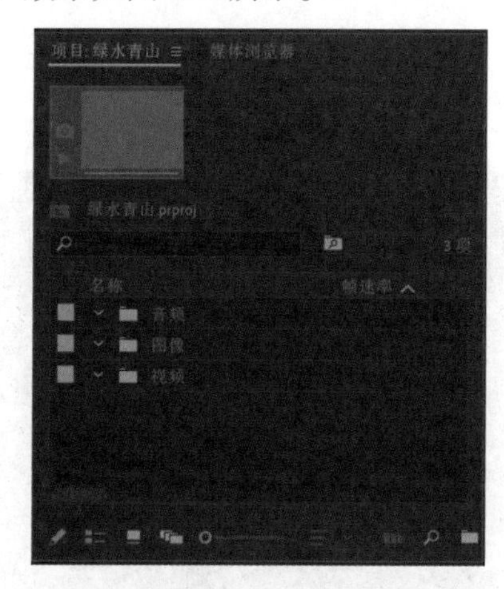

图 2-4　新建素材箱

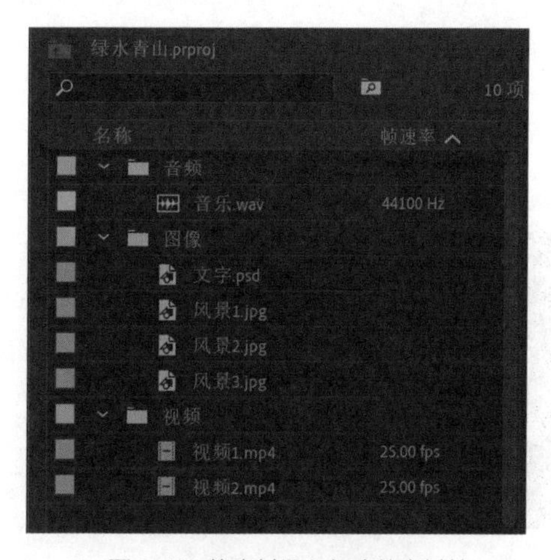

图 2-5　将素材导入相应的素材箱

3. 编辑时间轴序列

① 拖动“图像”素材箱中的“风景 1.jpg”至“项目”底部的“新建项”按钮，并释放鼠标，此时“项目”面板中新建“风景 1”序列，“风景 1”图像被添加至 V1 轨道，效果如图 2-6 所示。

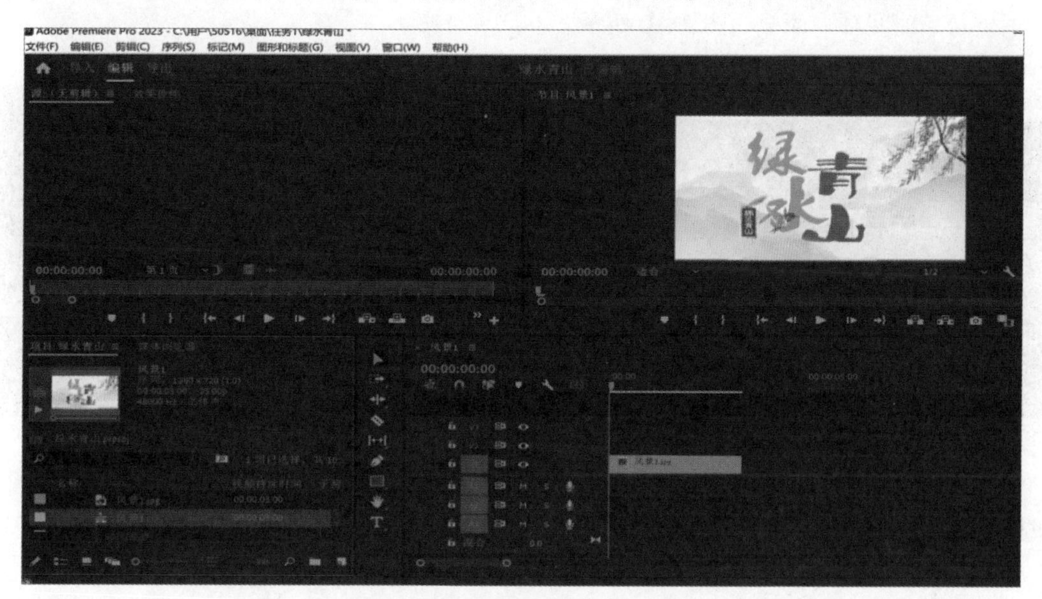

图 2-6　新建“风景 1”序列

② 在“项目”面板中“风景 1”序列的名称处双击鼠标，修改序列的名称为“合成”。依次将“风景 2.jpg”“风景 3.jpg”“视频 1.mp4”“视频 2.mp4”素材拖放至 V1 轨道，“时间轴”面板如图 2-7 所示。

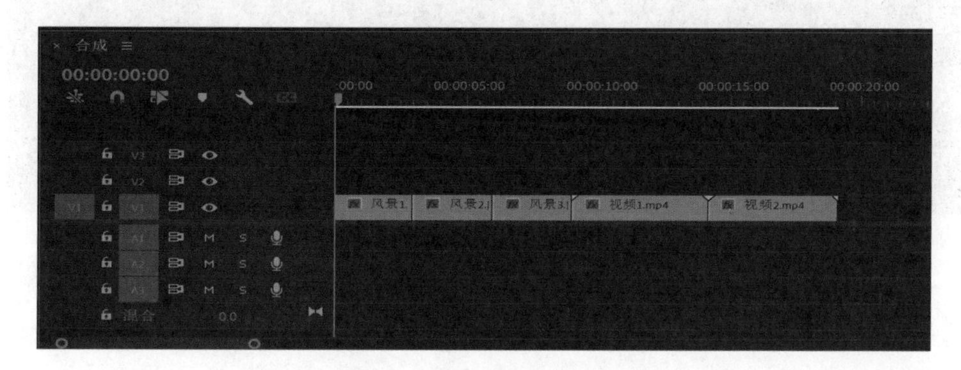

图 2-7　将素材拖动至 V1 轨道

③ 单击“项目”面板底部的“新建项”按钮，在弹出的快捷菜单中选择“颜色遮罩”，弹出如图 2–8 所示的“新建颜色遮罩”对话框，单击“确定”按钮，在弹出的“拾色器”对话框中设置如图 2–9 所示的颜色，单击“确定”按钮，此时在“项目”面板中生成“颜色遮罩”素材。

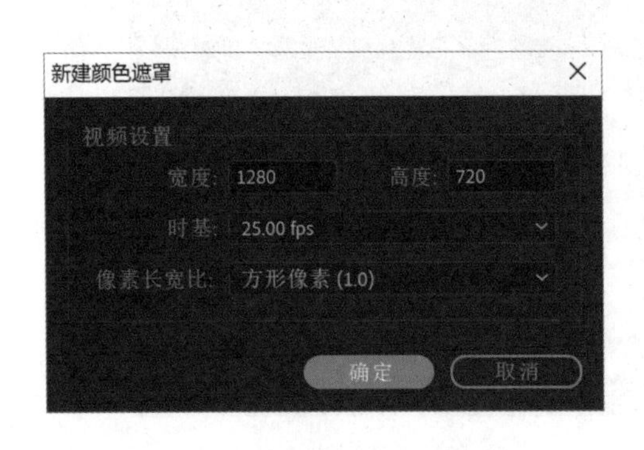

图 2–8 “新建颜色遮罩”对话框

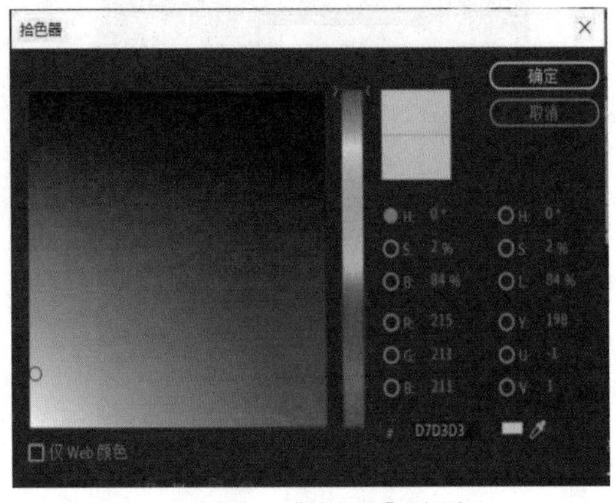

图 2–9 “拾色器”对话框

④ 将“颜色遮罩”素材拖放至“时间轴”面板中的 V1 轨道，右键单击 V1 轨道中的“颜色遮罩”，在弹出的快捷菜单中选择“速度 / 持续时间”命令，在打开的“剪辑速度 / 持续时间”对话框中设置持续时间为 5 秒，对话框及“时间轴”面板如图 2–10 所示。

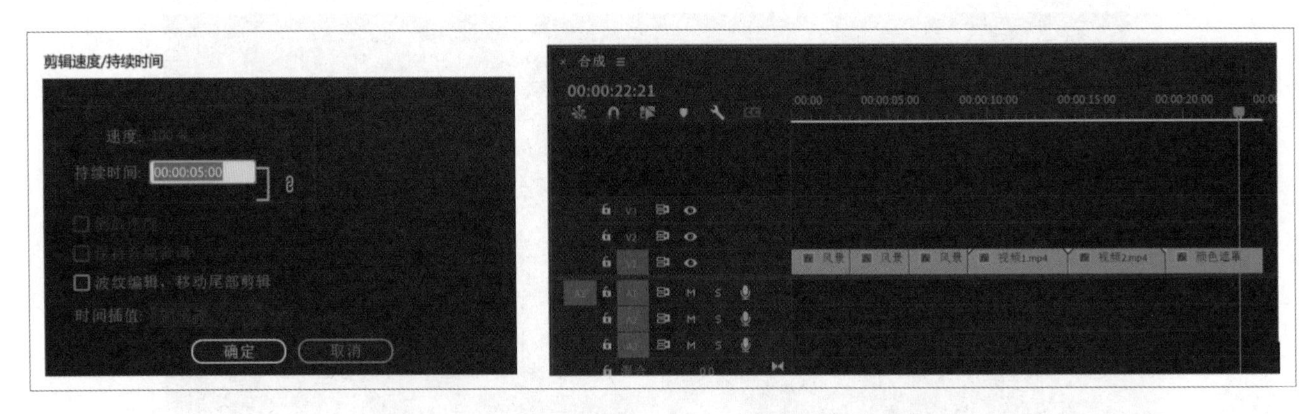

图 2–10 “剪辑速度 / 持续时间”对话框及“时间轴”面板

⑤ 将时间指针移动到“00:00:19:00”处，拖动“文字 .psd”至 V2 轨道中，并将其持续时间更改为 5 秒，“时间轴”面板如图 2–11 所示。

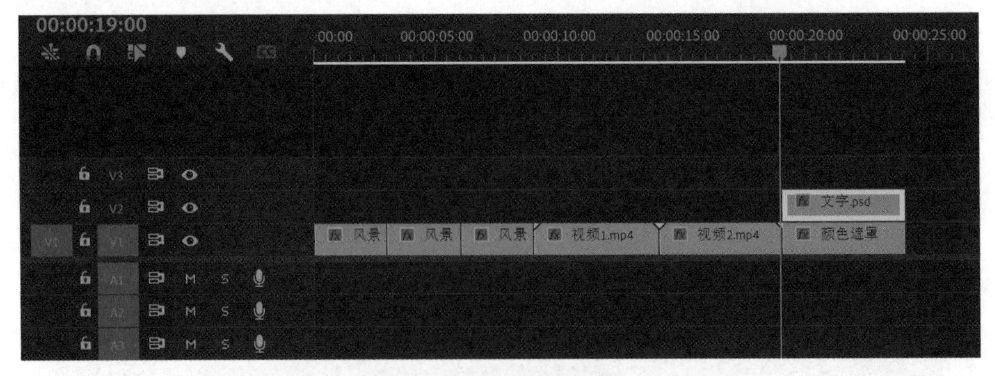

图 2–11 “时间轴”面板

⑥ 将音频素材“音乐 .wav”拖动至“时间轴”面板的音频轨道 A1 中，效果如图 2–12 所示。单击空格键，预览影片。

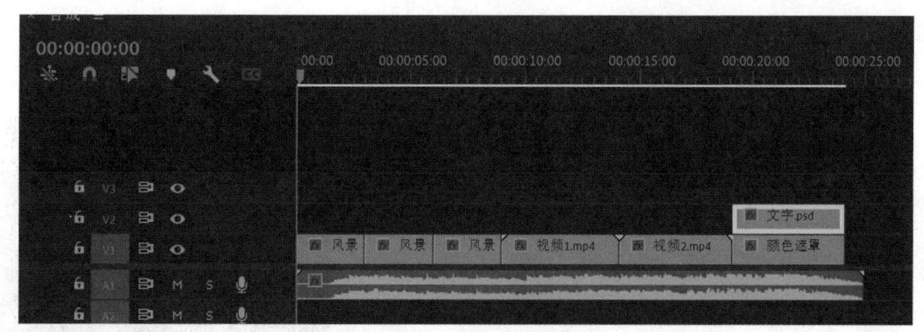

图 2-12　添加音频素材

4. 保存并导出视频

① 选择菜单“文件→保存”命令，保存项目。

② 选择菜单“文件→导出→媒体”文件命令，打开如图 2-13 所示的“导出”窗口，设置文件名为“绿水青山”、格式为“H.264”，选择保存位置，单击“导出”按钮，完成渲染。

图 2-13　“导出”窗口

岗位技能储备——“绿水青山”任务的技能要点（管理素材）

在制作影片的过程中，会使用视频、音频、图片等各种类型的素材，为了避免素材存放混乱，对这些素材进行有序管理就显得非常重要。

1. 导入素材

① 导入素材的基本方法。

a. 从菜单导入：选择“文件→导入”菜单命令，或按快捷键 Ctrl+I，在弹出的“导入”对话框中选择素材文件，可将其导入“项目”面板。

b. 从“项目”面板导入：右击“项目”面板下的空白处，在弹出的菜单中选择“导入”命令，或双击“项目”面板的空白处，弹出“导入”对话框，选择要导入的素材文件，可将其导入“项目”面板。

② 导入序列图片。

序列图片是按一定顺序存储的连续图片，把每一张图像连起来就是一段动态的视频，常用的有 PNG、TGA 等。

要导入序列图片，需在如图 2–14 所示的“导入”对话框中选中序列图片的第一个文件，勾选“图像序列”复选框，单击“打开”按钮，序列图片就会作为视频文件被导入“项目”面板，效果如图 2–15 所示。

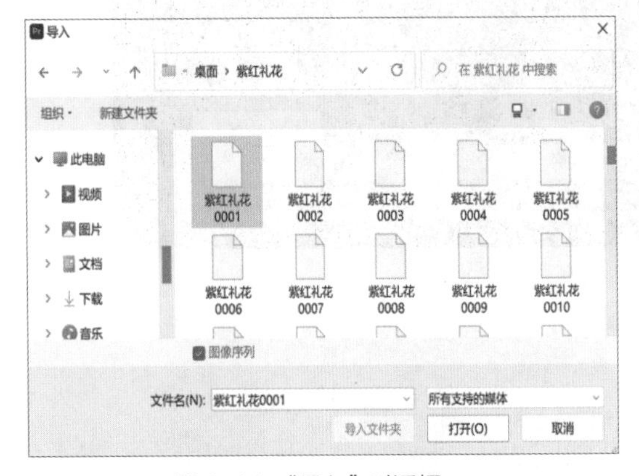

图 2–14 “导入”对话框

图 2–15 序列图片导入后的效果

③ 导入 Photoshop 和 Illustrator 格式文件。

Photoshop 和 Illustrator 文件有图像的分层信息，导入这种文件时，可根据需要选择不同的导入方式。

在“导入”对话框中选择 PSD 格式文件，单击“打开”按钮，会弹出如图 2–16 所示的“导入分层文件”对话框。

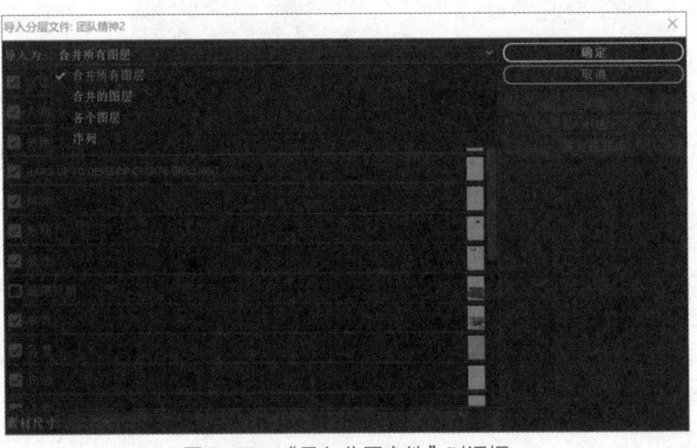

图 2–16 “导入分层文件”对话框

a. 合并所有图层：默认形式，将所有图层合并为一个图像文件导入。

b. 合并的图层：选择要导入的图层，将其合并为一个图像文件导入。

c. 各个图层：导入后每个图层作为一个独立的素材文件存放在自动生成的素材箱内。

d. 序列：导入后每个图层作为一个独立的素材文件存放在自动生成的素材箱内，同时还生成一个与素材箱名称相同的序列，序列中每个图层按顺序排列在视频轨道中，如图 2–17 所示。

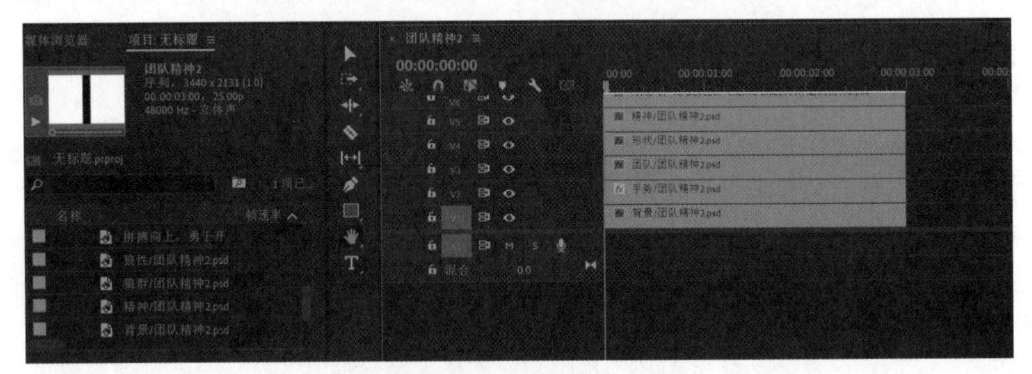

图 2–17 选择“序列”导入方式

④ 导入文件夹。

若要导入文件夹及其中的所有素材文件，可在“导入”对话框中选择要导入的文件夹，然后单击“导入文件夹”按钮，即可导入文件夹及其中的所有素材。

2. 素材重命名

① 对“项目”面板中的素材重命名。

在“项目”面板中选中素材，按 Enter 键，输入新的名称；也可以选中素材，执行菜单“剪辑→重命名”命令，完成同样操作。

② 对时间轴上的素材重命名。

选择时间轴上的一个素材片段，执行菜单“剪辑→重命名”命令，在弹出的“重命名剪辑”对话框中，输入新的名称后，单击“确定”按钮。

3. 新建素材箱

可以将不同种类的素材分门别类地进行管理，其方法有三种。

①单击“项目”面板，执行菜单“文件→新建→素材箱”命令，在“项目”面板中创建名为“素材箱”的文件夹，在文本框中输入素材箱的名称，如图 2–18 所示。

②右击“项目”面板空白处，在弹出的菜单中选择“新建素材箱”命令，可新建一个素材箱。

③单击“项目”面板底部的“新建素材箱”按钮，可新建一个素材箱。

4. 查找素材

在“项目”面板的“过滤素材箱内容”文本框中输入要查找的素材名称，可快速查找到素材，如图 2–19 所示。

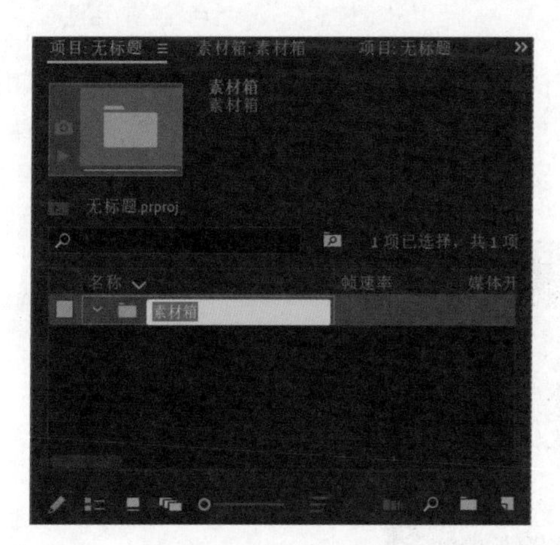

图 2–18　“项目”面板

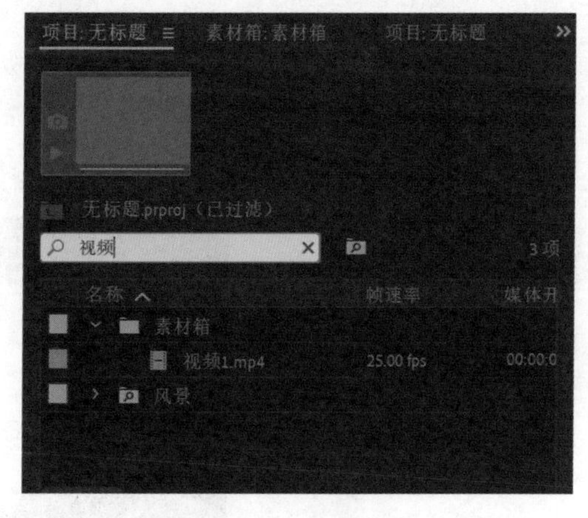

图 2–19 查找素材

5. 创建素材

制作影片时，我们可以在“项目”面板中创建如彩条、黑场视频、颜色遮罩、通用倒计时片头、透明视频素材。执行菜单“文件→新建”命令，打开如图 2–20 所示的级联菜单，选择要创建的相应的素材菜单。

① 彩条：彩条用于测试显示设备和声音设备是否处于工作状态。在“新建”命令的级联菜单中选择“彩条”命令，会弹出如图 2–21 所示的“新建色条和色调” 对话框，单击“确定”按钮，在“项目”面板中创建一个名为“彩条”的素材，效果如图 2–22 所示。

② 黑场视频：应用在两个镜头之间起过渡作用，可通过调整“透明度”的关键帧来得到柔和的过渡效果。

③ 颜色遮罩：在“新建”命令的级联菜单中选择“颜色遮罩”命令，会弹出如图 2–23 所示的“拾色器”对话框，选取某种颜色并单击“确定”按钮，即可在“项目”面板中创建“颜色遮罩”素材。

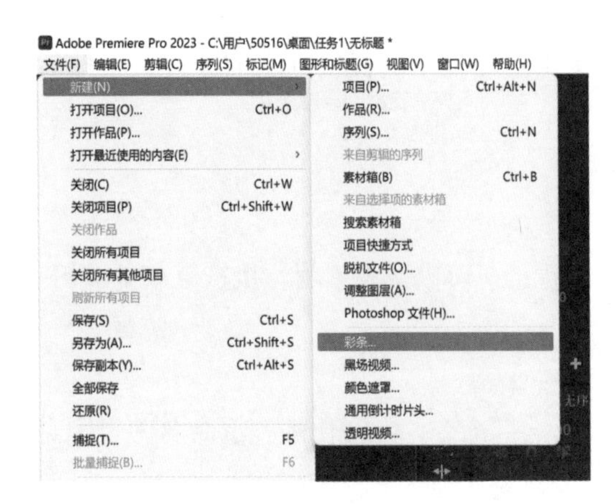

图 2-20 新建素材菜单

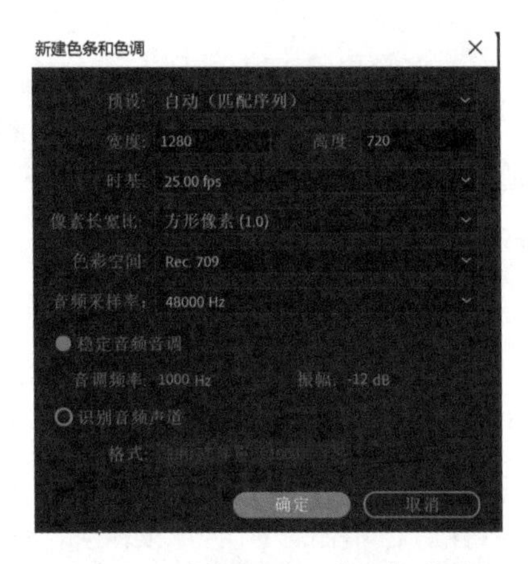

图 2-21 “新建色条和色调”对话框

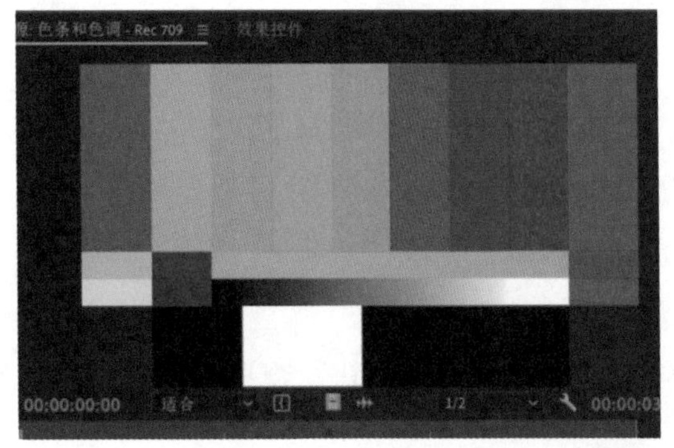

图 2-22 彩条效果

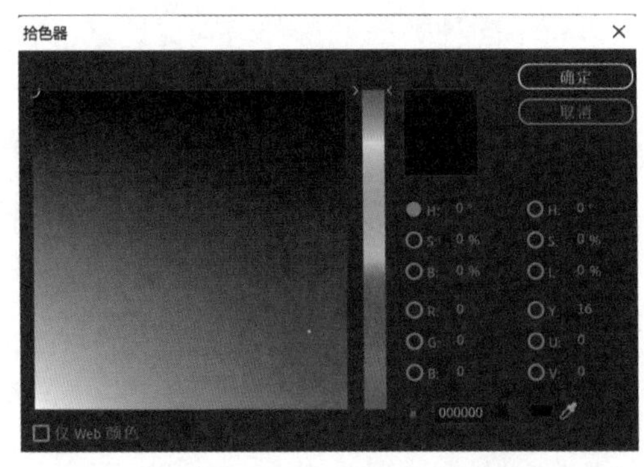

图 2-23 “拾色器”对话框

④ 通用倒计时片头：在“新建项目”命令的级联菜单中选择“通用倒计时片头”，会弹出如图 2-24 所示的“通用倒计时设置”对话框。设置相关参数后并单击“确定”按钮，即可在“项目”面板中创建“通用倒计时片头”素材。

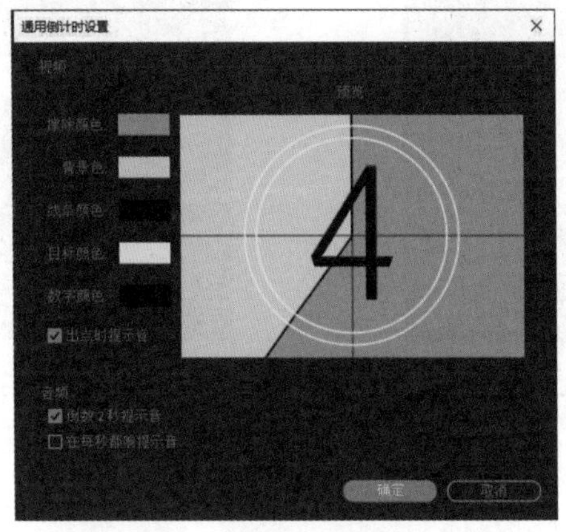

图 2-24 “通用倒计时设置”对话框

对话框中的参数含义如下。

a. 擦除颜色：设置片头倒计时指针旋转之后的颜色。

b. 背景色：设置片头倒计时指针旋转之前的颜色。

c. 线条颜色：设置片头倒计时指示线及十字线条的颜色。

d. 目标颜色：设置片头倒计时圆形的颜色。

e. 数字颜色：设置倒计时影片中的数字颜色。

f. 出点时提示音：设置倒计时结束时是否有提示音。

g. 倒数 2 秒提示音：设置倒计时到 2 秒时是否有提示音。

h. 在每秒都响提示音：设置倒计时是否每一秒都有提示音。

⑤ 透明视频：主要用途是批量添加特效。将其放置在上方轨道中，下方的视频就会被赋予同样的滤镜效果。

6. 复制和移动素材

在“时间轴”面板中单击要复制的素材，选择“编辑→复制”命令，再单击要复制到的轨道，将时间轴移动至要复制的位置，选择“编辑→粘贴”命令即可复制素材。选中素材，选择“编辑→剪切”命令后再进行粘贴，可以移动素材。

7. 删除素材

在“项目”面板中选择要删除的素材，执行“编辑→清除”菜单命令，或按 Delete 键，可删除选中的素材。

任务 2　“未来可期”展示视频

学习情境

《荀子·修身》中提到：“道阻且长，行则将至，行而不辍，未来可期。”人生之路险阻而又漫长，但是一直走的话就会到达目的地；如果坚持不懈，那么美好的未来就值得期待。“未来可期”展示视频效果图见图 2–25。

图 2–25　“未来可期”展示视频效果图

操作步骤指引

1. 新建项目

① 在 Adobe Premiere Pro 2023 的“主页”页面单击“新建项目”按钮，打开“导入”窗口，新建项目名为“未来可期”，在“导入设置”选项打开“新建素材箱”，打开素材文件夹，按 Ctrl+A 组合键选中所有素材，如图 2–26 所示，单击“创建”按钮。

② 拖动“视频 1.mp4”至“项目”底部的“新建项目”按钮，并释放鼠标，在“项目”面板中自动新建“视频 1”序列，同时“视频 1”素材被添加至 V1 轨道。修改序列名称为“合成”，效果如图 2–27 所示。

图 2-26 “导入”窗口

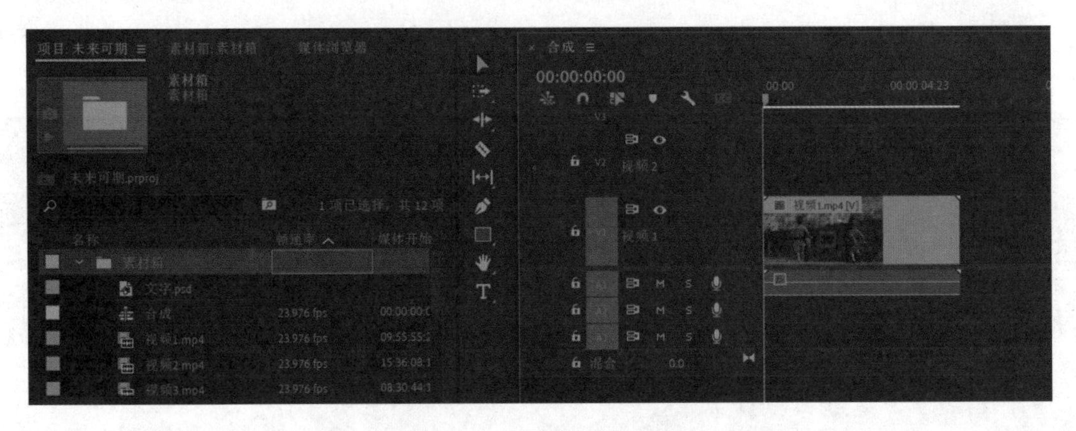

图 2-27 新建“合成”序列

2. 编辑视频

① 在“项目”面板中按住 Shift 键，依次选中视频 2 至视频 8 素材，拖动至时间轴 V1 轨道“视频 1”素材的后面，效果如图 2-28 所示。

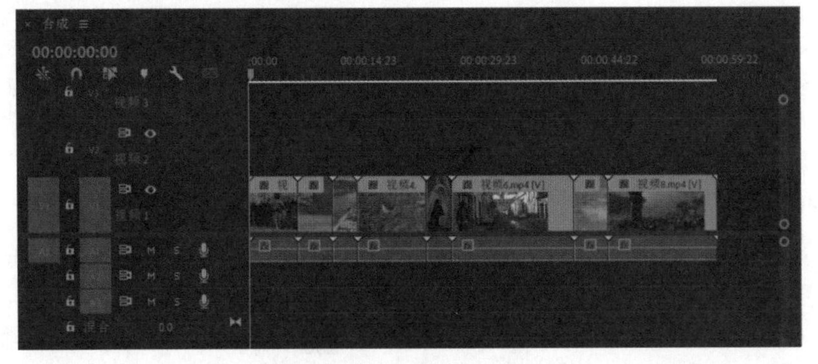

图 2-28 添加素材后的效果

② 利用“选择工具”选中 V1 轨道中所有的素材，单击鼠标右键，在弹出的快捷菜单中选择“取消链接”

命令，取消所有视频的音视频链接。选中 A1 轨道中所有的音频，按 Delete 键删除，效果如图 2-29 所示。

图 2-29　删除链接音频后的效果

③ 利用“剃刀工具”，在“00:00:16:00”处单击“视频 4”素材。选中裁剪后“视频 4”的后半部分，按 Delete 键删除。右键单击清除素材后的轨道空白，在快捷菜单中选择“波形删除”命令。

④ 右键单击“视频 5”素材，在弹出的快捷菜单中选择“速度 / 持续时间”命令，在打开的设置对话框中，将速度调整为“150%”，单击“确定”，设置对话框如图 2-30 所示，此时“视频 5”缩短，“时间轴”面板如图 2-31 所示。执行“波形删除”命令，删除轨道中“视频 5”与“视频 6”的间隔区域。

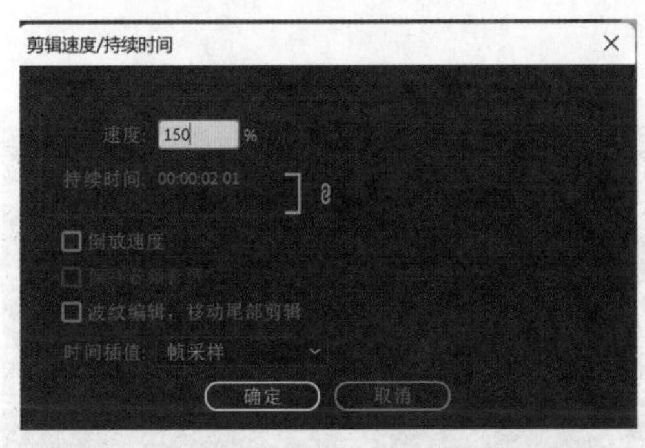

图 2-30　“剪辑速度 / 持续时间”对话框

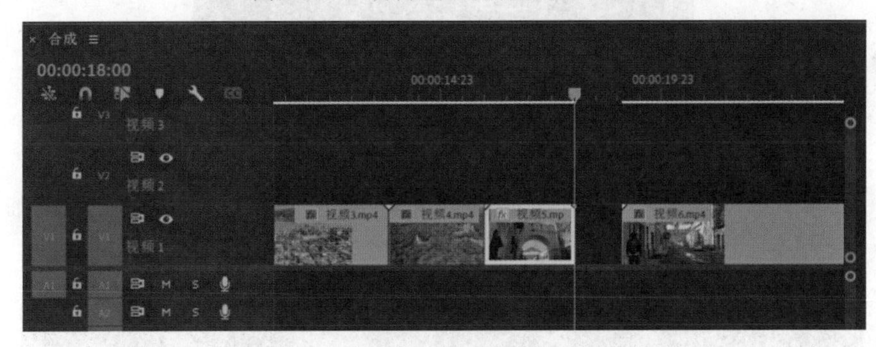

图 2-31　“视频 5”速度调整后的时间轴面板

⑤ 选择“波纹编辑工具”，在“视频 6”与“视频 7”两段连接处，光标变成带左箭头的黄色中括号时，按住鼠标左键水平向左拖动至“00:00:20:00”处，如图 2-32 所示。

图 2-32 “视频 6”剪辑后效果

⑥ 在“项目”面板双击“视频 2”素材，在打开的“源”监视器面板中单击“插入”按钮，“视频 2”素材自动添加至“视频 6”与“视频 7”之间，如图 2–33 所示。取消“视频 2”的音视频链接，并删除音频部分。

图 2–33　插入“视频 2”素材后的效果

⑦ 右击插入的“视频 2”素材，在弹出的快捷菜单中选择“速度 / 持续时间”命令，打开“剪辑速度 / 持续时间”对话框，勾选“倒放速度”，如图 2–34 所示，单击“确定”。

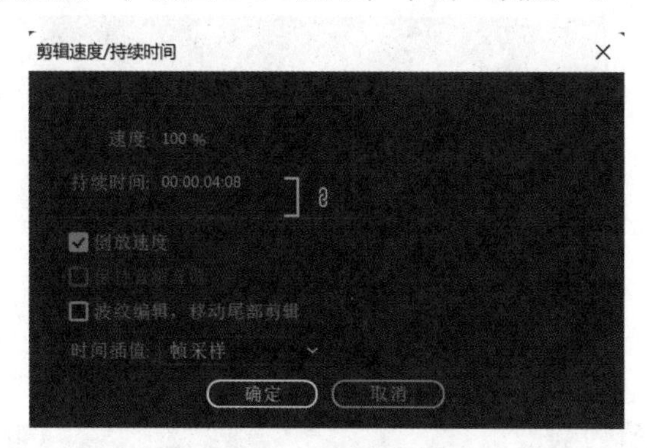

图 2–34　设置倒放效果

⑧ 利用“剃刀工具”，在“00:00:39:00”处单击“视频 8”素材，选中裁剪后“视频 8”的后半部分，按 Delete 键删除。

⑨ 在“项目”面板中选择“文字”素材，拖拽至 V2 轨道“00:00:36:00”处，“时间轴”面板如图 2–35 所示。

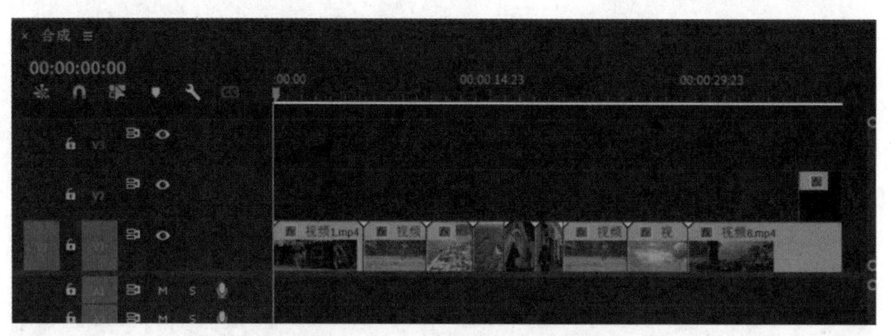

图 2–35　添加“文字”素材后的效果

3. 裁剪音乐素材

将“背景音乐 .wav”拖拽至“时间轴”面板的 A2 轨道中，选择工具箱中的“剃刀工具”，在“00:00:23:11”处单击“背景音乐”素材。选中被裁剪素材的前半部分，按 Delete 键删除。向左移动“背景音乐”素材至视频的开头位置，“时间轴”面板如图 2–36 所示。

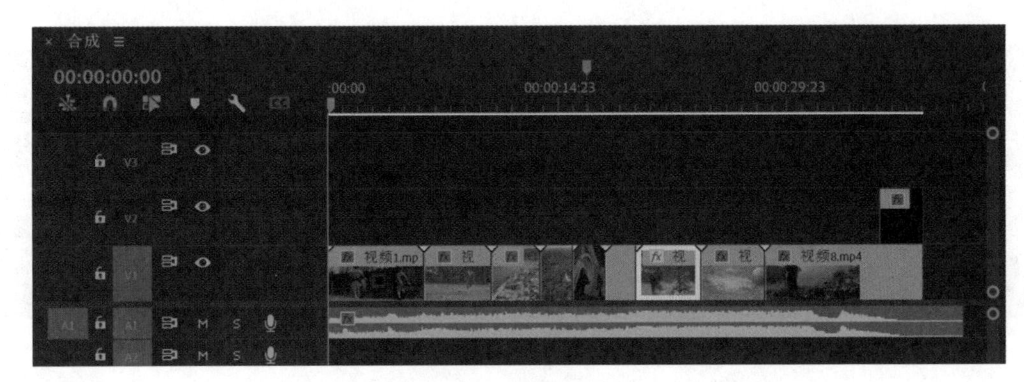

图 2-36 裁剪“背景音乐”后的效果

4. 保存并导出视频

① 选择菜单“文件→保存”命令，保存项目。

② 选择菜单“文件→导出→媒体”命令，导出名称为“未来可期”，格式为“H.264”的文件。

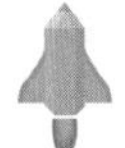

岗位技能储备——“未来可期”任务的技能要点（编辑影视素材）

对影片素材进行编辑是整个影片设计过程的一个重要环节，也是 Adobe Premiere Pro 2023 软件强大功能的重要体现。

1. 添加、删除轨道

“时间轴”面板是 Adobe Premiere Pro 2023 的主要工作区，很多工作都是在这个面板完成的。启动 Adobe Premiere Pro 2023，在“时间轴”面板中新建的序列默认有 3 个视频轨道、3 个音频轨道和 1 个主音轨道，可以根据需要增加或删除轨道，最多增加到 99 个轨道。

① 添加轨道。右击“时间轴”面板的轨道区域，弹出如图 2-37 所示的快捷菜单，选择“添加单个轨道”命令，即可以在视频轨道的最上面添加一个新视频轨道；选择“添加轨道”命令，可打开如图 2-38 所示的“添加轨道”对话框，设置新增轨道的数量和放置的位置，单击“确定”按钮，即可添加新轨道。

② 删除轨道。右击“时间轴”面板轨道名称部分，在弹出的菜单中选择“删除轨道”命令，弹出“删除轨道”对话框，如图 2-39 所示。在对话框中选中要删除轨道对应的复选框，默认删除全部空闲轨道，若只删除被选中的轨道，则单击下拉按钮，选择“目标轨”，然后单击“确定”按钮。

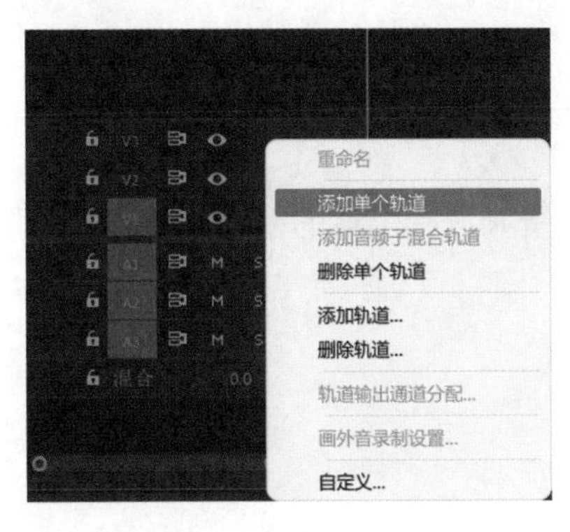

图 2-37 快捷菜单

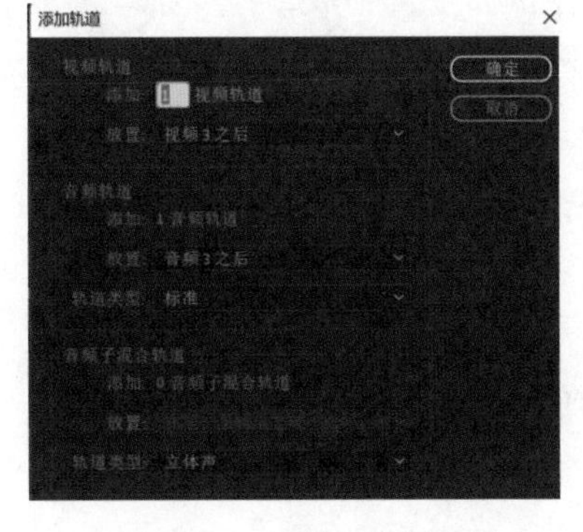

图 2-38 “添加轨道”对话框

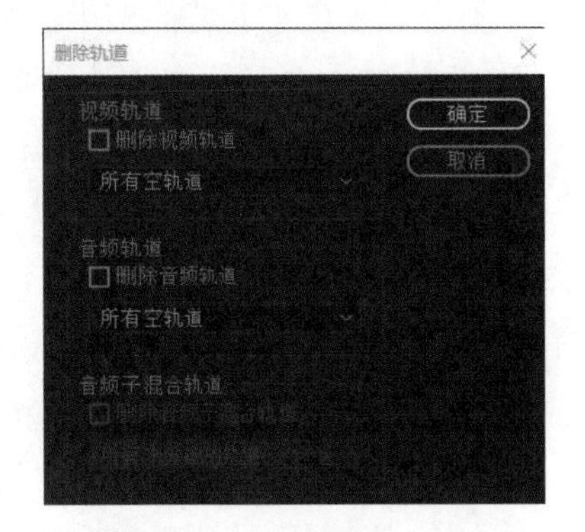

图 2-39 “删除轨道”对话框

2. 将素材添加到“时间轴”面板

① 在“项目”面板上选中要添加素材，直接将其拖拽至“时间轴”面板指定的轨道中，即可添加素材。

② 在“项目”面板中选择素材，右击鼠标在弹出的快捷菜单中选择“插入”或者“覆盖”选项，选中的素材将以指针所在位置为起点分别插入或者覆盖素材，图 2-40 所示为插入素材前后的效果。

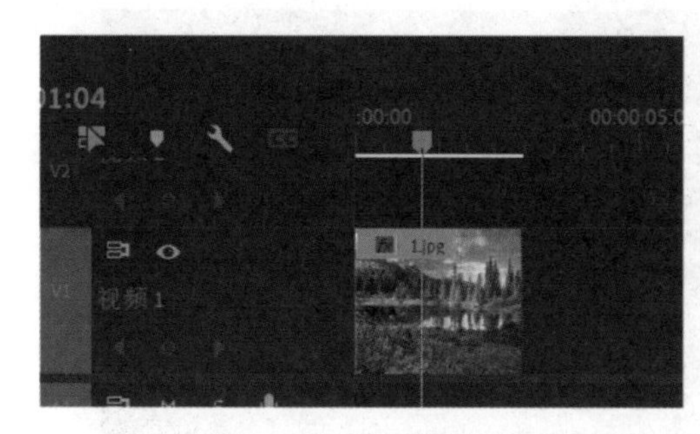

图 2-40　插入素材前后的效果

③ 在“项目”面板中选择素材，直接拖拽至“节目”监视器，监视器显示如图 2-41 所示，将素材拖动至相应区域后释放鼠标即可。

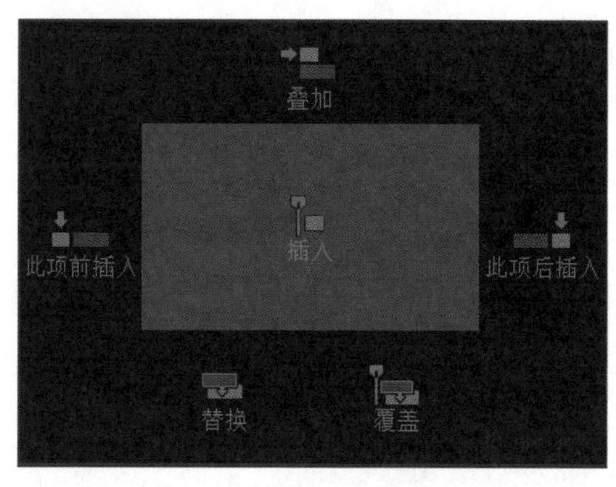

图 2-41　“节目”监视器显示

a.“此项前插入”：在当前轨道的指针所在位置前插入素材。

b.“此项后插入”：在当前轨道的指针所在位置后插入素材。

c.“插入”：在当前轨道的指针所在位置插入素材。

d.“叠加”：若当前轨道指针所在位置上方有空闲轨道，将所选素材插入指针所在位置的上方轨道中；若无空闲轨道，则新建轨道，并在指针所在位置插入素材。

e.“替换”：替换当前轨道指针所在位置的素材。

f.“覆盖”：覆盖当前轨道指针所在位置的素材。

④ 在“源”监视器面板中，按住鼠标左键不放，拖动到“时间轴”面板，释放鼠标即可把选择的素材添加到“时间轴”面板指定的位置。

3. 三点剪辑、四点剪辑素材

三点剪辑、四点剪辑是传统剪辑的基本技巧，“三点”、“四点”是指入点和出点的个数。使用“源”监视器面板和“节目”监视器面板设置入点和出点，根据素材编辑需要为素材设置三个点或四个点，然后单击“插入”或“覆盖”按钮将素材添加到指定的轨道上。

下面以四点剪辑为例简单讲解剪辑过程。

① 在“源”监视器面板中设置要插入素材的入点及出点，如图 2-42 所示。

② 在“节目”监视器面板中设置合适的入点及出点，如图 2-43 所示。

③ 设置好四个点后，单击“源”监视器面板中的“插入”或“覆盖”按钮会弹出如图 2-44 所示“适合剪辑”对话框，选择相应的选项并单击“确定”按钮。

a.“更改剪辑速度（适合填充）”：选择此选项，素材将改变自身的速度，以时间轴上指定的长度为标准压缩素材，以匹配时间轴长度的方式插入。

图 2-42 “源”监视器面板设置入点和出点

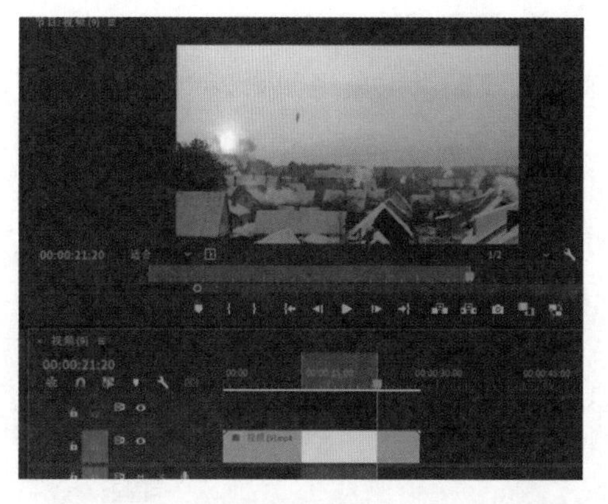

图 2-43 “节目”监视器面板设置入点和出点

b. “忽略源入点”：选择此选项，素材将以出点为基准与时间轴出点对齐，对超出时间轴长度的入点部分进行修剪。

c. “忽略源出点”：选择此选项，素材将以入点为基准与时间轴入点对齐，对超出时间轴长度的出点部分进行修剪。

d. “忽略序列入点”：选择此选项，素材将以时间轴出点为基准，忽略入点，将素材的出点、入点之间的片段全部插入时间轴上。

e.“忽略序列出点”：选择此选项，素材将以时间轴入点为基准，忽略出点，将素材的出点、入点之间的片段全部插入时间轴上。

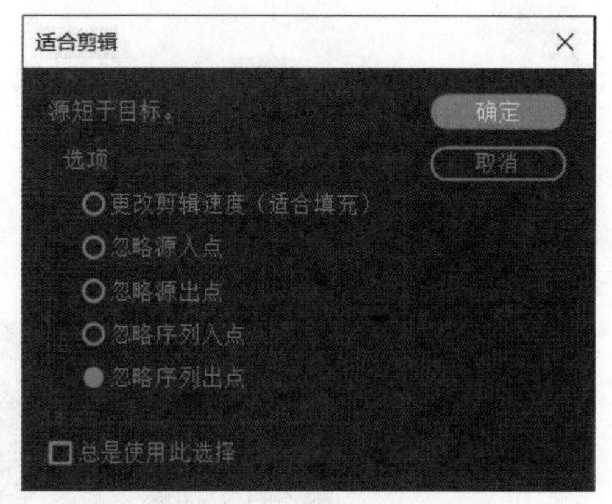

图 2-44 “适合剪辑”对话框

工具的使用

1. 选择工具

“选择工具”按钮主要用于选择、移动序列中的素材片段。

① 选择单个素材：利用“选择工具”单击素材即可选中该素材。

② 选择多个素材：按 Shift 键的同时单击可选择多个素材。

③ 框选法：在“时间轴”面板中拖动鼠标，绘制选择框，选择框中的素材均被选中。

④ 取消选择：在“时间轴”面板的空白处单击即可。

2. 轨道选择工具组

“向前选择轨道工具”按钮：用于选择轨道中目标素材之后的所有素材。

“向后选择轨道工具”按钮：用于选择轨道中目标素材之前的所有素材，如图 2-45 所示。

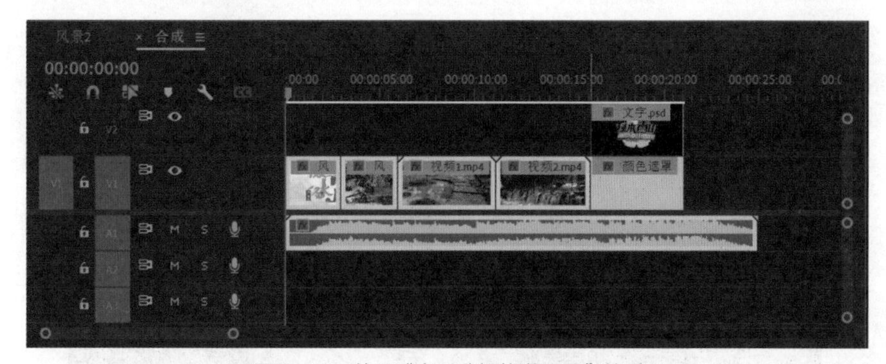

图 2-45 使用“向后选择轨道工具”效果

3. 波纹编辑工具组

波纹编辑工具组如图 2–46 所示。

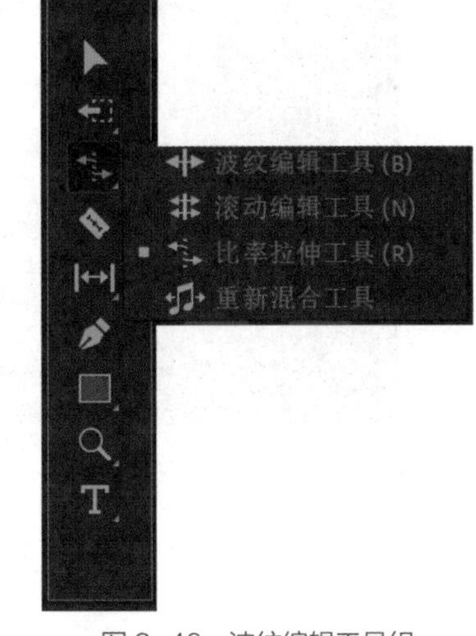

图 2–46　波纹编辑工具组

①“波纹编辑工具”按钮：使用该工具拖拽素材的入点和出点，可以改变所选素材的长度。

②“滚动编辑工具”按钮：使用此工具可改变相邻两素材的持续时间。选择该工具，在两个相邻素材的相接处向左拖动鼠标，左边素材的持续时间缩短，右边素材的持续时间增加。反之向右拖动，左边素材的持续时间增加，右边素材的持续时间缩短，影片的总时长不变。

③“比率拉伸工具”按钮：主要用于调整素材的速度。使用该工具在“时间轴”面板中缩短素材，视频播放速度加快；反之，拉长素材，则速度减慢。

④ 重新混合工具：重新定时音乐以匹配视频的持续时间。

4. 剃刀工具

“剃刀工具”按钮：用于分割素材，在素材上单击一次可将这个素材分为两段，产生新的入点和出点，如图 2–47 所示。

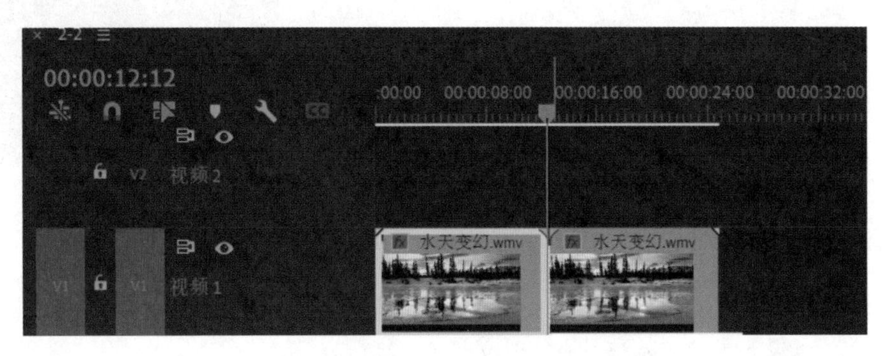

图 2–47　利用“剃刀工具”裁剪后的视频

5. 滑动工具组

“外滑工具”按钮：用于三段以上素材的剪辑，它可以同时改变某个素材片段的入点和出点，但不改变其在轨道中的位置，保持该素材入点和出点之间的长度不变，且不影响序列中其他素材的长度。使用外滑工具放在轨道的某个片段中拖动，被拖动素材的入点和出点以相同帧数改变。

“内滑工具”按钮：使用该工具，可将“时间轴”内某个剪辑向左或向右移动，同时修剪周围的两个剪辑，三个剪辑的组合持续时间以及该组在“时间轴”内的位置保持不变。

6. 钢笔工具

“钢笔工具”按钮：选择“钢笔工具”在“节目”监视器绘制形状，当前序列中时间指针所在的位置处自动生成图形素材，如图 2–48 所示。

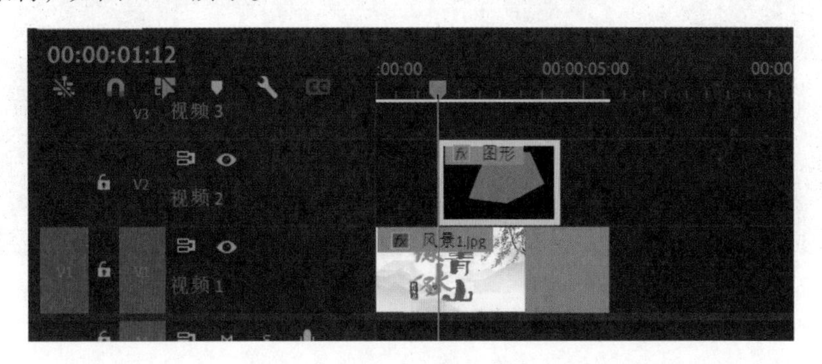

图 2–48　“钢笔工具”绘制形状后

7. 矩形工具组

“矩形工具”按钮：选择“矩形工具”在“节目”监视器面板窗口中拖拽绘制四边形，当前序列中时间指针所在位置处自动生成矩形素材。按住 Shift 键可以绘制正方形。“椭圆工具”和“多边形工具”用法与“矩形工具”相同。

8. 手形工具

“手形工具”按钮：该工具可以左右平移时间轴轨道。

“缩放工具”按钮：可以放大或缩小时间轴面板的时间单位。选中该工具，在时间轴面板上单击，可放大素材的显示，按 Alt 键，则会缩小素材的显示。

9. 文字工具

“文字工具”按钮：选择该工具，在“节目”监视器窗口中单击输入文字，当前序列中会自动新建一个图形素材，在“效果控件”面板中可设置文字的字体、大小、颜色、对齐方式等属性。

“垂直文字工具”：该工具用法与“文字工具”相似，可输入竖排文字。

拓展任务　“奋斗的青春”宣传片

学习情境

前进要奋力，干事要努力。当代中国青年要在感悟时代、紧跟时代中珍惜韶华，自觉按照党和人民的要求锤炼自己、提高自己，做到志存高远、德才并重、情理兼修、勇于开拓，在火热的青春中放飞人生梦想，在拼搏的青春中成就事业华章（图 2-49）。

图 2-49　“奋斗的青春”视频效果

操作步骤指引

①新建工程文件。

②新建“通用倒计时片头”素材。

③利用“剃刀”工具裁剪“倒计时片头”。

④按照样片剪辑素材。

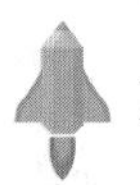

不可不知的新技术——新媒体

新媒体是利用数字技术，通过计算机网络、无线通信网、卫星等渠道，以及电脑、手机、数字电视机等终端，向用户提供信息和服务的传播形态。从空间上来看，“新媒体”特指当下与“传统媒体”相对应的，以数字压缩和无线网络技术为支撑，利用其大容量、实时性和交互性，可以跨越地理界线最终得以实现全球化的媒体。

理解新媒体的特点如下。

技术层面：利用的是数字技术、网络技术和移动通信技术。

渠道层面：通过互联网、宽带局域网、无线通信网和卫星等渠道。

终端层面：以电视、电脑和手机等作为主要输出终端。

服务层面：向用户提供视频、音频、语音数据服务、连线游戏、远程教育等集成信息和娱乐服务。

互联网新媒体主要如下。

网络电视：以宽带网络为载体，通过电视服务器将传统的卫星电视节目重新编码成流媒体的形式，经网络传输给用户收看的一种视讯服务。

博客（动词）：指在博客的虚拟空间中发布文章等各种形式信息的过程。博客有三大主要作用：个人自由表达；知识过滤与积累；深度交流沟通。

播客：通常是指那些自我录制广播节目并通过网络发布的人。

视频：泛指将一系列的静态影像以电信号方式加以捕捉、记录、处理、储存、传送与重现的各种技术。根据视觉暂留原理，连续的图像变化每秒超过 24 幅画面时，人眼无法辨别单幅的静态画面，看上去是平滑连续的视觉效果，这样连续的画面称为视频。同时，视频也指新兴的交流、沟通工具，是基于互联网的一种设备及软件，用户可通过视频看到对方的仪容、听到对方的声音，是可视电话的雏形。视频技术最早是为了电视系统而发展的，但是现在已经发展为各种不同的格式，以利于消费者将视频记录下来。网络技术的发达也促使视频的记录片段以串流媒体的形式存在于因特网之上并可被电脑接收与播放。

电子杂志：一般是指用 Flash 的方式将音频、视频、图片、文字及动画等集成展示的一种新媒体，因展示形式像传统杂志，具有翻页效果，故名电子杂志。一般一本电子杂志的体积都较大，小则几兆，大则几十兆、上百兆，因此，一般电子杂志网站都提供客户端订阅器供下载与订阅，而订阅器多采用流行的 P2P 技术，以提高下载速度。电子杂志是 Web2.0 的代表性应用之一，它具有发行方便、发行量大、分众等特点。

技能拓展（和工作页对应）

根据工作页要求，完成四大名著书籍封面设计。

工作页（四大名著）

工作页
（四大名著）

知识树（按知识点来画）

习题（包括高考真题及 1+X 考证题目）

课堂笔记

模块三　动画的魅力——动画效果

在 Adobe Premiere Pro 2023 中，可以通过效果控件面板调整关键帧的不同参数，从而制作出动画效果。

效果控件面板主要用于设置剪辑素材包含的一些基本效果，如运动、不透明度、时间重映射、音量、通道音量、声像器，它们是不同类型的剪辑素材自带的效果，如运动、不透明度、时间重映射是视频轨道剪辑素材自带的效果控件效果。我们还可以通过效果控件面板对添加到剪辑素材上的视频效果、音频效果、音频过渡、视频过渡来调整关键帧参数，以便制作出丰富多彩的视频。

本模块仅使用剪辑素材自带的效果控件来完成任务。

- 任务 1　　“逐梦”短片制作
- 任务 2　　“快乐出发”短片制作
- 拓展课堂　动作捕捉

岗位能力

了解 Adobe Premiere Pro 2023 中效果控件面板的效果类型与功能，熟悉效果控件面板的基本操作，提高应用效果控件面板的能力，通过调整效果控件面板的关键帧参数制作出丰富的动画效果。

项目目标

1. 知识目标

了解 Adobe Premiere Pro 2023 效果控件面板的功能。

熟练掌握设置效果控件面板参数的方法和操作技巧。

2. 能力目标

具备创建基本视频动画效果的能力。

具备视频效果创意的制作能力。

任务 1　“逐梦”短片制作

学习情境

青年一代在追逐梦想的过程中，虽然偶遇不顺时会停滞不前或者退步，但是未来属于青年，希望寄予青年，作为积极向上的青年，每个人都怀揣梦想，让我们认真学习贯彻党的二十大精神，牢记习近平总书记嘱托，以实现中华民族伟大复兴为己任，不负时代，不负韶华，不负党和人民的殷切期望，去勇敢追逐自己的梦想。下面我们共同完成视频短片“逐梦”，如图 3-1 所示。

图 3-1　“逐梦”短片展示视频效果图

操作步骤指引

1. 新建文档

选择“文件→新建→项目”命令，新建一个项目，文件名为“逐梦”，选择合适的素材，单击“导入”，如图 3-2 所示。

图 3-2　新建项目并选择素材

2. 制作片头效果

① 选择“文字工具”，在“节目监视器”窗口输入文字“追梦”，然后在效果控件面板设置字体为“华文新魏”，设置“描边”参数颜色为（RGB 228 43 228），如图 3-3 所示。

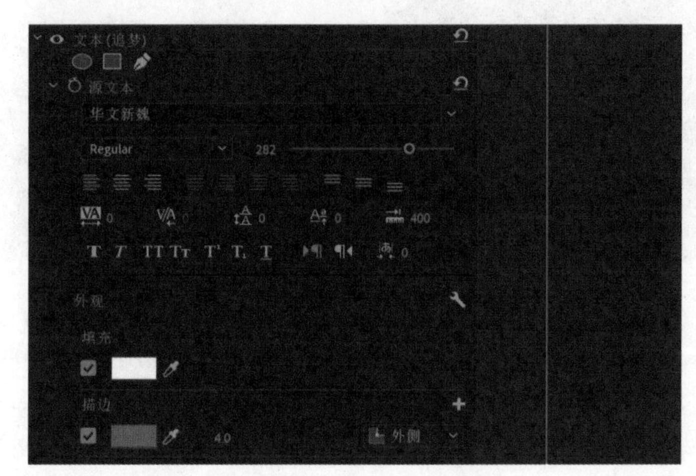

图 3-3　“追梦”文字设置

② 将设置好的文字“追梦”拖动至V1轨道最左端，在“时间”轴面板拖动时间指示器至最左端，如图5-4所示。

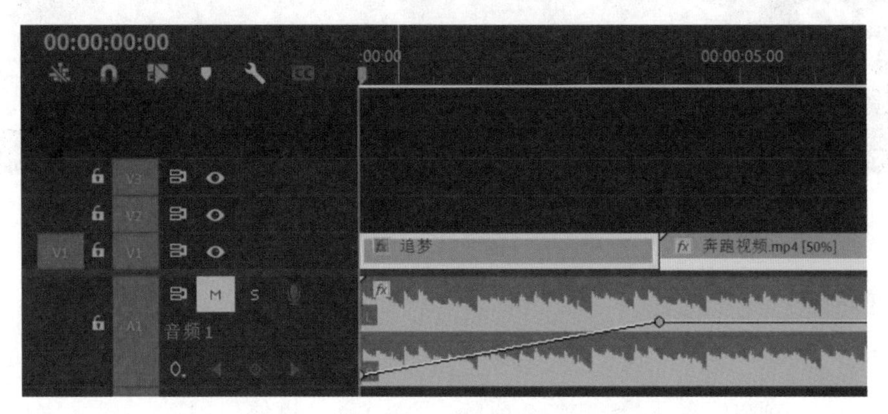

图 3-4 时间指示器

③ 在效果控件面板中左键单击“矢量运动”效果“缩放”参数名称左侧的“切换动画”按钮，创建第一个“缩放”参数关键帧，将时间指示器移动到“00:00:01:00”处左键单击“添加 / 移除关键帧”按钮添加第二个关键帧，设置缩放参数值为228，将时间指示器移动到“00:00:02:12”处左键单击“添加 / 移除关键帧”按钮添加第三个关键帧，设置缩放参数值为110，如图3-5所示。

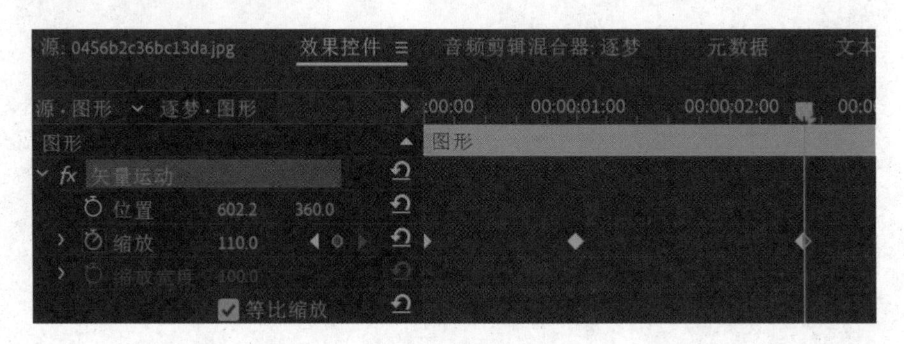

图 3-5 设置“缩放”参数

④ 在效果控件面板中左键单击“矢量运动”效果“旋转”参数名称左侧的“切换动画”按钮，创建第一个“旋转”参数关键帧，将时间指示器移动到“00:00:01:00”处左键单击“添加 / 移除关键帧”按钮添加第二个关键帧，将时间指示器移动到“00:00:02:12”处左键单击“添加 / 移除关键帧”按钮添加第三个关键帧，如图3-6所示。

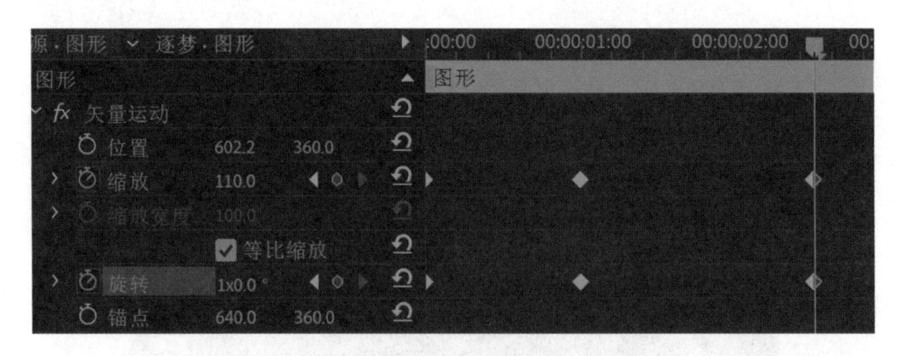

图 3-6 设置“旋转”参数

⑤ 在效果控件面板中左键单击“不透明度”效果“不透明度”参数名称左侧的“切换动画”按钮，创建第一个“不透明度”参数关键帧，将时间指示器移动到“00:00:02:24”处左键单击“添加 / 移除关键帧”按钮添加第二个关键帧，将时间指示器移动到“00:00:03:24”处左键单击“添加 / 移除关键帧”按钮添加第三个关键帧，设置不透明度值为0，如图3-7所示。

图 3-7　设置“不透明度”参数

3. 制作片中奔跑速度变化效果

① 在项目窗口中选择“奔跑视频”素材拖放到 V1 轨道紧贴文字“追梦”素材右端并将其“缩放为帧大小”，将时间指示器拖动到“00:00:04:00”处，在“效果控件面板”中左键单击“时间重映射”效果“速度”参数左侧的“切换动画”按钮创建第一个关键帧，如图 3-8 所示。

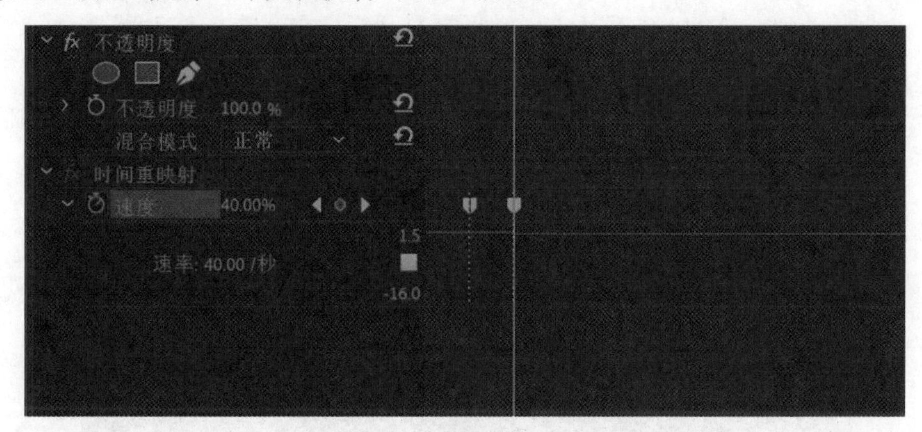

图 3-8　“时间重映射”设置

② 将时间指示器移动到“00:00:04:01”处，在效果控件面板中左键单击“速度”参数右侧的“添加 / 移除关键帧”按钮，创建第二个“速度”参数关键帧，向下拖动两个关键帧之间的速度线使其速度值为 40%，实现慢放效果。将时间指示器移动到“00:00:06:24”处添加第三个关键帧，按下 Ctrl 键的同时在关键帧按下左键，并向右侧拖动，实现速度值为 -100%，实现倒放效果，用相同的方法在关键帧按下左键，并向右侧拖动，实现第二次倒放效果，如图 3-9 所示。

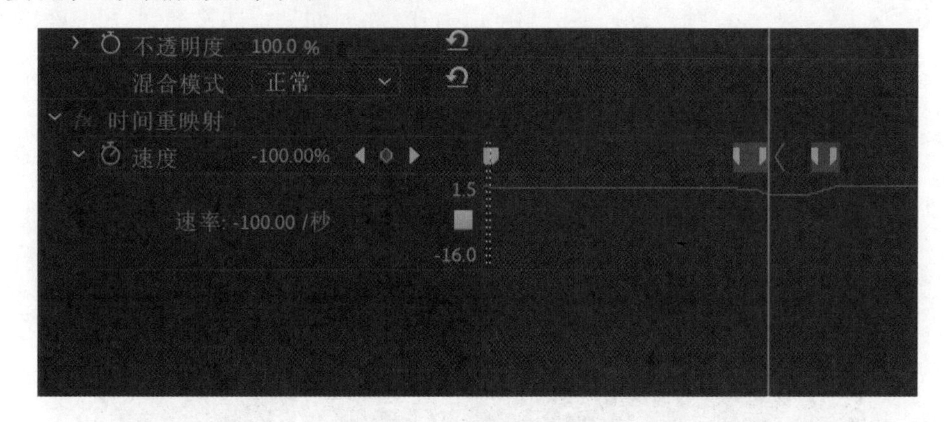

图 3-9　时间指示器位置

③ 将时间指示器移动到“00:00:10:05”处，在效果控件面板中左键单击“速度”参数右侧的“添加 / 移除关键帧”按钮，创建“速度”参数关键帧，同时按下 Ctrl 键和 Alt 键按下左键在关键帧并向右侧拖动，这时速度参数值为 0，实现静止效果，如图 3-10 所示。

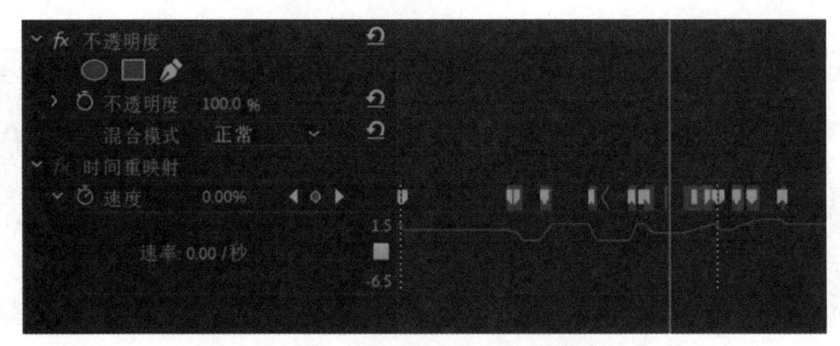

图 3-10 速度为 0 时实现静止效果

④ 将时间指示器移动到“00:00:11:17”处，在效果控件面板中左键单击“速度”参数右侧的“添加 / 移除关键帧”按钮，创建“速度”参数关键帧，拖动右侧的速度线使其速度值为 100%。

⑤ 将时间指示器移动到“00:00:11:20”处，在效果控件面板中左键单击“速度”参数右侧的“添加 / 移除关键帧”按钮，创建“速度”参数关键帧，拖动右侧的速度线使其速度值为 40%。

⑥ 将时间指示器移动到“00:00:12:20”处，在效果控件面板中左键单击“速度”参数右侧的“添加 / 移除关键帧”按钮，创建“速度”参数关键帧，拖动右侧的速度线使其速度值为 172%。

⑦ 将时间指示器移动到“00:00:13:11”处，在效果控件面板中左键单击“速度”参数右侧的“添加 / 移除关键帧”按钮，创建“速度”参数关键帧，拖动右侧的速度线使其速度值为 100%，如图 3-11 所示。

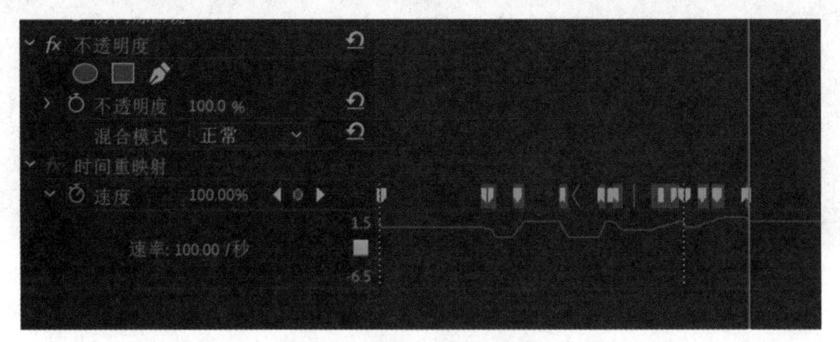

图 3-11 时间重映射效果

4. 制作片中文字变化效果

① 在项目窗口中选择“心怀梦想”素材拖放到 V2 轨道“00:00:12:21”处并调整位置参数为 640、360，然后在效果控件面板中左键单击“不透明度”效果“不透明度”参数名称左侧的“切换动画”按钮，创建第一个“不透明度”参数关键帧，设置不透明度值为 0，将时间指示器移动到“00:00:13:13”处左键单击“添加 / 移除关键帧”按钮添加第二个关键帧，设置不透明度值为 100%，如图 3-12 所示。

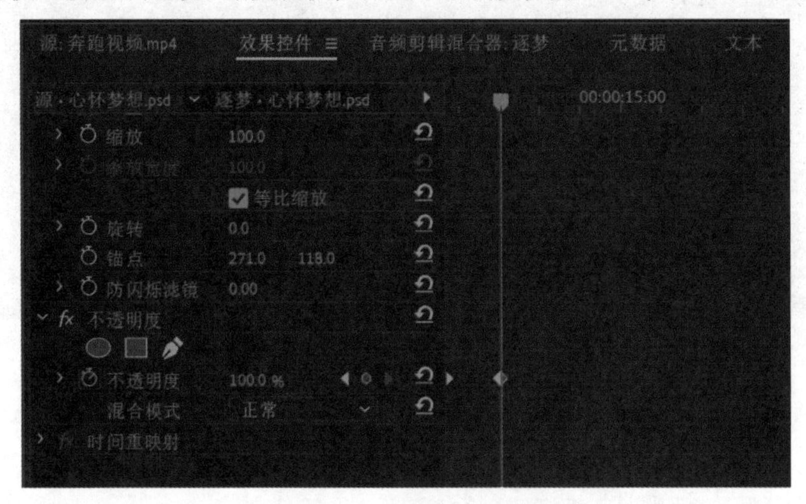

图 3-12 “不透明度”设置效果

② 将时间指示器移动到“00:00:14:11”处，在效果控件面板中左键单击“运动”效果“位置”参数左侧的“切换动画”按钮，创建第一个关键帧，将时间指示器拖动到“00:00:18:02”处调整位置参数为 965、360，创建第二个“位置”参数关键帧，实现文字跟随人物运动的效果。

③ 将时间指示器移动到“00:00:18:02”处，在项目窗口中选择“追逐梦想”素材拖放到 V2 轨道紧贴“心怀梦想”素材，并将其“缩放为帧大小”，如图 3–13 所示。

图 3–13　“追逐梦想”剪辑时间轴位置效果

④ 将时间指示器移动到“00:00:22:05”处，在效果控件面板中左键单击“不透明度”效果“创建椭圆形蒙版”工具，在“节目”监视器窗口中心区域绘制椭圆形蒙版。

⑤ 左键单击“蒙版扩展”参数左侧的“添加 / 移除关键帧”按钮创建“蒙版扩展”参数关键帧，设置“蒙版扩展”值为 597，将时间指示器移动到“00:00:23:01”处，设置“蒙版扩展”值为 –190.7，并将“蒙版羽化”参数设置为 58，如图 3–14 所示。

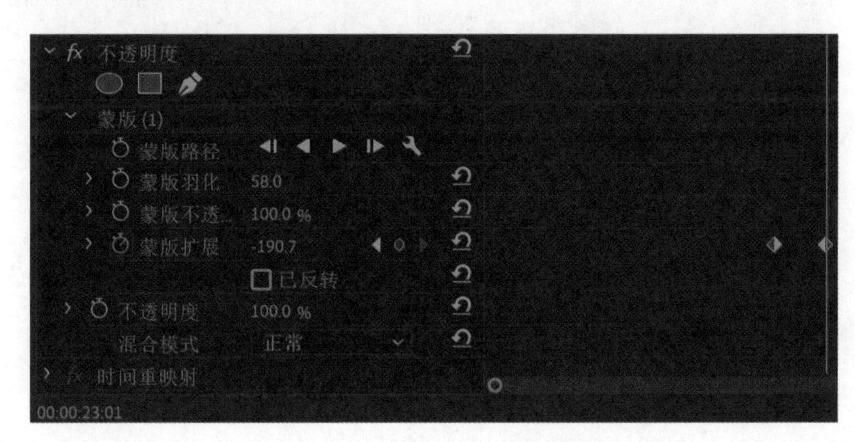

图 3–14　“椭圆形蒙版”参数设置

5. 制作片尾文字变化效果

① 在项目窗口中选择“一路追逐”素材拖放到 V3 轨道“00:00:18:02”处并调整位置参数为 665.7、242.1，然后在效果控件面板中左键单击“运动”效果“锚点”参数名称，然后在监视器窗口将锚点移动到文字右下角。

② 左键单击“运动”效果“位置”参数名称左侧的“切换动画”按钮，创建第一个“位置”参数关键帧，将时间指示器移动到“00:00:23:01”处，左键单击“添加 / 移除关键帧”按钮添加第二个关键帧，将时间指示器移动到“00:00:24:17”处，左键单击“添加 / 移除关键帧”按钮添加第三个关键帧并调整位置参数为 880.7、435.1。

③ 将时间指示器移动到“00:00:19:02”处，在效果控件面板中左键单击“运动”效果“缩放”参数名称左侧的“切换动画”按钮，创建第一个“缩放”参数关键帧，将时间指示器移动到“00:00:20:00”处，设置“缩放”参数值为 65.6，将时间指示器移动到“00:00:20:20”处，设置“缩放”参数值为 120。

④ 将时间指示器移动到“00:00:19:02”处，在效果控件面板中左键单击“运动”效果“旋转”参数名称左侧的“切换动画”按钮，创建第一个“旋转”参数关键帧，将时间指示器移动到“00:00:20:00”处，设置“旋转”参数值为 360°，将时间指示器移动到“00:00:23:01”处，设置“旋转”参数值为 360°，将时间指示器移动到“00:00:24:17”处，设置“旋转”参数值为 0°。

⑤ 将时间指示器移动到“00:00:23:01”处，在效果控件面板中左键单击“不透明度”效果“不透明度”参数名称左侧的“切换动画”按钮创建第一个“不透明度”参数关键帧，将时间指示器移动到“00:00:24:17”处，设置“不透明度”参数值为 0，如图 3-15 所示。

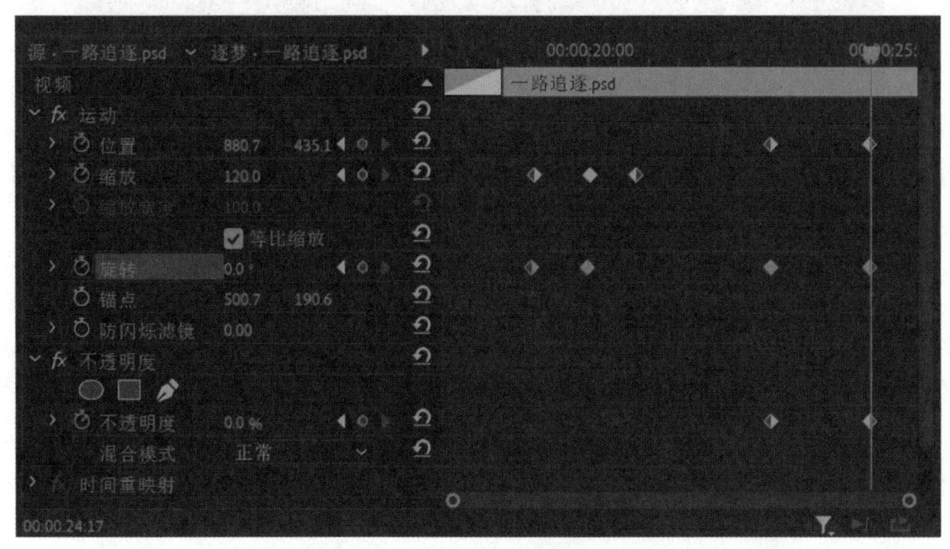

图 3-15　“一路追逐”剪辑效果设置

岗位知识储备——效果控件面板

岗位知识储备——效果控件面板参数

岗位知识储备——关键帧

岗位技能储备——时间重映射效果的技能要点

①在“效果控件”面板中显示的时间重映射效果的“速度”和“速率”值仅供参考。无法直接在此处编辑这些值。

②更改“效果控件”面板中显示的时间重映射效果的“速度”和“速率”值可以通过以下两种方法完成。方法一：用左键拖动速度线完成数值更改。方法二：结合 Ctrl、Alt 快捷键拖动关键帧图标来实现，按下 Ctrl 键结合左键拖动关键帧实现“倒放”效果，同时按下 Ctrl 键和 Alt 键结合左键拖动关键帧实现“静止”效果，直接左键拖动关键帧的一端，实现速度“线性”平滑过渡。

任务 2　“快乐出发”短片制作

学习情境

快乐是什么？快乐是田野里飞跃的蒲公英；快乐是畅游于海底的鱼儿；快乐是蓝天中翱翔的小鸟；快乐是色彩斑斓的彩虹。每逢节假日，很多同学都喜欢和家人外出游玩，既放松身心，又开阔视野，是一件一举两得的美事。外出过程中要响应党的二十大精神，顺应自然，保护自然。下面我们共同开始“快乐出发”短片制作，如图 3-16 所示。

图 3-16　“快乐出发”短片制作展示视频效果图

操作步骤指引

- 任务 1　创新科技 引领未来
- 任务 2　民间传统工艺
- 拓展任务　大国工匠

1. 新建文档

选择“文件→新建→项目”命令，新建一个项目，文件名为“快乐出发”，选择合适的素材，单击“导入”按钮，如图 3-17 所示。

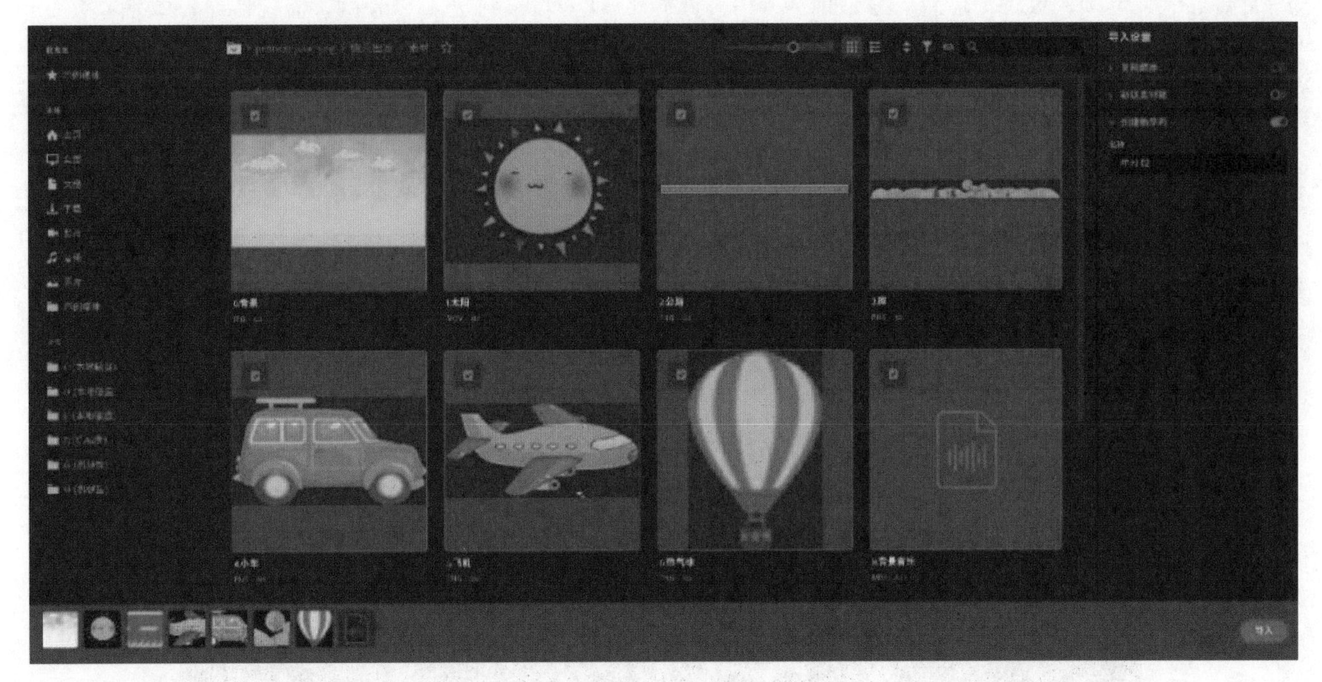

图 3-17　导入素材

2. 制作片头效果

① 在项目窗口中选择“背景”素材拖放到 V1 轨道并对齐到时间轴左侧，此时“位置”参数值为 640、905，如图 3-18 所示。

图 3-18　V1 轨道素材效果

② 在项目窗口中选择“树”素材拖放到 V2 轨道并与“背景”素材左右两端对齐，在效果控件面板中左键单击“运动”效果“位置”参数名称左侧的“切换动画”按钮，创建第一个“位置”参数关键帧，设置“位置”参数值为 640、905，将时间指示器移动到“00:00:01:00”处左键单击“添加 / 移除关键帧”按钮添加第二个关键帧，设置“位置”参数值为 640、412，实现剪辑素材进入“节目”监视器窗口效果。

③ 将时间指示器移动到“00:00:03:20”，左键单击“添加 / 移除关键帧”按钮添加关键帧，将时间指示器移动到“00:00:04:16”，设置“位置”参数值为 105、414，实现剪辑素材从右向左移动的效果。将时间指示器移动到“00:00:05:22”，左键单击“添加 / 移除关键帧”按钮添加关键帧，时间指示器移动到“00:00:06:18”设置“位置”参数值为 105、902，实现剪辑素材移出“节目”监视器窗口效果，如图 3-19 所示。

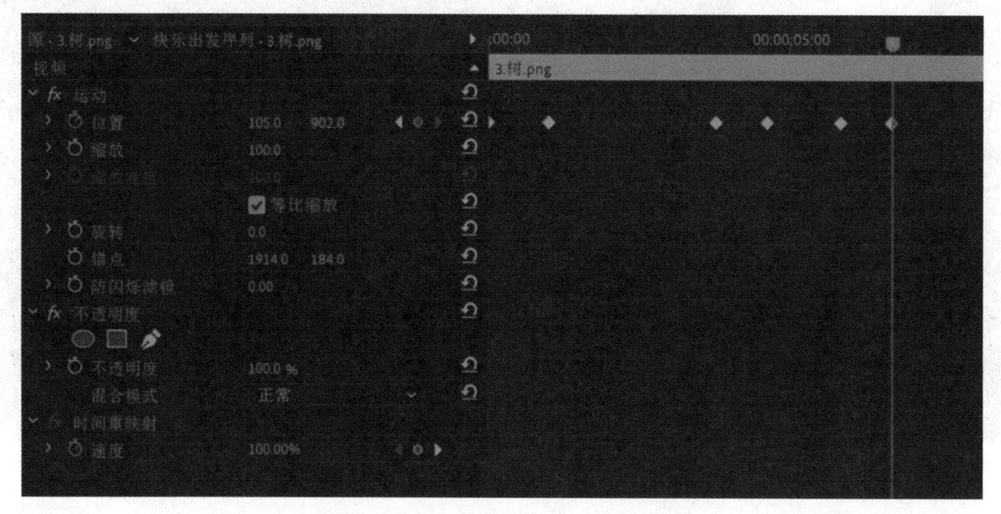

图 3-19　“树”剪辑素材“位置”参数设置

④ 在项目窗口中选择“公路”素材拖放到 V3 轨道并与“树”素材左右两端对齐，在效果控件面板中左键单击 “运动”效果 “位置”参数名称左侧的“切换动画”按钮，创建第一个“位置”参数关键帧，设置“位置”参数值为 108、785，将时间指示器移动到“00:00:01:00”处左键单击“添加 / 移除关键帧”按钮添加第二个关键帧，设置“位置”参数值为 108、685，实现剪辑素材进入“节目”监视器窗口效果。

⑤ 将时间指示器移动到“00:00:03:20”，左键单击“添加 / 移除关键帧”按钮添加关键帧，将时间指示器移动到“00:00:04:16”处，设置“位置”参数值为 –400、650，实现剪辑素材从右向左移动的效果。将时间指示器移动到“00:00:05:22”左键单击“添加 / 移除关键帧”按钮添加关键帧，时间指示器移动到“00:00:06:18”设置“位置”参数值为 –400，792，实现剪辑素材移出“节目监视器窗口”效果，如图 3–20 所示。

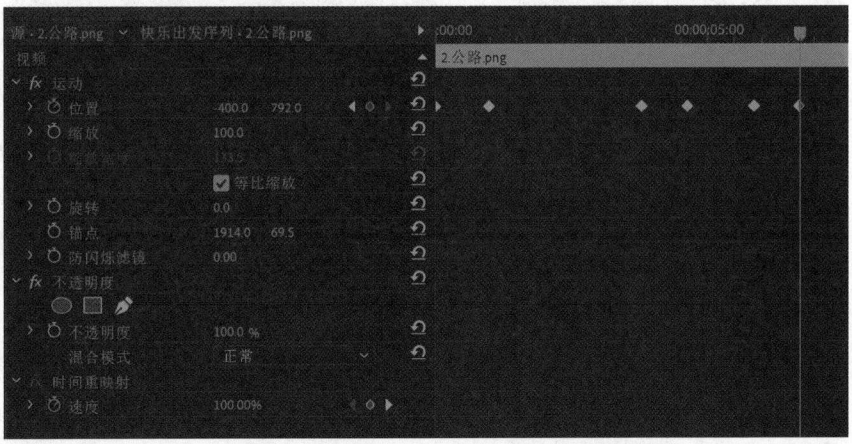

图 3–20　“公路”剪辑素材“位置”参数设置

⑥在项目窗口中选择“快乐出发”素材拖放到 V4 轨道并与“公路”素材左右两端对齐，在效果控件面板中左键单击“运动”效果“位置”参数名称左侧的“切换动画”按钮，创建第一个“位置”参数关键帧，设置“位置”参数值为 640、–48，将时间指示器移动到“00:00:01:00”处左键单击“添加 / 移除关键帧”按钮添加关键帧，设置“位置”参数值为 640、131，并设置“不透明度”效果“混合模式”为“差值”，实现剪辑素材进入“节目监视器窗口”效果，如图 3–21 所示。

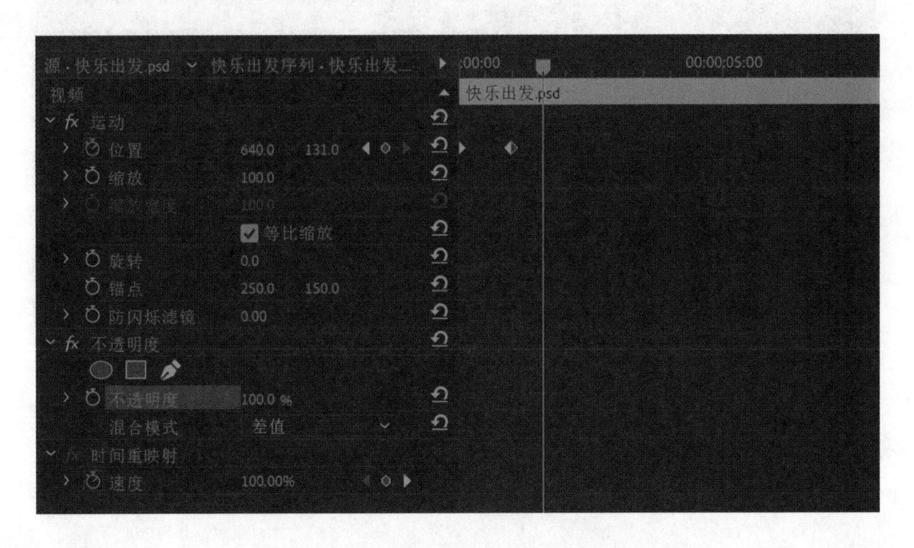

图 3–21　“快乐出发”剪辑素材参数设置

2. 制作片中效果

① 将时间指示器移动到“00:00:01:00”，在项目窗口中选择“太阳”素材拖放到 V5 轨道左端与时间线对齐，在效果控件面板中左键单击 “运动”效果 “位置”参数名称左侧的“切换动画”按钮，创建第一个“位置”参数关键帧，设置“位置”参数值为 1377、300，在效果控件面板中左键单击 “运动”效果 “缩放”参数名称左侧的“切换动画”按钮创建第一个“缩放”参数关键帧，设置“缩放”参数值为 28。

② 将时间指示器移动到“00:00:02:20”处，分别单击效果控件面板中 “运动”效果“位置”和“缩放”

参数右侧的“添加 / 移除关键帧”按钮创建关键帧，并设置“位置”参数值为 1071、87，设置“缩放”参数值为 36，如图 3-22 所示。

图 3-22 “太阳”剪辑素材参数设置

③ 将时间指示器移动到“00:00:02:20”，在项目窗口中选择“小车”素材拖放到 V6 轨道左端与时间线对齐，在效果控件面板中左键单击“运动”效果“位置”参数名称左侧的“切换动画”按钮，创建第一个“位置”参数关键帧，设置“位置”参数值为 -200、587。

④ 将时间指示器移动到“00:00:03:20”处，在效果控件面板中左键单击“位置”参数右侧的“添加 / 移除关键帧”按钮添加关键帧，设置“位置”参数值为 556、587，实现汽车从左侧进入“节目”监视器窗口效果。

⑤ 将时间指示器移动到“00:00:03:20”处，左键单击“位置”参数右侧的 “添加 / 移除关键帧”按钮添加关键帧，将时间指示器移动到“00:00:05:24”处，设置“位置”参数值为 1600、587，实现汽车移出“节目监视器窗口”效果，如图 3-23 所示。

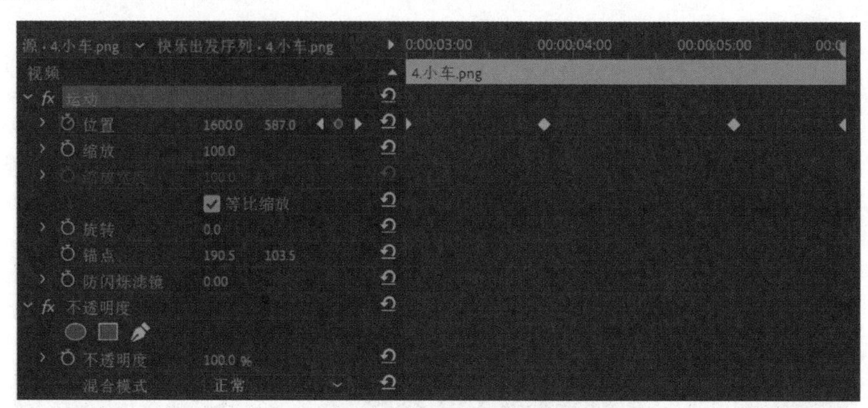

图 3-23 “小车”剪辑素材参数设置

3. 制作片尾效果

① 将时间指示器移动到“00:00:05:24”，在项目窗口中选择“飞机”素材拖放到 V7 轨道左端与时间线对齐，在效果控件面板中左键单击“运动”效果 “位置”参数名称左侧的“切换动画”按钮，创建第一个“位置”参数关键帧，设置“位置”参数值为 -170、676，在效果控件面板中左键单击“运动”效果“缩放”参数名称左侧的“切换动画”按钮，创建第一个“缩放”参数关键帧，设置“缩放”参数值为 100。

② 将时间指示器移动到“00:00:08:20”处，分别单击效果控件面板中 “运动”效果“位置”和“缩放”参数右侧的“添加 / 移除关键帧”按钮创建关键帧，并设置“位置”参数值为 1358、130，设置“缩放”参数值为 42，如图 3-24 所示。

③ 将时间指示器移动到“00:00:05:24”，在项目窗口中选择“热气球”素材拖放到 V8 轨道左端与时间线对齐，在效果控件面板中左键单击“运动”效果“位置”参数名称左侧的“切换动画”按钮，创建第一个“位

置”参数关键帧，设置“位置”参数值为 440、-80，在效果控件面板中左键单击“运动”效果“缩放”参数名称左侧的“切换动画”按钮，创建第一个“缩放”参数关键帧，设置“缩放”参数值为 155。

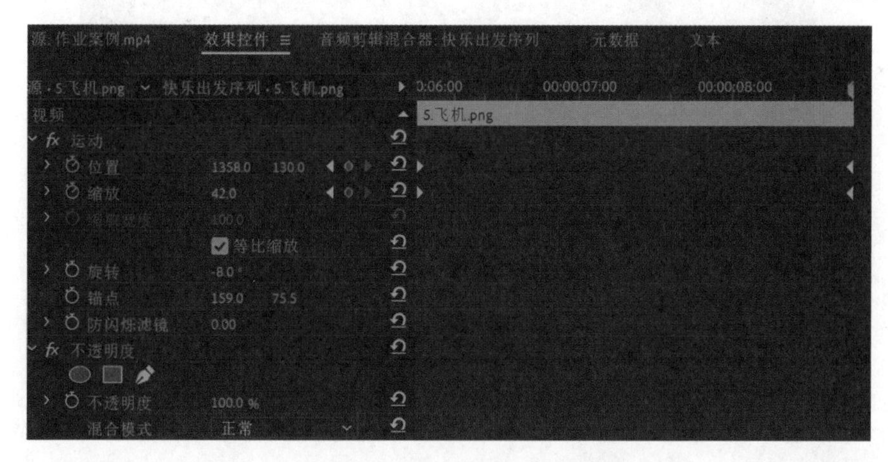

图 3-24　“飞机”剪辑素材参数设置

④ 将时间指示器移动到“00:00:08:20”处，分别单击效果控件面板中“运动”效果“位置”和“缩放”参数右侧的“添加 / 移除关键帧”按钮创建关键帧，并设置“位置”参数值为 440、68.8，设置“缩放”参数值为 189，如图 3-25 所示。

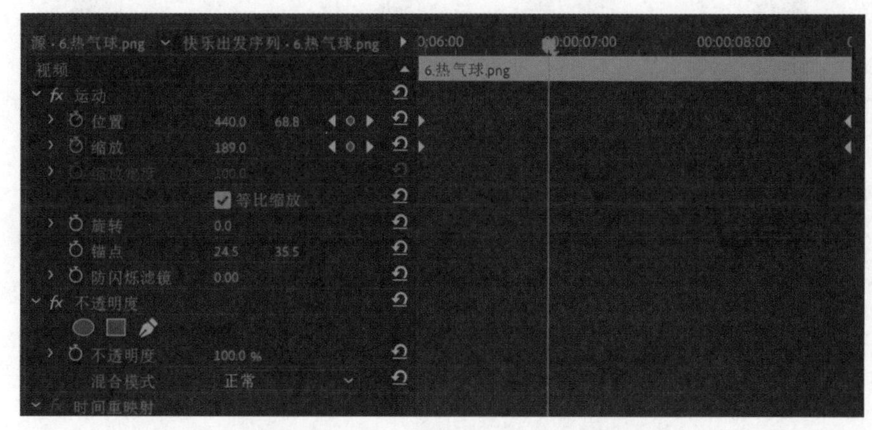

图 3-25　“热气球”剪辑素材参数设置

岗位技能储备——节目监控窗口中调整素材参数（图 3-26、图 3-27）。

在节目监视器窗口中双击素材，可将其选中，以下三种不同操作对应不同效果。

①选中素材后，将鼠标指针移动到素材上，按住鼠标左键拖动可移动素材位置。

②将鼠标指针移动到素材四周边界点，当鼠标指针变为形状时，拖动鼠标可调整素材大小。

③当鼠标指针变为形状时，拖动鼠标可旋转素材，此时效果控件面板中的相同属性的关键帧参数也会发生变化。

图 3-26 节目监视器窗口

图 3-27 节目监视器窗口

拓展课堂　动作捕捉

动作捕捉，又称为动态捕捉，可以直观地理解为通过各种技术手段记录被观察对象（人、物或动物）的动作，并做有效的处理（图 3-28）。从专业角度来看，动作捕捉是一项能够实时地准确测量、记录运动物体在实际三维空间中的各类运动轨迹和姿态，并在虚拟三维空间中重构这个物体每个时刻运动状态的高新技术。它广泛应用于军事、娱乐、体育、医疗应用、计算机视觉以及机器人技术等诸多领域。在电影制作和电子游戏开发领域，它通常是记录演员的动作，并将其转换为数字模型的动作，并生成二维或三维的计算机动画。

常用的运动捕捉技术从原理上说可分为机械式、声学式、电磁式、光学式和惯性导航式。不同原理的设备各有其优缺点，一般可从以下几个方面进行评价：定位精度、实时性、使用方便程度、可捕捉运动范围大小、抗干扰性、多目标捕捉能力以及与相应领域专业分析软件连接程度。

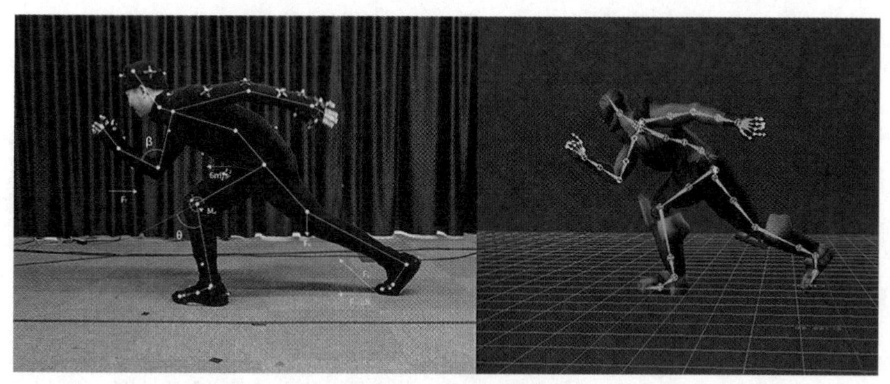

图 3-28　动作捕捉示例图

动作捕捉技术对比

技术之一：机械式运动捕捉

机械式运动捕捉依靠机械装置来跟踪和测量运动轨迹。

优点：成本低，精度较高，可以做到实时测量，还可容许多个角色同时表演。

缺点：使用起来非常不方便，机械结构对表演者的动作阻碍和限制很大。

技术之二：声学式运动捕捉

常用的声学式运动捕捉装置由发送器、接收器和处理单元组成。

优点：装置成本较低。

缺点：对运动的捕捉有较大延迟和滞后，实时性较差，精度一般不高，声源和接收器间不能有大的遮挡物体，受噪声和多次反射等干扰较大。由于空气中声波的速度与气压、湿度、温度有关，所以还必须在算法中做出相应的补偿。

技术之三：电磁式运动捕捉

电磁式运动捕捉是比较常用的运动捕捉设备。

优点：记录六维信息，同时得到空间位置和方向信息，速度快，实时性好，便于排演、调整和修改。装置的定标比较简单，技术较成熟，成本相对低廉。

缺点：对环境要求严格，表演场地附近不能有金属物品，否则会造成电磁场畸变，影响精度。该系统的允许表演范围比光学式运动捕追要小，特别是电缆对表演者的活动限制比较大，对于比较剧烈的运动和表演则不适用。

技术之四：光学式运动捕捉

光学式运动捕捉通过对目标上特定光点的监视和跟踪来完成运动捕捉的任务。

优点：表演者活动范围大，无电缆、机械装置的限制，表演者可以自由地表演，使用很方便。其采样速率较高，可以满足多数高速运动测量的需要。Marker 数量可根据实际应用购置添加，便于系统扩充。

缺点：系统价格高，它可以捕捉实时运动，但后处理（包括 Marker 的识别、跟踪、空间坐标的计算）的工作量较大，适合科研类应用。

技术之五：惯性导航式动作捕捉

通过惯性导航传感器、航姿参考系统、惯性测量单元，测量表演者运动加速度、方位、倾斜角等特性。

优点：不受环境干扰影响，不怕遮挡。捕捉精确度高，采样速度高，达到每秒 1000 次或更高。由于采用高集成芯片、模块，体积小、重量轻，性价比高。惯导传感器佩戴在表演者头上，或通过 17 个传感器组成数据服穿戴，通过 USB 线、蓝牙、2.4GHz DSSS 无线等与主机相连，分别可以跟踪头部、全身动作，实时显示完整的动作。

动作捕捉应用领域

动画制作

动作捕捉极大地提高了动画制作的效率，降低了成本，而且使动画制作过程更为直观，效果更为生动。随着技术的进一步成熟，表演动画技术将会得到越来越广泛的应用，而运动捕捉技术作为表演动画系统不可缺少的关键部分，必然显示出更加重要的地位。

提供新的人机交互手段

表情和动作是人类情绪、愿望的重要表达形式，运动捕捉技术完成了将表情和动作数字化的工作，提供了新的人机交互手段，比传统的键盘、鼠标更直接方便，不仅可以实现"三维鼠标"和"手势识别"，还使操作者能以自然的动作和表情直接控制计算机，并为最终实现可以理解人类表情、动作的计算机系统和机器人提供了技术基础，如图 3-29 所示。

图 3-29 表情捕捉

虚拟现实系统

为实现人与虚拟环境及系统的交互，必须确定参与者的头部、手部等的位置与方向，准确地跟踪测量参与者的动作，将这些动作实时检测出来，以便将这些数据反馈给显示和控制系统。这些工作对虚拟现实系统是必不可少的，这也正是运动捕捉技术的研究内容。

机器人遥控

机器人将危险环境的信息传送给控制者，控制者根据信息做出各种动作，运动捕捉系统将动作捕捉下来，实时传送给机器人并控制其完成同样的动作。

与传统相比，这种系统可以实现更为直观、细致、复杂、灵活而快速的动作控制，大大提高机器人应付复杂情况的能力。在当前机器人全自主控制尚未成熟的情况下，这一技术有着特别重要的意义。

互动式游戏

可利用运动捕捉技术捕捉游戏者的各种动作，用以驱动游戏环境中角色的动作，给游戏者以一种全新的参与感受，加强游戏的真实感和互动性。

体育训练

运动捕捉技术可以捕捉运动员的动作，便于进行量化分析，结合人体生理学、物理学原理，研究改进的方法，使体育训练摆脱纯粹的依靠经验的状态，进入理论化、数字化的时代。另外，在人体工程学研究、模拟训练、生物力学研究等领域，运动捕捉技术同样大有可为。可以预计，随着技术的发展和相关应用领域技术水平的提高，运动捕捉技术将会得到越来越广泛的应用。

模块四 镜头的巧搭——视频转场

视频过渡也称为视频转场，Adobe Premiere Pro 2023 中的过渡是在媒体之间添加的效果，用于让媒体之间的切换形成动画效果，过渡用于将场景从一个镜头移动到下一个镜头。Adobe Premiere Pro 2023 提供了可应用于序列的过渡列表。过渡可以是不明显的交叉淡化效果，也可以是极具艺术性的效果。

- 任务 1　创新科技　引领未来
- 任务 2　民间传统工艺
- 拓展任务　大国工匠

岗位能力

掌握 Adobe Premiere Pro 2023 中添加视频过渡效果的操作方法，并能够对视频过渡效果进行个性化设置，提高综合设置能力，增强视频特效。

项目目标

1. 知识目标

熟练掌握使用 Adobe Premiere Pro 2023 为视频添加转场的方法和操作技巧。

熟练掌握设置视频转场参数的方法。

2. 能力目标

能熟练应用视频转场。

能进行视频转场的创意与制作。

任务 1　创新科技 引领未来

学习情境

中国共产党第二十次全国代表大会中提出：“实施科教兴国战略，强化现代化建设人才支撑。”放眼古今中外，人类社会的每一项进步，都伴随着科学技术的进步。尤其是现代科技的突飞猛进，为社会生产力发展和人类的文明开辟了更为广阔的空间，有力地推动了经济和社会的发展。

科学技术是人类文明的标志。科学技术的进步和普及，为人类提供了广播、电视、电影、录像、网络等传播思想文化的新手段，使精神文明建设有了新的载体（图 4–1）。

图 4–1　蓝色科技动画展示视频效果图

操作步骤指引

1. 新建项目

选择“文件→新建→项目”命令，新建一个项目，文件名为“创新科技”，选择项目位置，单击“创建”按钮，如图 4–2 所示。

图 4–2　新建项目

2. 导入素材

在“项目”面板空白处双击，弹出“导入”对话框，选择素材，单击“打开”。如图 4–3 所示。

图 4–3　导入对话框

3. 搭建视频结构

① 选择“文件→新建→序列”，打开“新建序列”对话框，进行序列设置，单击“确定”。

②按住 Ctrl 键，在“项目”面板中依次选择“1.jpg”“2.jpg”“3.mp4”“4.mp4”“5.mp4”“6.mp4”“7.mp4”“8.mp4”所需要的素材，将其拖放到“时间轴”面板的 V1 轨道中的“00:00:00:00”处，在“4.mp4”上单击鼠标右键，在弹出的快捷菜单中选择“取消链接”将 A1 轨道中的音频删除，用同样的方法将“5.mp4”“6.mp4”“7.mp4”“8.mp4”素材取消链接并将 A1 轨道中的音频删除。选择“3.mp4”，在 00:00:23:11 处用“剃刀”工具切割，并删除“3.mp4”后面部分。

③在“项目”面板中选择“1.mp3”，将其拖放到 A1 轨道中，设置其持续时间为“00:01:10:12”，如图 4-4 所示。

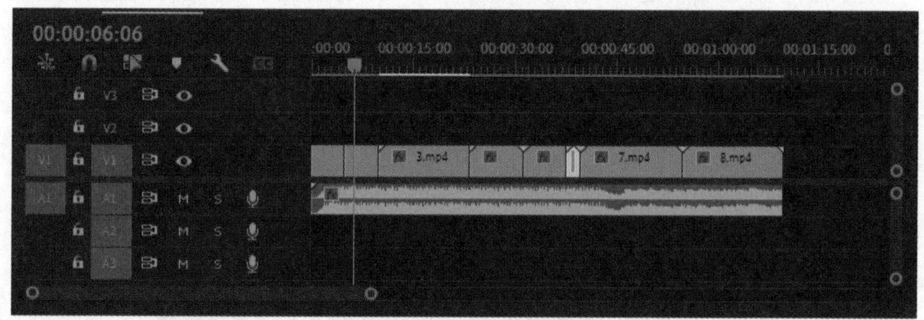

图 4-4　视频结构

4. 为视频添加转场效果

①在“效果”面板中选择“视频过渡→过时→立方体旋转”拖动到“1.jpg”“2.jpg”之间，过渡效果如图 4-5 所示。

图 4-5　“立方体旋转”效果

②用同样的方法在“2.jpg”和“3.mp4”之间添加“视频过渡→过时→渐变擦除”，弹出“渐变擦除设置”对话框，如图 4-6 所示，单击“选择图像”按钮，弹出“打开”对话框，选择“科技 1.jpg”，单击“打开”按钮，如图 4-7 所示，在“渐变擦除设置”对话框中单击“确定”。

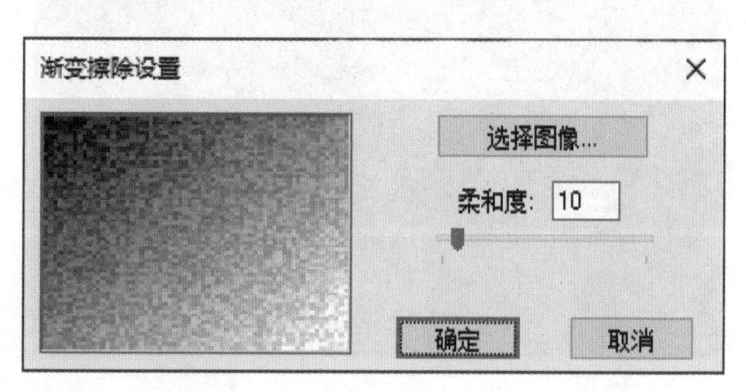

图 4-6　“渐变擦除设置”对话框

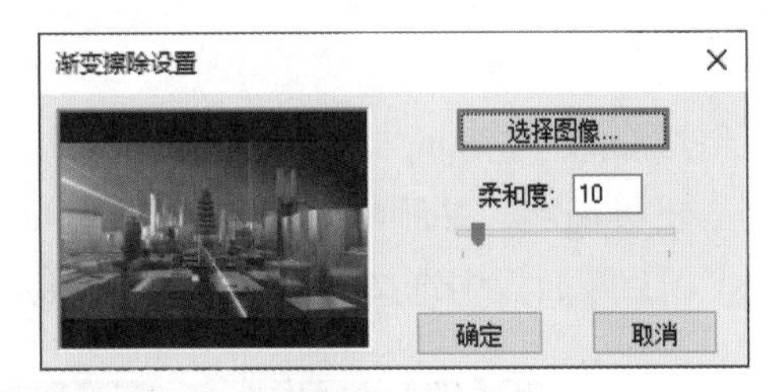

图 4-7　打开对话框及选择图片

③选择“窗口→效果控件”，打开“效果控件”面板，在“时间线”面板中单击“2.jpg”和“3.mp4”之间的视频过渡效果“渐变擦除”，将“对齐方式”设置为“中心切入”，如图 4-8 所示，效果如图 4-9 所示。

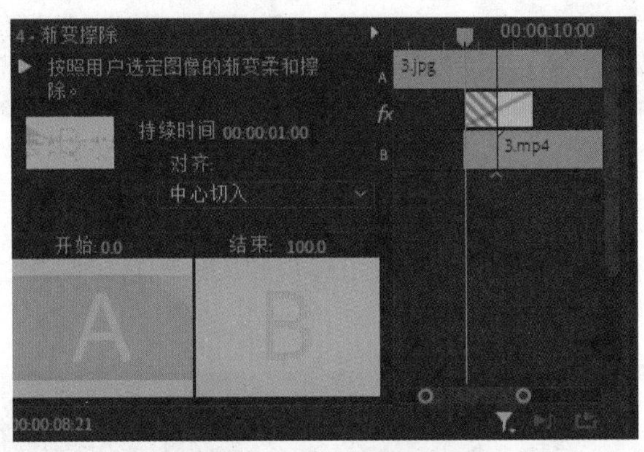

图 4-8　“渐变擦除”面板

图 4-9　“渐变擦除”效果

④用同样的方法在“3.mp4”和“4.mp4”之间添加“视频过渡→溶解→交叉溶解”，效果如图 4-10 所示。

图 4-10　“交叉溶解”效果

⑤在“4.mp4”和“5.mp4”之间添加“视频过渡→溶解→叠加溶解”，效果如图 4-11 所示。

图 4-11　“叠加溶解”效果

⑥在“5.mp4”和“6.mp4”之间添加“视频过渡→溶解→胶片溶解”，效果如图 4-12 所示。

图 4-12　“胶片溶解”效果

⑦在“6.mp4”和“7.mp4”之间添加“视频过渡→擦除→划出”，效果如图 4-13 所示。

图 4-13　“划出”效果

⑧在“7.mp4”和“8.mp4”之间添加“视频过渡→擦除→油漆飞溅”，效果如图 4-14 所示。

图 4-14　“油漆飞溅”效果

5. 导出视频

单击右上角的“快速导出”按钮，设置导出位置，导出文件名，单击“导出”，完成渲染。

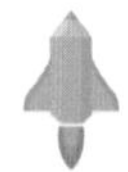

岗位技能储备——视频转场

在 Adobe Premiere Pro 2023 中，视频转场包括内滑、划像、擦除、沉浸式视频、溶解、缩放、过时、页面剥落，每个转场分别包含不同数量的视频转场效果。

1. 内滑

该类视频转场通过滑动来实现两个场景的切换，包括中心拆分、内滑、带状内滑、急摇、拆分、推。

①中心拆分：素材 A 的场景分割成 4 个部分，同时向 4 个角移动，逐渐显示出素材 B 的场景。

②内滑：素材 B 内滑到素材 A 上。

③带状内滑：素材 B 在水平、垂直或对角线方向上以条形滑入，逐渐覆盖素材 A。

④急摇：素材 A 与素材 B 交替闪烁中过渡到素材 B。

⑤拆分：素材 A 拆分并内滑到两边，显示出素材 B 的场景。

⑥推：素材 B 将素材 A 推到一边，显示出素材 B 的场景。

2. 划像

划像包括交叉划像、圆划像、盒形划像、菱形划像。

①交叉划像：打开交叉形状擦除，以显示素材 A 下面的素材 B。

②圆划像：打开圆圈擦除，以显示素材 A 下面的素材 B。

③盒形划像：打开矩形擦除，以显示素材 A 下面的素材 B。

④菱形划像：打开菱形擦除，以显示素材 A 下面的素材 B。

3. 擦除

擦除是将两个场景设置为相互擦拭的效果，该类型包括 16 种视频过渡效果。

① 划出：移动擦除以显示素材 A 下面的素材 B。

② 双侧平推门：素材 B 由中央向外打开的方式从素材 A 下面显示出来。

③ 带状擦除：素材 B 在水平、垂直或对角线方向上呈条形扫除素材 A, 逐渐显示。

④ 径向擦除：扫掠擦除图像 A，以显示素材 A 下面的素材 B。

⑤ 插入：角擦除以显示素材 A 下面的素材 B。

⑥ 时钟式擦除：素材 B 按顺时针方向以旋转方式将素材 A 完全擦除。

⑦ 棋盘：两组框交替擦除，以显示素材 A 下面的素材 B。

⑧ 棋盘擦除：棋盘显示素材 A 下面的素材 B。

⑨ 楔形擦除：素材 B 从素材 A 中心以楔形旋转展开，逐渐覆盖素材 A。

⑩ 水波块：来回进行块擦除以显示素材 A 下面的素材 B。

⑪ 油漆飞溅：以“油漆”飞溅的形式显示素材 A 下面的素材 B。

⑫ 百叶窗：素材 B 以百叶窗的形式出现，逐渐覆盖素材 A。

⑬ 螺旋框：素材 B 以旋转方形的形式出现，逐渐覆盖素材 A。

⑭ 随机块：素材 B 以随机小方块的形式出现，逐渐覆盖素材 A。

⑮ 随机擦除：用随机边缘对素材 A 进行移动擦除，以显示素材 A 下面的素材 B。

⑯ 风车：素材 B 以旋转风车的形式出现，逐渐覆盖素材 A。

4. 沉浸式视频

（1）VR 光圈擦除（图 4–15 和图 4–16）

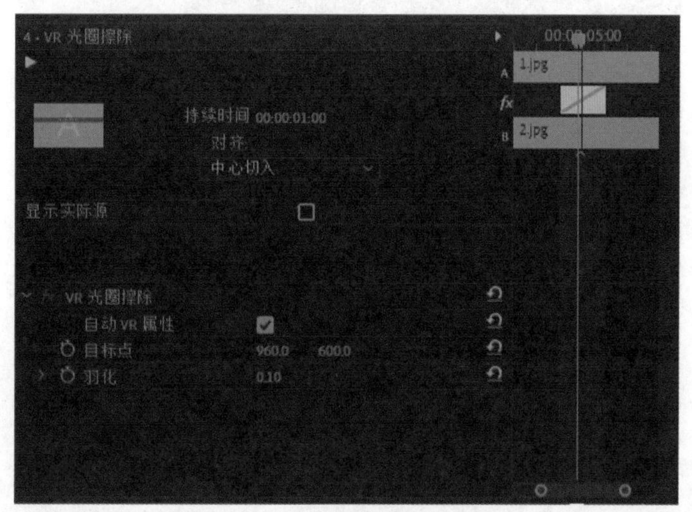

图 4–15　“VR 光圈擦除”参数选项

图 4–16　“VR 光圈擦除”转场效果

（2）VR 光线（图 4–17 和图 4–18）

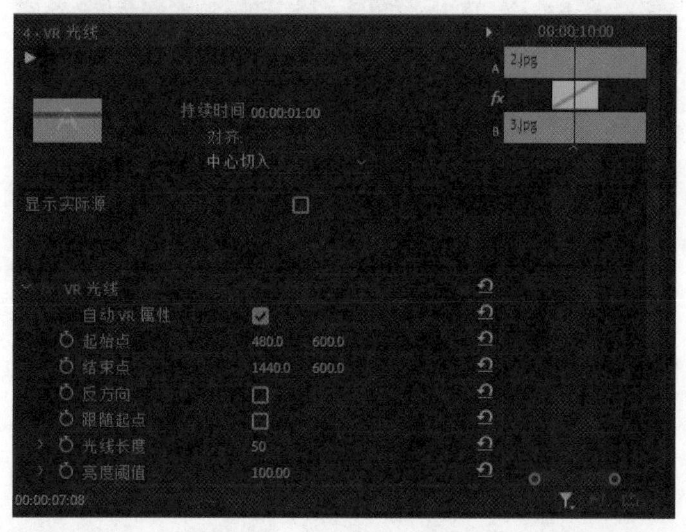

图 4–17　“VR 光线”参数选项

图 4–18　“VR 光线”转场效果

（3）VR 渐变擦除（图 4-19 和图 4-20）

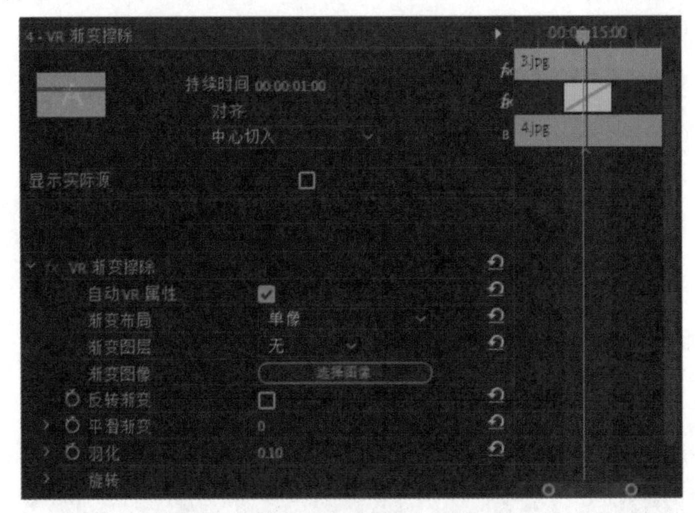

图 4-19 “VR 渐变擦除”参数选项

图 4-20 “VR 渐变擦除”转场效果

（4）VR 漏光（图 4-21 和图 4-22）

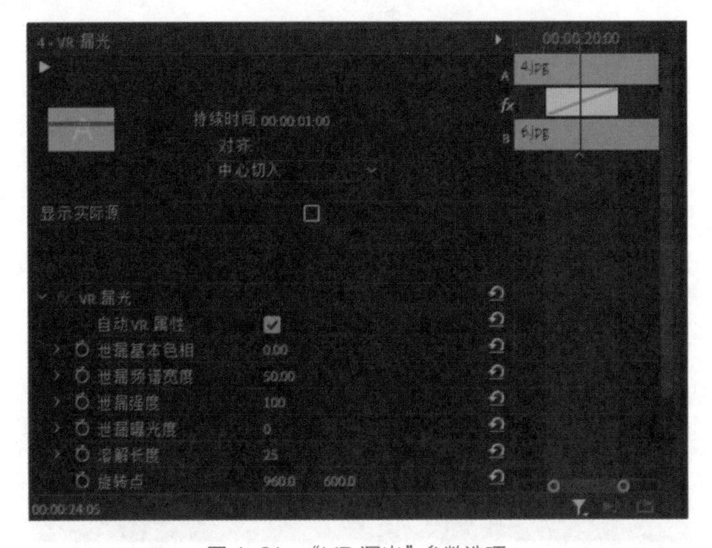

图 4-21 “VR 漏光”参数选项

图 4-22 “VR 漏光”转场效果

（5）VR 球形模糊（图 4–23 和图 4–24）

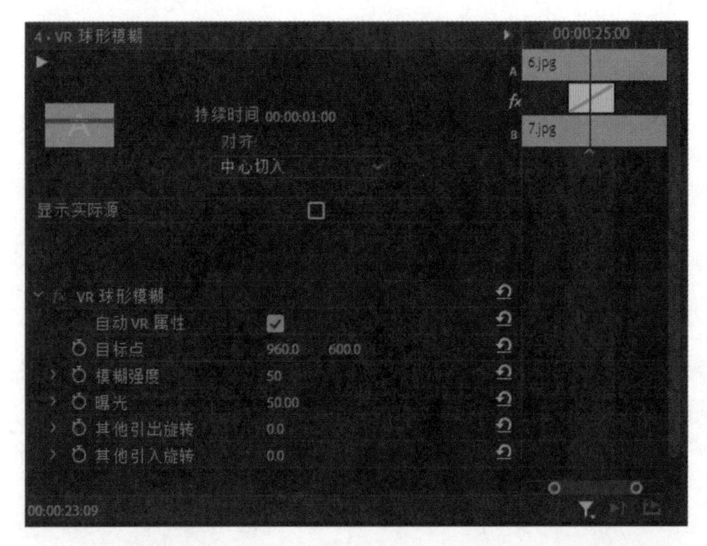

图 4–23　“VR 球形模糊”参数选项

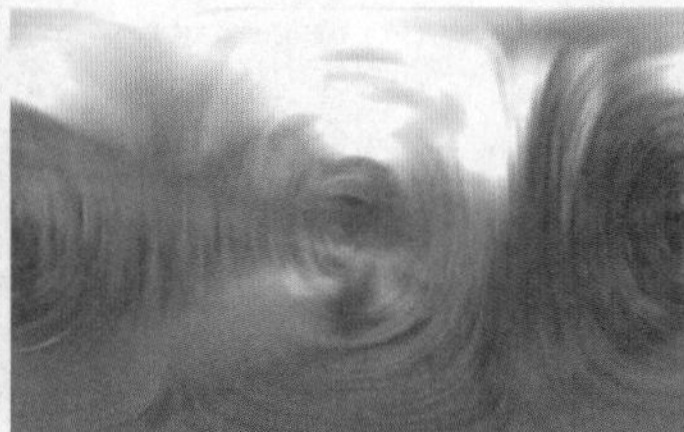

图 4–24　“VR 球形模糊”转场效果

（6）VR 色度泄漏（图 4–25 和图 4–26）

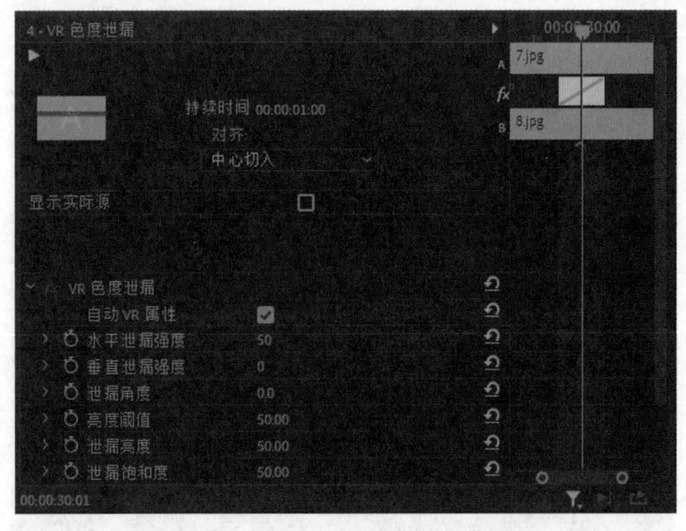

图 4–25　“VR 色度泄漏”参数选项

图 4–26　“VR 色度泄漏”转场效果

（7）VR 随机块（图 4–27 和图 4–28）

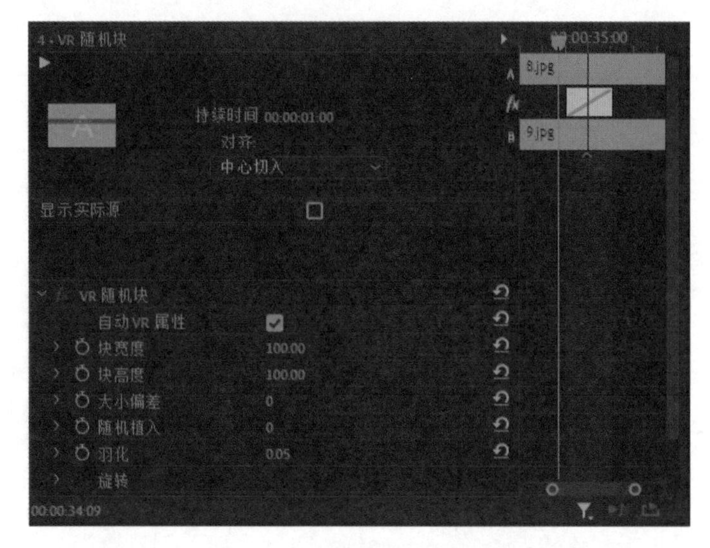

图 4–27 “VR 随机块” 参数选项

图 4–28 “VR 随机块” 转场效果

（8）VR 默比乌斯缩放（图 4–29 和图 4–30）

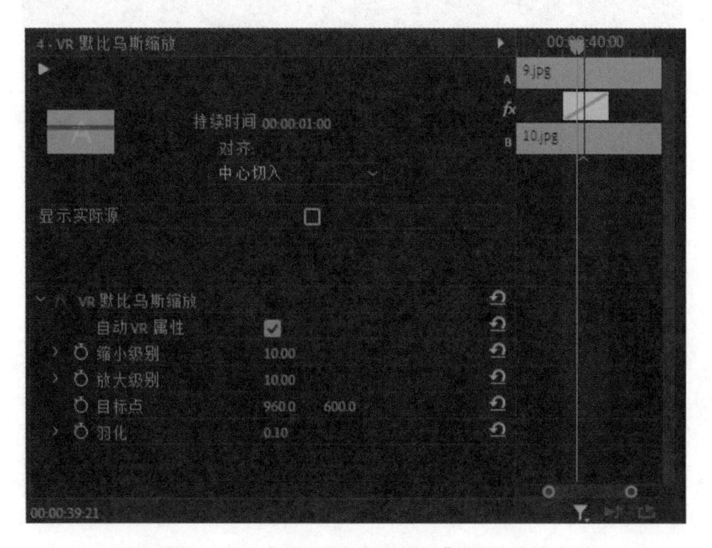

图 4–29 “VR 默比乌斯缩放” 参数选项

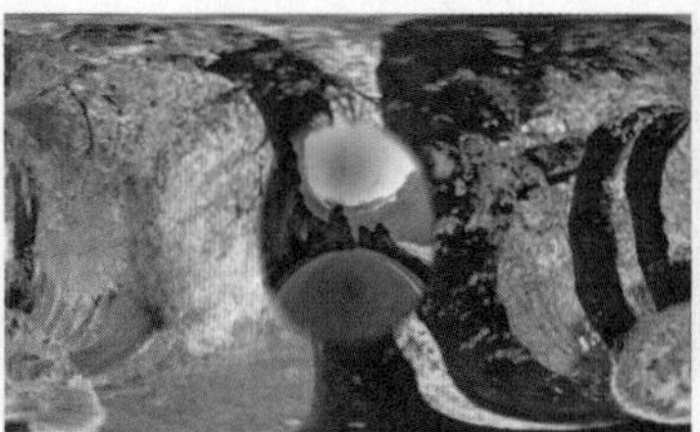

图 4–30 “VR 默比乌斯缩放” 转场效果

5. 溶解

① MorphCut：通过在原声摘要之间平滑跳切，帮助您创建更加完美的访谈。

具有“演说者头部特写”的素材在编辑时通常伴随着一个难题：拍摄对象说话可能会断断续续，经常使用“嗯”“唔”或不需要的停顿。如果不使用跳切或交叉溶解，将无法呈现清晰、连续的序列。

现在，通过移除剪辑中不需要的部分，然后应用 MorphCut 视频过渡来平滑分散注意力的跳切，可以有效清理访谈对话，还可以使用 MorphCut 有效地重新整理访谈素材中的剪辑，以确保平滑的叙事流，而无视觉连续性上的任何跳跃。

MorphCut 采用脸部跟踪和可选流插值的高级组合，在剪辑之间形成无缝过渡，若使用得当，可以实现无缝效果，看起来就像拍摄视频一样自然，而不存在可能中断叙事流的不需要的暂停或词语。

②交叉溶解：在淡入剪辑 B 的同时淡出剪辑 A。如果希望从黑色淡入或淡出，也很适合在剪辑的开头和结尾采用交叉溶解（默认转场效果）。

③叠加溶解：将来自剪辑 B 的颜色信息添加到剪辑 A，然后从剪辑 B 中减去剪辑 A 的颜色信息。

④白场过渡：使剪辑 A 淡化到白色，然后从白色淡化到剪辑 B。

⑤胶片溶解：混合在线性色彩空间中的溶解过渡（灰度系数 = 1.0），以更现实的方式进行混合，基本上溶解呈现应有的外观。

⑥非叠加溶解：素材 A 的明亮度映射到素材 B。

⑦黑场过渡：使剪辑 A 淡化到黑色，然后从黑色淡化到剪辑 B。

6. 缩放

交叉缩放：素材 A 放大，然后素材 B 缩小。

7. 过时

①渐变擦除：按照用户选定图像的渐变柔和擦除。

②立方体旋转：素材 A 旋转以显示素材 B，两素材映射到立方体的两个面。

③翻转：素材 A 翻转到所选颜色后，显示素材 B。

8. 页面剥落

①翻页：素材 A 卷曲以显示下面的素材 B，见图 4-31（a）。

②页面剥落：素材 A 卷曲并在后面留下阴影，以显示下面的素材 B，见图 4-31（b）。

（a）“翻页”转场效果

（b）“页面剥落”转场效果

图 4-31　页面剥落

岗位知识储备——编辑转场效果

中华传统文化——创新科技 引领未来

科技创新是对科技的积极探索，一个民族只有积极探索才能知道得更多。科技创新关乎每个人的发展，科技是第一生产力，人民的生活水平提高需要科技的支持，人类的发展始终伴随着科技的发展，我们要不断学习，为国家富强努力。

任务 2 民间传统工艺

学习情境

每一件精美的工艺品，每一个手工艺绝活，都显示着民间手艺人的慧心巧手，讲述着动人的故事与传说，同时，也无不见证着传统工艺的盛衰沧桑。传统手工艺是我国传统文化的一个重要组成部分。手工艺是指以手工劳动进行制作的具有独特艺术风格的工艺美术品，有别于以大工业机械化方式批量生产规格化日用工艺品的工艺美术。手工艺品指的是纯手工或借助工具制作的产品。可以使用机械工具，但前提是工艺师直接的手工作业仍然为成品的最主要部分。

走近手工艺，你会长知识、开眼界，更可使心情愉悦与放松（图 4-32）。

图 4-32　中国传统民间工艺展示视频效果图

操作步骤指引

1. 新建项目

选择“文件→新建→项目”命令，新建一个项目，文件名为“传统工艺”，选择项目位置，单击“创建”

按钮，如图 4-33 所示。

图 4-33　新建项目

2. 导入素材

选择“文件→导入”，弹出“导入”对话框，按住 Ctrl 键依次选择素材“1.mp4”“2.mp4”“3.mp4”“4.mp4”“5.mp4”“背景.jpg”“背景音乐.mp3”，单击“打开”，如图 4-34 所示。

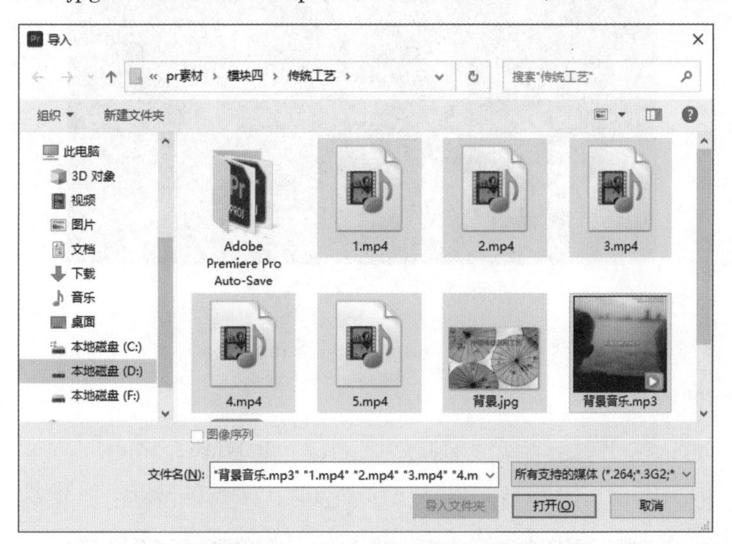

图 4-34　“导入”对话框

3. 搭建视频结构

①在“项目”面板中选择“背景.jpg”，按住鼠标将其拖放到“时间线”面板中，自动建立背景序列。

②在“时间线”面板中，在“背景.jpg”上单击鼠标右键选择“速度/持续时间”，弹出“剪辑速度/持续时间”对话框，将持续时间设置为“00:02:29:00”，如图 4-35 所示。

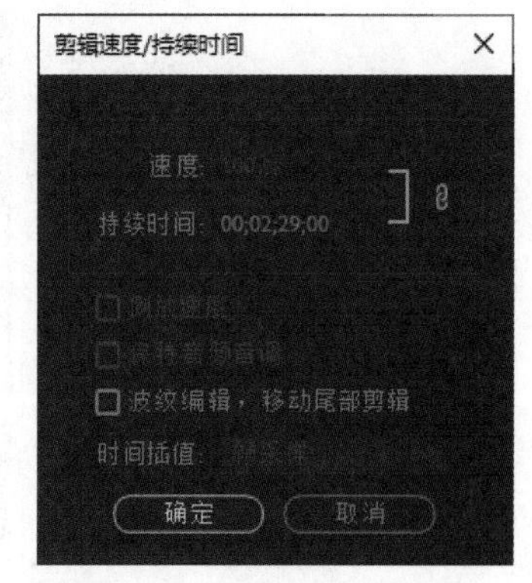

图 4-35　“剪辑速度/持续时间”对话框

③按住 Ctrl 键，在“项目”面板中依次选择素材“1.mp4”“2.mp4”“3.mp4”“4.mp4”“5.mp4”，将其拖放到“时间轴”面板的 V2 轨道中的“00:00:00:00”处，在“1.mp4”上单击鼠标右键，在弹出的快捷菜单中选择“取消链接”将 A1 轨道中的音频删除，用同样的方法将“5.mp4”“6.mp4”“7.mp4”“8.mp4”素材取消链接并将 A1 轨道中的音频删除。用同样的方法分别将“2.mp4”“3.mp4”“4.mp4”“5.mp4”中的音频删除。

④在“项目”面板中选择“背景音乐 .mp3”，将其拖放到 A1 轨道中，设置其持续时间为“00:02:29:00”，如图 4–36 所示。

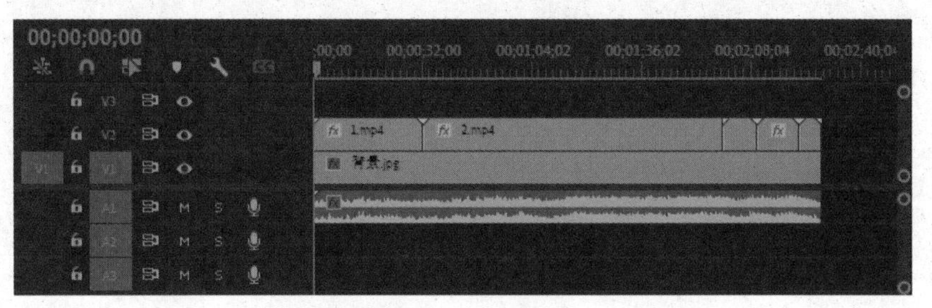

图 4–36 视频结构

⑤选择“1.mp4”，在“效果控件”面板中设置运“运动”属性中位置为 331、212，“缩放”为 53，如图 4–37 所示。

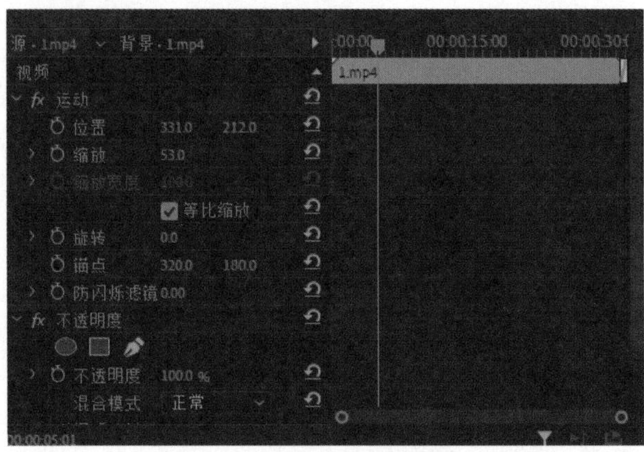

图 4–37 “1.mp4”设置

⑥用同样的方法调整“2.mp4”“3.mp4”“4.mp4”“5.mp4”。

4. 为视频添加转场效果

①在“效果”面板中选择“视频过渡→划像→圆划像”拖动到“1.mp4”“2.mp4”之间，拖动图 A 上小圆圈的位置，调整“圆划像”开始位置，如图 4–38 所示，过渡效果如图 4–39 所示。

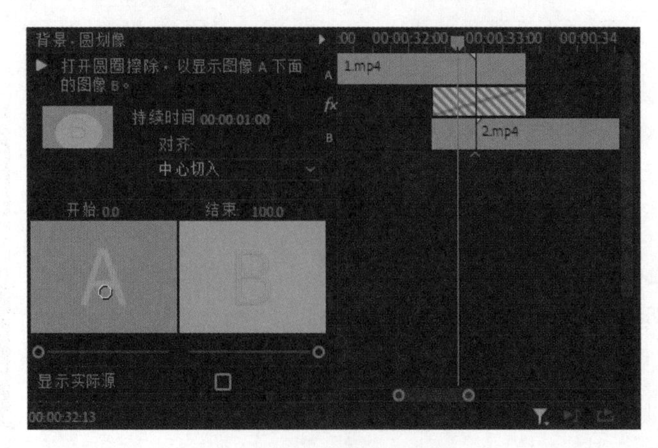

图 4–38 “圆划像”调整

图 4-39　“圆划像”效果

②用同样的方法在“2.mp4”和“3.mp4”之间添加“视频过渡→内滑→推”，“3.mp4”和“4.mp4”之间添加“视频过渡→擦除→百叶窗”，“4.mp4”和“5.mp4”之间添加“视频过渡→擦除→风车”。“推”“百叶窗”“风车”效果如图 4-40、图 4-41、图 4-42 所示。

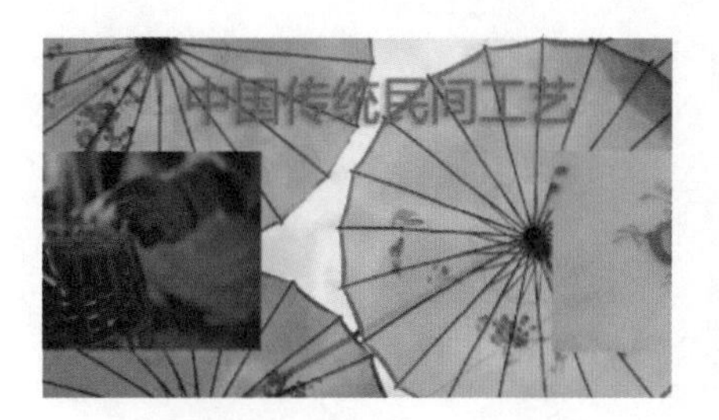

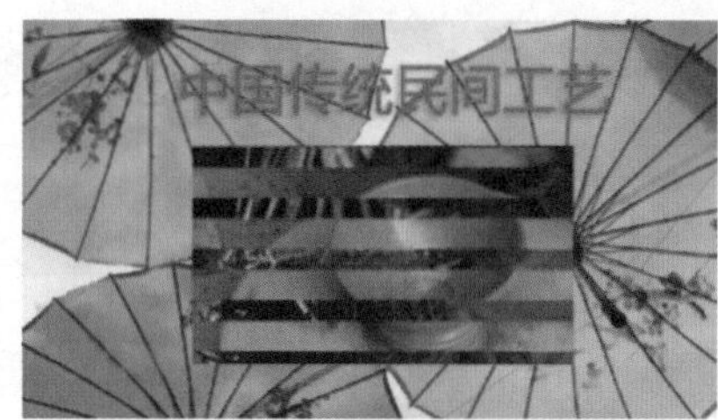

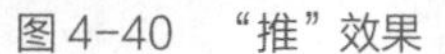
图 4-40　“推”效果

图 4-41　“百叶窗”效果

图 4-42　“风车”效果

5. 导出视频

选择“文件→导出→媒体”弹出“导出”对话框，设置导出位置，导出文件名为“传统工艺”，单击“导出”，完成渲染，见图 2-43。

图 4-43　“导出”界面

岗位技能储备——视频转场的技能要点

1. 设置默认过渡

①选择“窗口→效果”，打开“效果”面板，选择“视频过渡”。

②选择要作为默认值的过渡。

③单击“效果”面板的“菜单”按钮，或单击鼠标右键。

④选择“将所选过渡设置为默认过渡”。

2. 设置默认过渡的持续时间

①选择“编辑→首选项→时间轴”或单击“效果”面板菜单按钮，选择“设置默认过渡持续时间”。

②更改“视频过渡默认持续时间”或“音频过渡默认持续时间”的值，然后单击“确定”。

3. 添加视频转场

在“效果”面板中单击“视频过渡”左侧的折叠按钮，然后单击某个转场类型的折叠按钮并选择需要的转场效果，将其拖放到两段素材的交界处。

注：①选择添加的转场，按 Delete 键或 Backspace 键可将转场删除。

②如果“效果”面板被关闭，执行“窗口→效果”命令或按 Shift+7 键重新打开。

③转场效果可以添加到相邻的两段视频素材或图像素材之间，也可以添加到一段素材的开头或结尾。

4. 在选定剪辑之间应用默认过渡

可以将默认视频和音频过渡应用于任意选定的两个或更多剪辑。默认过渡会应用于两个选定剪辑邻接的每个编辑点。过渡的放置不取决于当前时间指示器的位置，也不取决于剪辑是否位于目标轨道上。在选定剪辑与非选定剪辑邻接的位置，或其相邻位置没有剪辑的情况下，不会应用默认过渡。

①在时间轴中，选择两个或更多剪辑。按住 Shift 键并单击剪辑，或用鼠标在剪辑上方画出一个选框，从而选择剪辑。

②选择“序列→应用默认过渡到选择项”。

5. 复制和粘贴过渡

可以复制序列中的任何过渡，然后将其粘贴至同类型轨道上的任何其他剪切线上。

①选择序列中的过渡。

②选择“编辑→复制”，或者使用键盘快捷键 Ctrl+C。

③执行以下操作之一。

a. 要将过渡复制到单个剪辑：请将当前时间指示器移动至要粘贴过渡的剪切线。

b. 要将过渡复制到多个剪辑：请通过框选方式或按 Shift 键并使用任意修剪工具的方式，选中序列中的多个编辑点。

注意：如果不选择编辑点就粘贴过渡，则过渡会被粘贴到播放指示器所在的编辑点上或周围，不会覆盖轨道目标定位。

④选择“编辑→粘贴”，或者使用键盘快捷键 Ctrl+V。

6. 替换过渡

要替换某个过渡，请从“效果”面板中将新的视频或音频过渡拖放到序列中的现有过渡上，替换过渡时，将保留对齐方式和持续时间。

中华传统文化——民间传统工艺

岗位知识储备——视频转场知识

中华传统文化——民间传统工艺中国民间传统工艺是中华民俗文化的重要组成部分，也是中华人民沟通情感的纽带，是彼此认同的标志，是规范行为的准绳，是维系群体团结的黏合剂，是世世代代锤炼和传承的文化传统。民俗中凝聚着民族的性格、民族的精神、民族的文化创造、民族的真善美。

今天，我们将把民俗文化中的优秀部分展示给读者，使读者对中华优秀的文化传统和淳厚的民俗民风怀有更深刻的眷恋、热爱和崇敬。

拓展任务　大国工匠

学习情境

一些不平凡的劳动者在平凡的岗位上默默坚守，孜孜以求，追求职业技能的完美和极致，从而成为一个领域不可或缺的人才。

操作步骤指引

1. 新建工程文件

①选择“文件→导入”命令，在导入界面中，设置文件名为“大国工匠”，选择合适的素材，单击“创建”按钮，如图 4-44 所示。

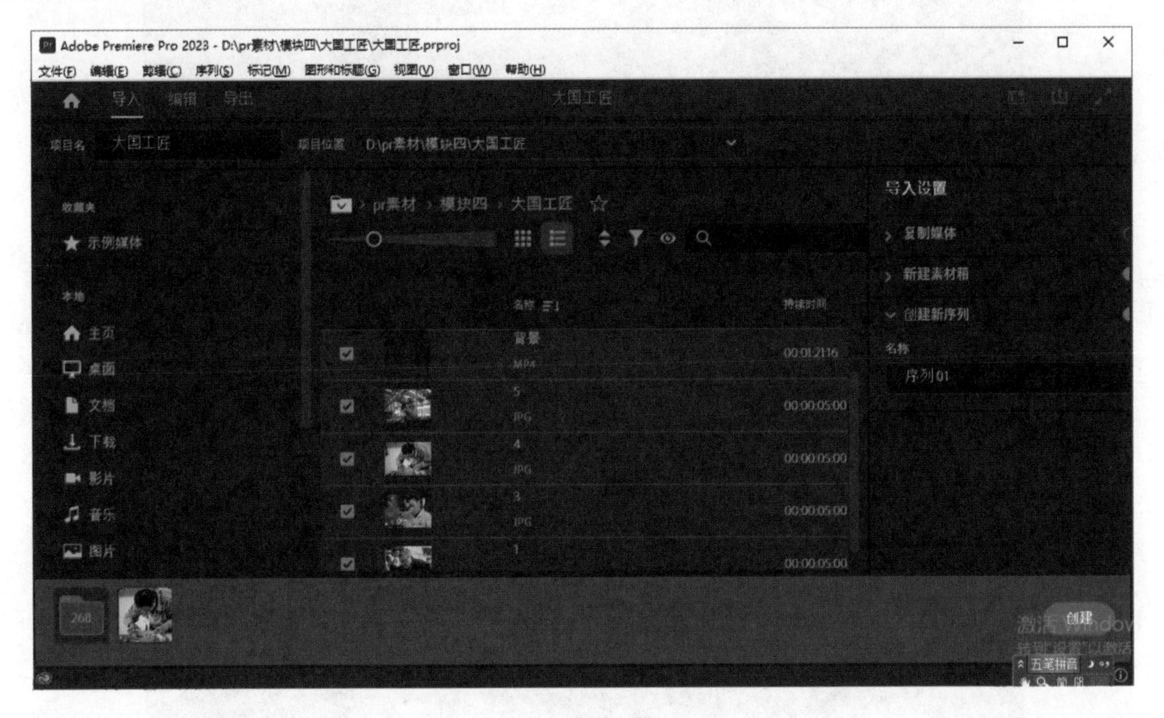

图 4-44　创建项目

②选择“背景 .mp4”，将其拖放到“时间线”面板中，自动创建“背景”序列，将“背景 .mp4”持续时间设置为 00:00:58:23，在“背景 .mp4”上单击鼠标右键，在弹出的快捷菜单中选择“取消链接”将 A1 轨道中的音频删除，

③按住 Ctrl 键，在“项目”面板中依次选择素材“1.jpg”“2.jpg”“3. jpg”“4.jpg”“5.jpg”“6.jpg”“7.jpg”“8.jpg”，将其拖放到“时间轴”面板的 V2 轨道中的“00:00:04:04”秒处。

④选择选择“1.jpg”，在“效果控件”面板中设置运“运动”属性中位置为 528、280，“缩放”为 32，设置不透明度为 70.0%，如图 4-45 所示。

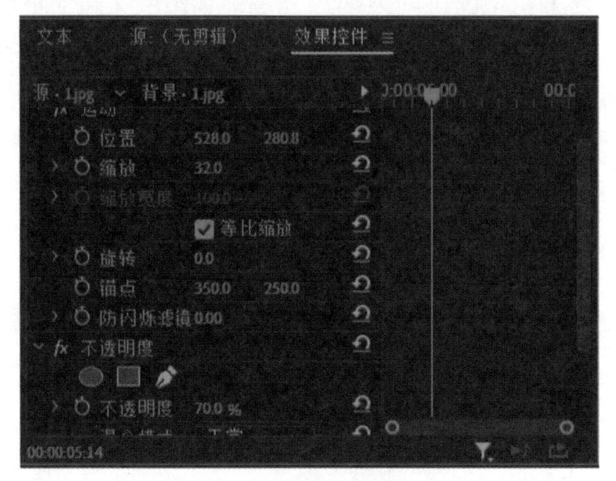

图 4-45 效果控制面板

⑤用同样的方法调整“2.jpg”“3. jpg”“4. jpg”“5. jpg”“6. jpg”“7. jpg”“8. jpg”。

⑥在“项目”面板中选择“背景音乐 .mp3”，将其拖放到 A1 轨道中，设置持续时间，“时间线”面板如图 4-46 所示。

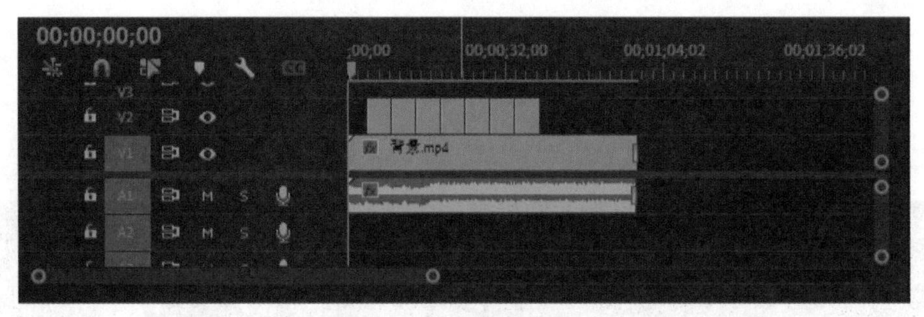

图 4-46 “时间线”面板

4. 为视频添加转场效果

①在“效果”面板中选择“视频过渡→溶解→交叉溶解”拖动到“1.jpg”开始处。用同样的方法分别在“1.jpg”“2.jpg”“3.jpg”“4.jpg”“5.jpg”“6.jpg”“7.jpg”“8.jpg”之间添加“菱形划像”“双侧平推门”“时钟式擦除”“百叶窗”“风车”“渐变擦除”“翻页”，在“8. jpg”结束位置添加“交叉溶解”。

②在“效果”面板中选择“音频过渡→交叉淡化→指数淡化”拖动到“背景音乐 .mp3”结尾处，如图 4-47 所示。

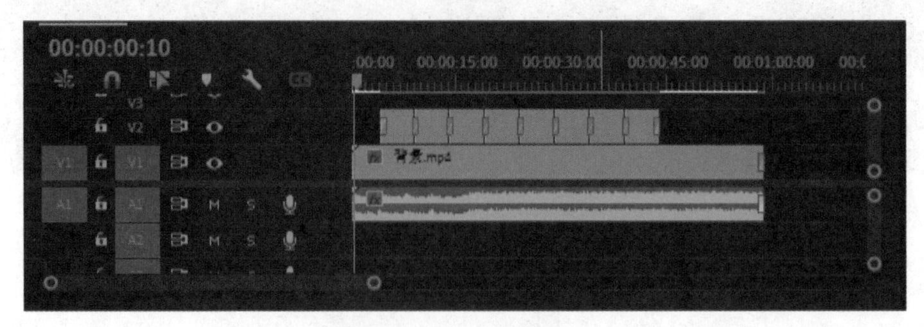

图 4-47 视频结构

5. 导出视频

选择“文件→导出→媒体”弹出“导出”对话框，设置导出位置、导出文件名“大国工匠”，单击“导出”，完成渲染。

不可不知的新技术——全息影像

全息影像技术，是一种在三维空间中投射三维立体影像（影像为物理上的“立体”而非单纯视觉上的“立体”）的次世代显示技术。全息影像技术是利用干涉和衍射原理，记录并再现物体真实的三维图像的技术。该技术利用干涉原理记录物体光波信息，此即拍摄过程：被摄物体在激光辐照下形成漫射式的物光束；另一部分激光作为参考光束射到全息底片上，和物光束叠加产生干涉，把物体光波上各点的位相和振幅转换成在空间上变化的强度，从而利用干涉条纹间的反差和间隔将物体光波的全部信息记录下来。

（和工作页对应）

根据工作页要求，完成大国工匠的设计。

工作页（大国工匠）

工作页
（四大名著）

课堂笔记

模块五 明镜照新妆——视频特效

Adobe Premiere Pro 2023 中的视频特效，与 Photoshop 中的滤镜效果类似，即滤镜特效。视频特效的处理过程，就是将原始素材或已经包含某种特效的素材，经过软件内置的计算方法重新处理，按用户要求进行输出的过程。

- 任务 1　面塑定格动画展示视频
- 任务 2　济南皮影戏宣传片
- 拓展任务　偷天换日、盗梦空间

岗位能力

了解 Adobe Premiere Pro 2023 内置视频特效，熟悉视频特效基本操作，提高综合应用特效的能力，合理设置参数，校正视频缺陷，增强视频效果。

项目目标

1. 知识目标

熟练掌握使用 Adobe Premiere Pro 2023 为视频添加特效的方法和操作技巧。

熟练掌握设置视频特效参数的方法和操作技巧。

2. 能力目标

具备使用视频特效的能力。

具备视频特效的创意与制作能力。

任务 1　面塑定格动画展示视频

学习情境

面塑是一种以面粉为主要原材料的传统捏塑艺术，是一种纯手工制作、艺术性很高的传统工艺，它起源于我国传统的饮食文化与祭祀文化。济南面塑有色彩鲜明、手法细腻的特点，用手指的捏、捻、揉、搓，再配以刀、篦、针的搓、切、点、滚、挑、压，制成的人物形象逼真传神。面塑对中国古装戏剧人物的塑造尤其突出。面塑定格动画展示视频效果图如图 5-1 所示。

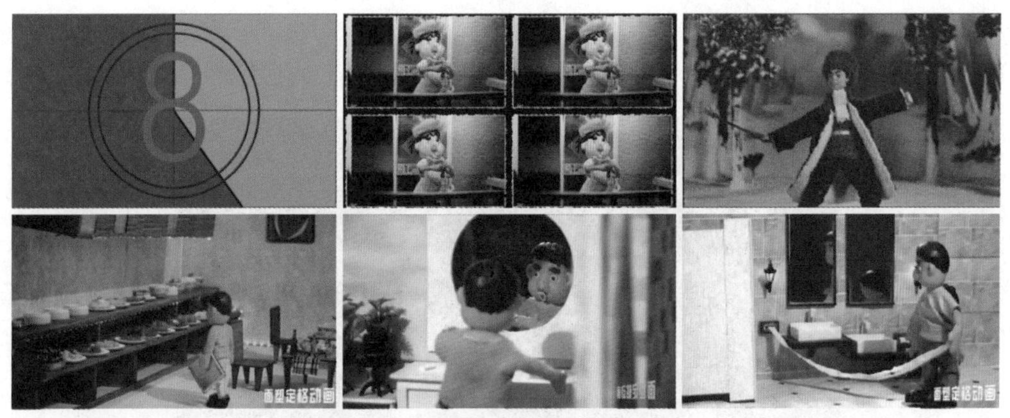

图 5-1　面塑定格动画展示视频效果图

操作步骤指引

1. 新建项目

选择“文件→新建→项目”命令，新建一个项目，文件名为“面塑定格动画展示视频”，选择合适的素材，单击“创建”，如图 5-2 所示。

图 5-2 新建项目并选择素材

2. 搭建视频整体框架

① 选择“文件→新建→通用倒计时片头”命令，弹出“通用倒计时设置”对话框，颜色设置如图 5-3 所示。

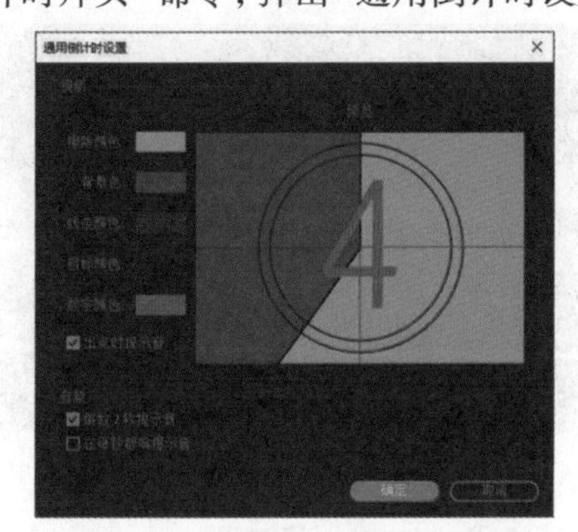

图 5-3　“通用倒计时设置”对话框

② 将设置好的通用倒计时片头拖至 V2 轨道，选择素材，右键单击，选择“取消链接”，取消音视频链接。选择视频轨道，分别在 3 秒、4 秒、5 秒、6 秒、7 秒、8 秒、9 秒位置，使用剃刀工具切割，如图 5-4 所示。

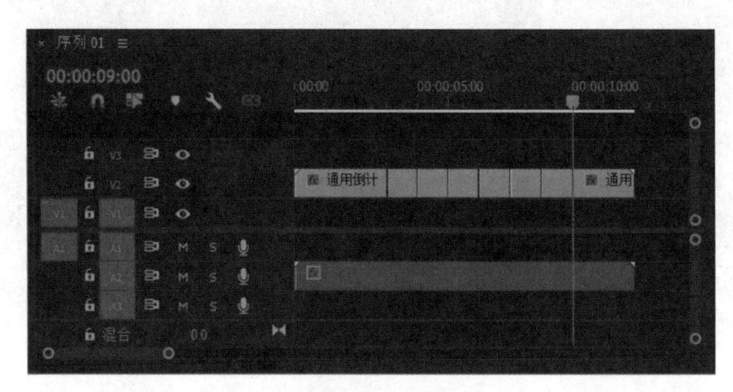

图 5-4　切割通用倒计时片头

③ 将倒计时数字 8 片头放至 V3 轨道，尾部和第一段通用倒计时片头对齐，如图 5-5 所示。

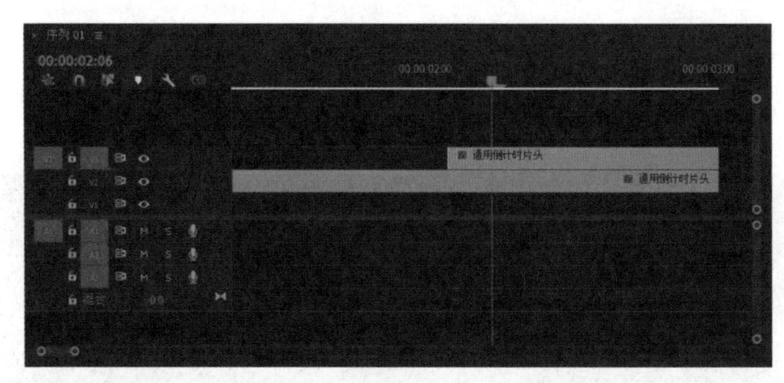

图 5-5　倒计时数字 8 和第一段片头在轨道中的位置

④将图片“1.png”拖至 V1 轨道，开始时间与倒计时片头尾部对齐，复制通用倒计时前半部分，结束时间对齐到图片“1.png”尾部，如图 5-6 和图 5-7 所示。

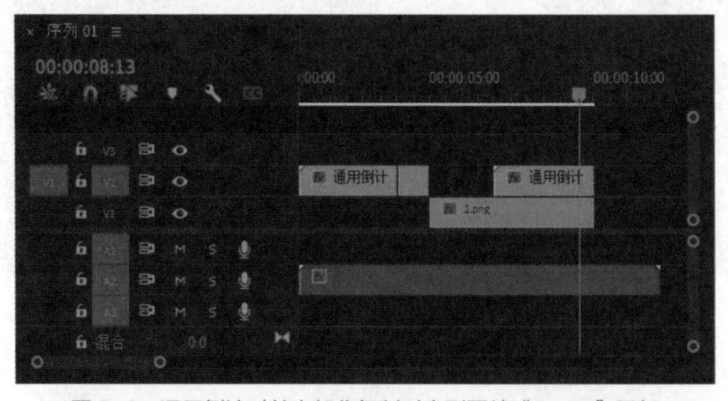

图 5-6　通用倒计时前半部分复制对齐到图片“1.png”尾部

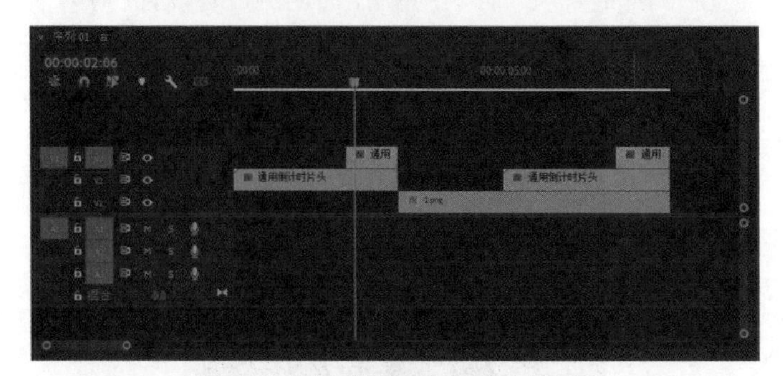

图 5-7　图片“1.png”的倒计时效果

⑤图片“2.png”使用同样的方法，制作倒计时效果，如图 5-8 所示。

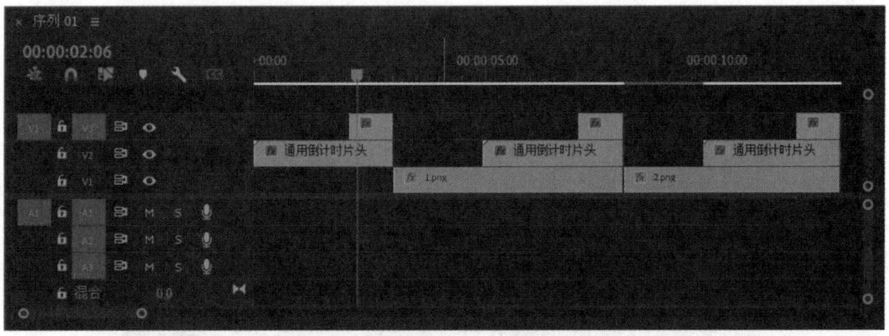

图 5-8　图片“2.png”的倒计时效果

⑥四个视频也使用同样的方法，制作倒计时效果，同时将“字幕 .psd”拖至 V3 轨道，持续时间均与四个视频播放时间相同，如图 5-9 所示。

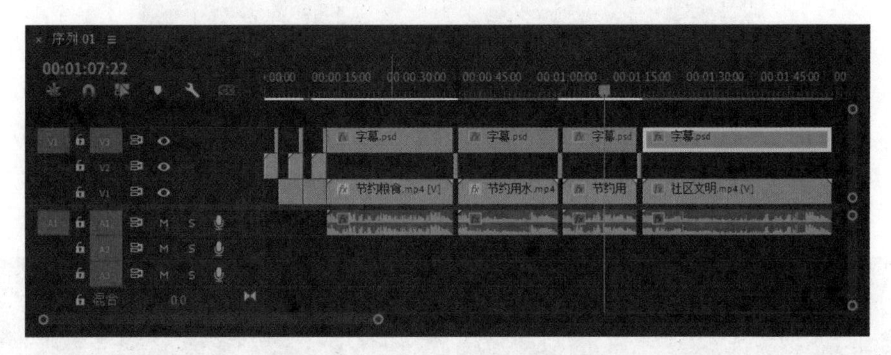

图 5-9　制作四个视频倒计时效果

3. 为图片“1.png”添加视频特效

① 选中图片“1.png”，在“效果控件”面板中选择“视频效果→过时→ RGB 曲线”，双击特效添加至选中的“1.png”，设置参数如图 5-10 所示。

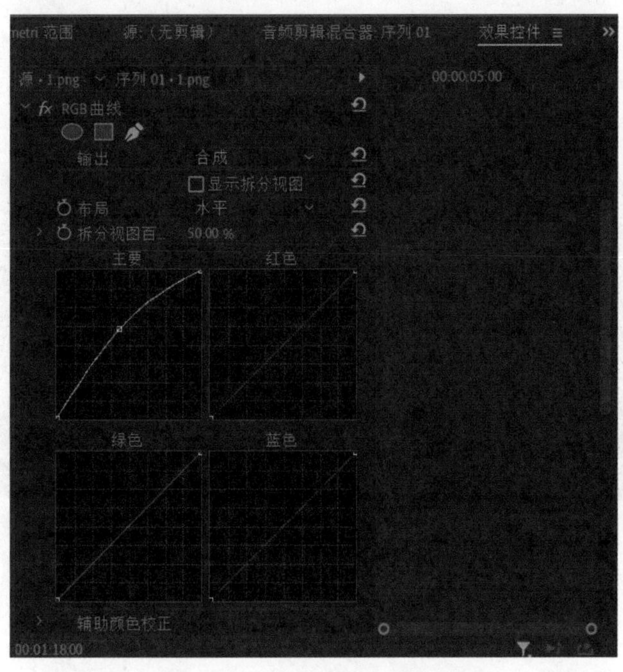

图 5-10　“RGB 曲线”参数设置

②选中图片“1.png”，在“效果控件”面板中选择“视频效果→风格化→粗糙边缘”，双击特效添加至选中的“1.png”，设置参数如图 5-11 所示。

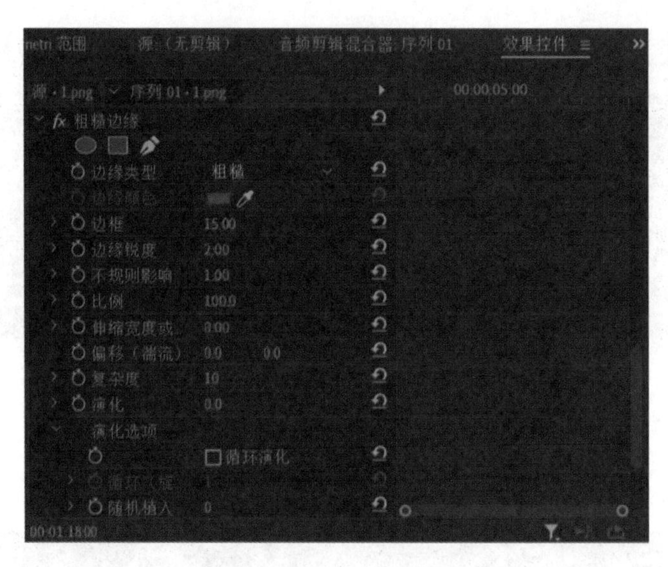

图 5-11　设置“粗糙边缘”

③ 选中图片“1.png”，在“效果控件”面板中选择“视频效果→风格化→复制”，双击特效添加至选中的“1.png”，为参数“计数”添加关键帧制作动画效果，使其由计数 4 变成计数 2，设置参数如图 5-12 所示。

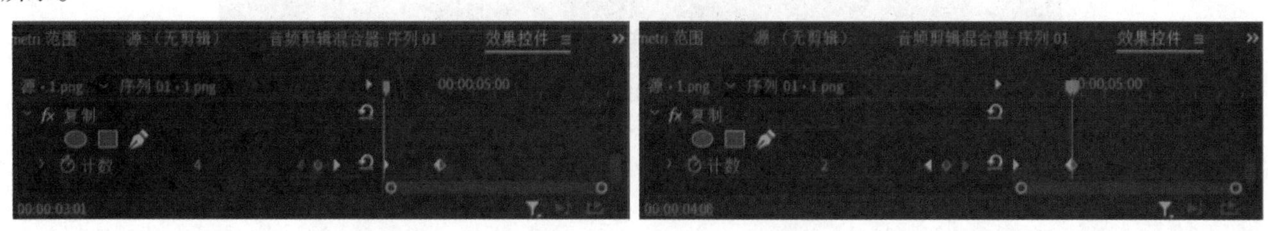

图 5-12　“复制”参数

4. 为图片“2.png”添加视频特效

① 选中图片“2.png”，在“效果控件”面板中选择“视频效果→风格化→画笔描边”，双击特效添加至选中的“2.png”，为参数“画笔大小”添加关键帧制作动画效果，使其由画笔大小 5 变成画笔大小 0，设置参数如图 5-13 所示。

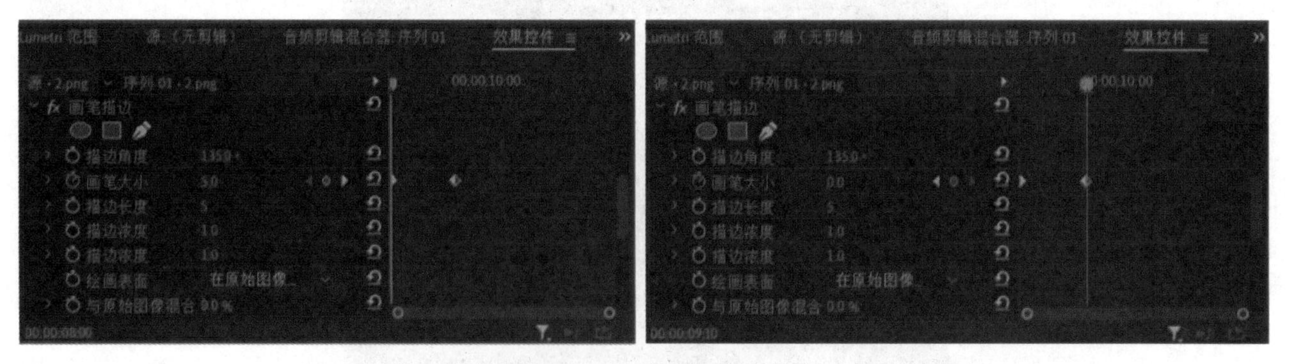

图 5-13　画笔描边参数设置

②选中图片“2.png”，在“效果控件”面板中选择“视频效果→调整→光照效果”，双击特效添加至选中的“2.png”，调整光照中央和半径，效果如图 5-14 所示。

5. 为视频“节约粮食 .mp4”的字幕添加视频特效

① 选中视频“节约粮食 .mp4”的字幕，设置“缩放”为 18%，并将其拖拽至视频右下方，效果如图 5-15 所示。

图 5-14　添加“光照效果”并调整光照点和半径

图 5-15　设置字幕大小和位置

②选中视频“节约粮食.mp4”的字幕，在“效果控件”面板中选择“视频效果→键控→超级键”，设置参数如图 5-16 所示。

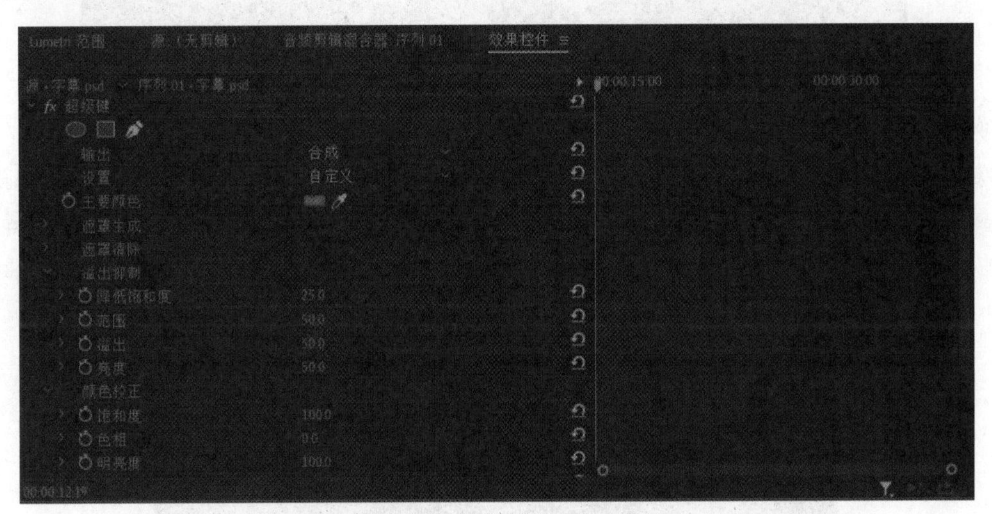

图 5-16　设置“超级键”参数

③选中视频“节约粮食.mp4”的字幕，在“效果控件”面板中选择“视频效果→透视→基本 3D”，分别在 13 秒、37 秒位置为参数“旋转”设置关键帧，实现字幕仿 3D 旋转效果，参数如图 5-17 所示。

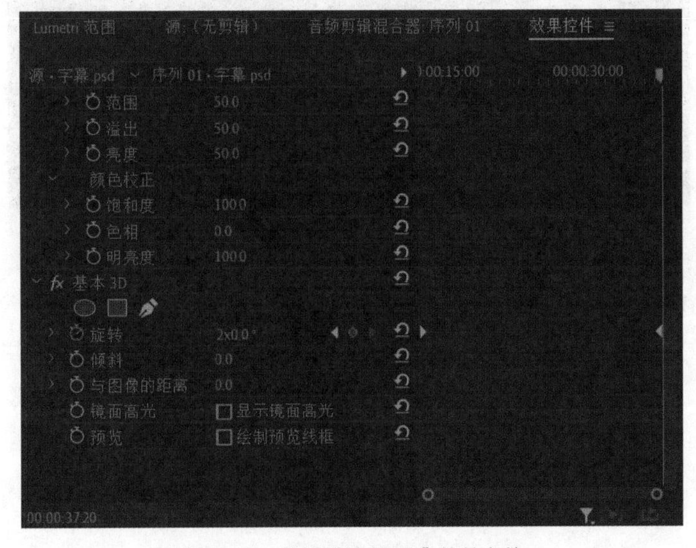

图 5-17　设置“基本 3D”旋转参数

6. 为视频“节约用水 .mp4”的字幕添加视频特效

① 选中视频“节约用水 .mp4”的字幕，设置“缩放”为 18%，并将其拖拽至视频右下方，添加视频特效“超级键”与“基本 3D”效果，并为特效“基本 3D”制作动画效果，见“节约粮食 .mp4”的字幕制作过程。

②选中视频“节约用水 .mp4”的字幕，在“效果控件”面板中选择“视频效果→过时→更改为颜色”，设置参数如图 5-18 所示。

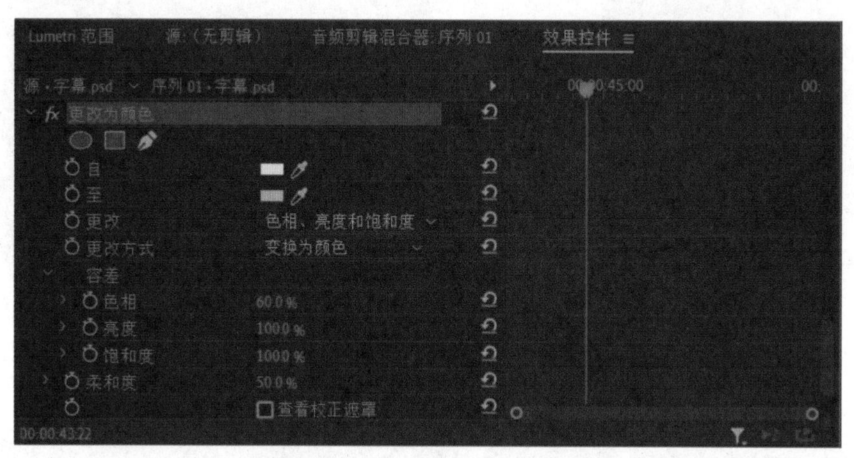

图 5-18　设置“更改为颜色”参数

7. 为视频“节约用纸 .mp4”的字幕添加视频特效

① 选中视频“节约用纸 .mp4”的字幕，设置“缩放”为 18%，并将其拖拽至视频右下方，添加视频特效“超级键”与“基本 3D”效果，并为特效“基本 3D”制作动画效果，见“节约粮食 .mp4”的字幕制作过程。

②选中视频“节约用纸 .mp4”，在“效果控件”面板中选择“视频效果→生成→四色渐变”，设置参数如图 5-19 所示。

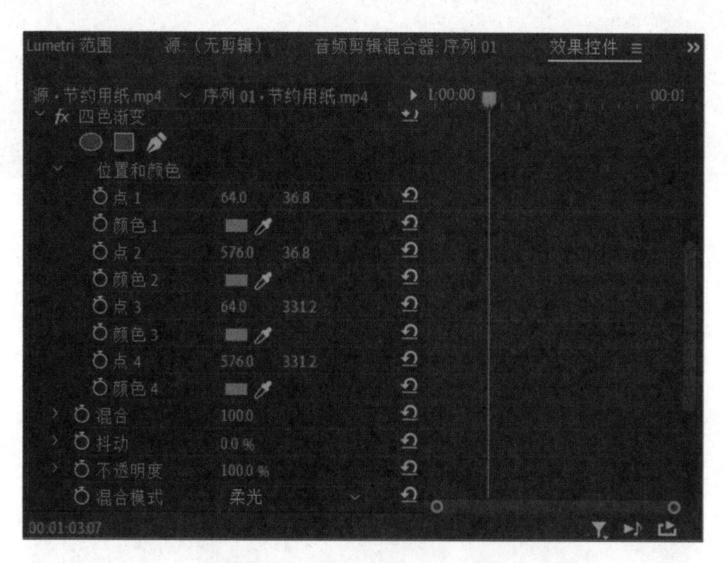

图 5-19　设置“四色渐变”参数

8. 为视频“社区文明 .mp4”的字幕添加视频特效

①选中视频“社区文明 .mp4”的字幕，设置“缩放”为 18%，并将其拖拽至视频右下方，添加视频特效“超级键”“基本 3D”与“更改为颜色”效果，并为特效“基本 3D”制作动画效果，见“节约用水 .mp4”的字幕制作过程。

②选中视频“社区文明 .mp4”，在“效果控件”面板中选择“视频效果→风格化→彩色浮雕”，设置参数如图 5-20 所示。

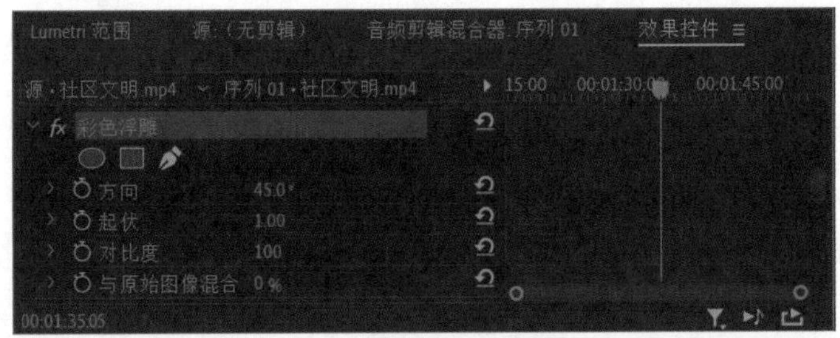

图 5-20　设置“彩色浮雕”参数

③选中视频“社区文明 .mp4”，在“效果控件”面板中选择“视频效果→生成→镜头光晕”，设置参数如图 5-21 所示。

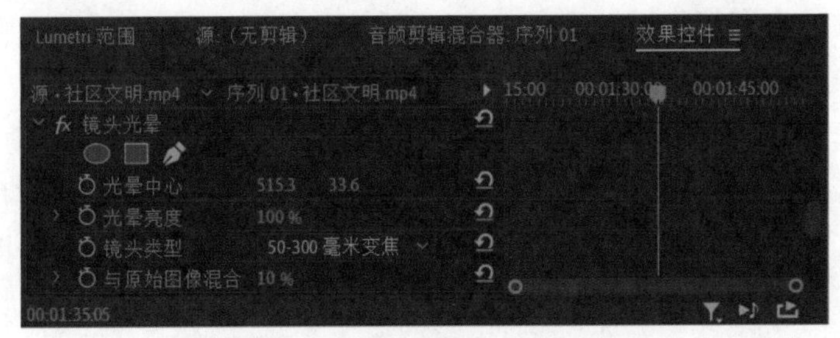

图 5-21　设置“镜头光晕”参数

9. 导出视频

①使用快捷键 Ctrl+M，弹出“导出对话框”，修改名称和导出位置，具体设置如图 5-22 所示。

图 5-22　设置“导出”对话框参数

②点击“导出”，完成渲染。

岗位技能储备——书籍设计的技能要点

岗位知识储备——影视特效制作的基本常识

中华传统文化——面塑

面塑起源于我国传统的饮食文化与祭祀文化。语云：“民以食为天。”自从进入农耕社会，人们就逐渐将面食作为主食，面粉就再也没有离开人们的生活。古代手巧的家庭主妇们在制作面食时，常常为调皮的孩子们捏个小鸡、小狗、小花等，随手而成，巧思无限。同时，祭祀对于古人来说非常重要，天地祖先神仙鬼怪，莫不祭祀，祭神娱神，无处不在。正式的面塑最初就是作为祭品而产生的。时至今日，我国很多地方民间仍流传着每逢佳节时用面粉做成枣花、花糕、花馍等用以祭祀的习俗。

现存最早的面塑出土于新疆吐鲁番阿斯塔纳地区的唐永徽四年（公元 653 年）墓葬，其中有面制女佣头、男佣上半身像和面猪及糕点，可以说这是距今所知最早的面塑人物了。到了宋代，面塑已成为民间节日十分流行的习俗，这在《东京梦华录》《岁时广记》等宋代文献中均有记载。明清时期，面塑除了依然为传统风俗所用，逐渐脱离实用，演变成艺术形式而独立存在。一些身背手艺箱、四处奔波的面塑艺人将有形有趣的面塑传播开来。由于面塑取材多为传统民间故事，人物造型占的比例较大，因而又俗称为面人，就捏制风格来说，黄河流域的面人古朴、豪放、深厚；长江流域的面人细腻、灵动、精巧。

就其存放方式来看，有签举式和盒装式之分，而盒装式又以比较便于保存和携带受到青睐。面塑的独特之处，在于它更多体现了中国传统美学旨趣和技艺特色，其中包含了绘画、雕塑、刻印、装饰等诸多因素，因此面塑既是雕塑却又超越了一般雕塑的意义。

任务 2　济南皮影戏宣传片

学习情境

“一口道尽千古事，双手对舞百万兵”说的就是皮影戏。一人站在幕布后，靠着手中的主杆和皮影人，借助灯光剪影，演绎千军万马的故事。“济南皮影”是山东皮影戏的重要代表之一，其第五代传承人李娟，2013 年被评为济南非物质文化遗产传承人。2017 年，“济南皮影”进入国家艺术基金人才培养项目——皮影工艺与创作培养工程，走过亚洲、欧美等 10 余个国家，影响广泛。济南各小学引入济南皮影传统文化进入课堂，上万名学生能独立制作、演出，他们的作品多次获得省、市特等奖、一等奖。本次任务是制作济南皮影戏宣传片，效果如图 5-23 所示。

图 5-23　济南皮影戏宣传片效果

操作步骤指引

1. 新建项目

①选择“文件→新建→项目”命令，新建一个项目，文件名为“济南皮影戏宣传片”，序列参数为“1920 × 1080，25fps”，选择合适的素材，单击“创建”，如图 5-24 所示。

②导入素材并分类，如图 5-25 所示。

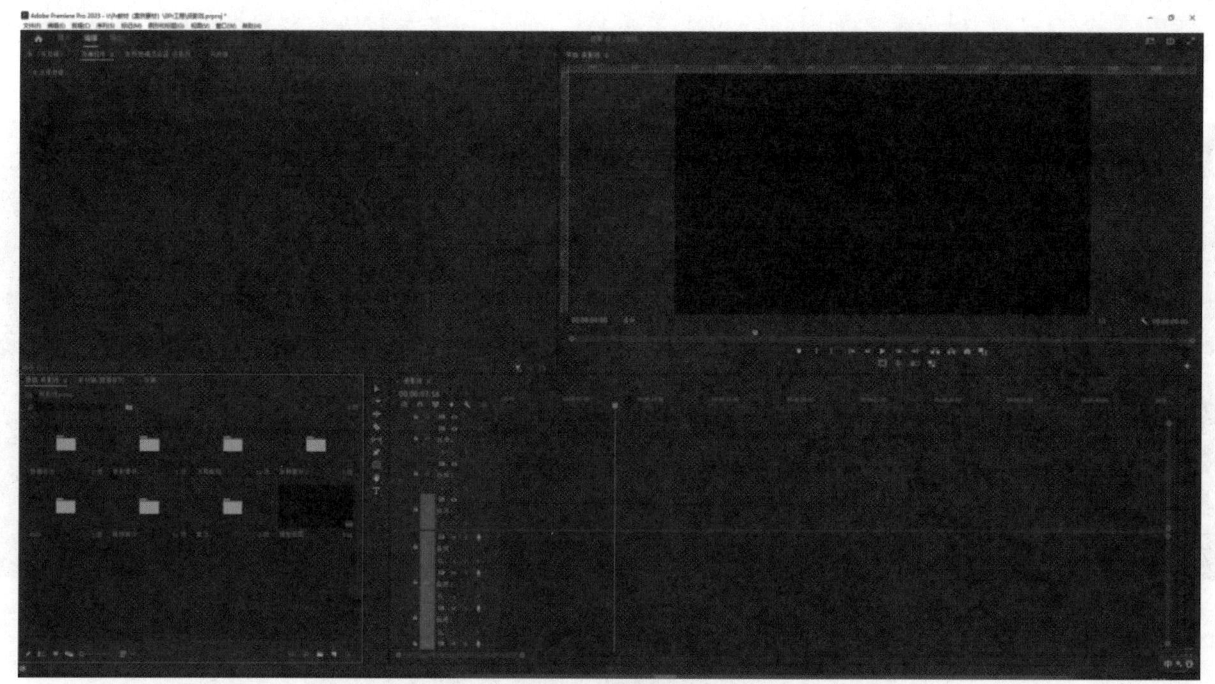

图 5-24　新建项目

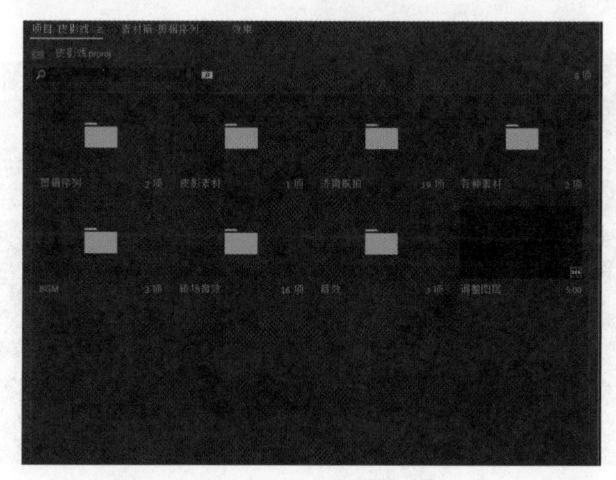

图 5-25　导入素材并分类

2. 制作片头

①在“素材库”面板选择文件“济南航拍—泺源大街（4K）.mp4”，设置素材的入点和出点，拖至 V1 轨道，如图 5-26 所示。

图 5-26　找到合适素材拖至时间线

②在“素材库”面板选择“济南航拍—老三联（4K）.mp4”文件，设置素材的入点和出点，定位时间指示器至“00:00:02:17”位置，将素材拖至 V2 轨道，如图 5-27 所示。

图 5-27 将素材拖至时间线合适位置

③在“效果”面板选择特效“渐变擦除”，将其添加至 V2 轨道素材“济南航拍—老三联（4K）.mp4”，如图 5-28 所示。

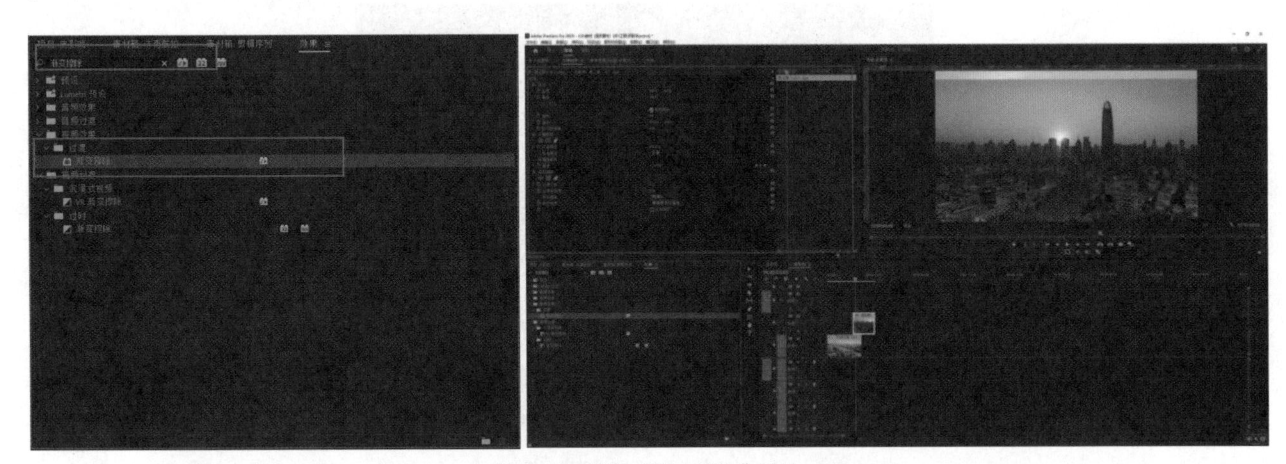

图 5-28 添加“渐变擦除”特效

④在“效果控件”面板选择“渐变擦除”，将 V2 轨道时间指示器拖至第 1 帧，为“过渡完成”参数添加关键帧，设置数值为 100%，如图 5-29 所示。

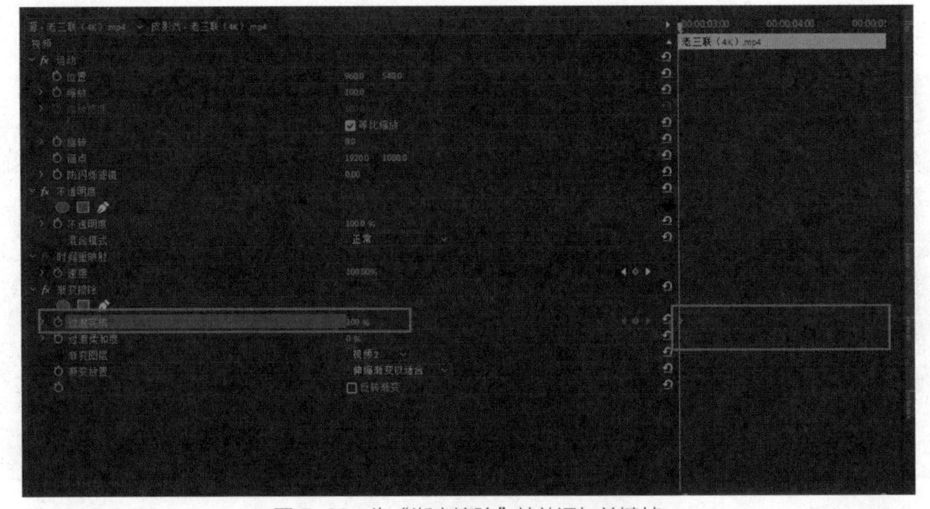

图 5-29 为“渐变擦除”特效添加关键帧

⑤将时间指示器拖至“00:00:03:16”处，“过渡完成”参数设置数值为 0，将“过渡柔和度”参数设置为 30%，勾选“反转渐变”，如图 5-30 所示。

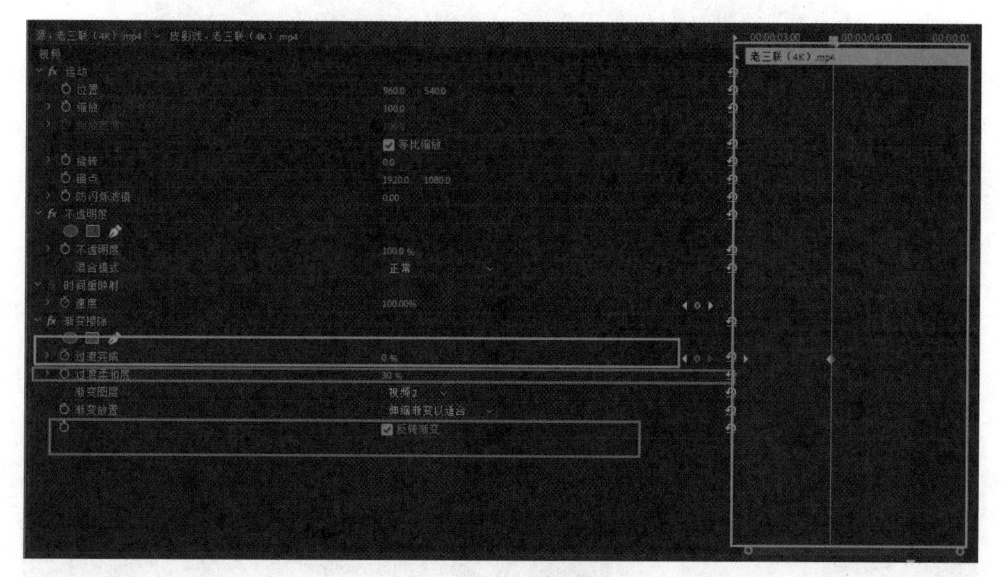

图 5-30　“渐变擦除”参数设置

⑥框选“渐变擦除”特效的 2 个关键帧，单击鼠标右键选择“贝塞尔曲线”，如图 5-31 所示。

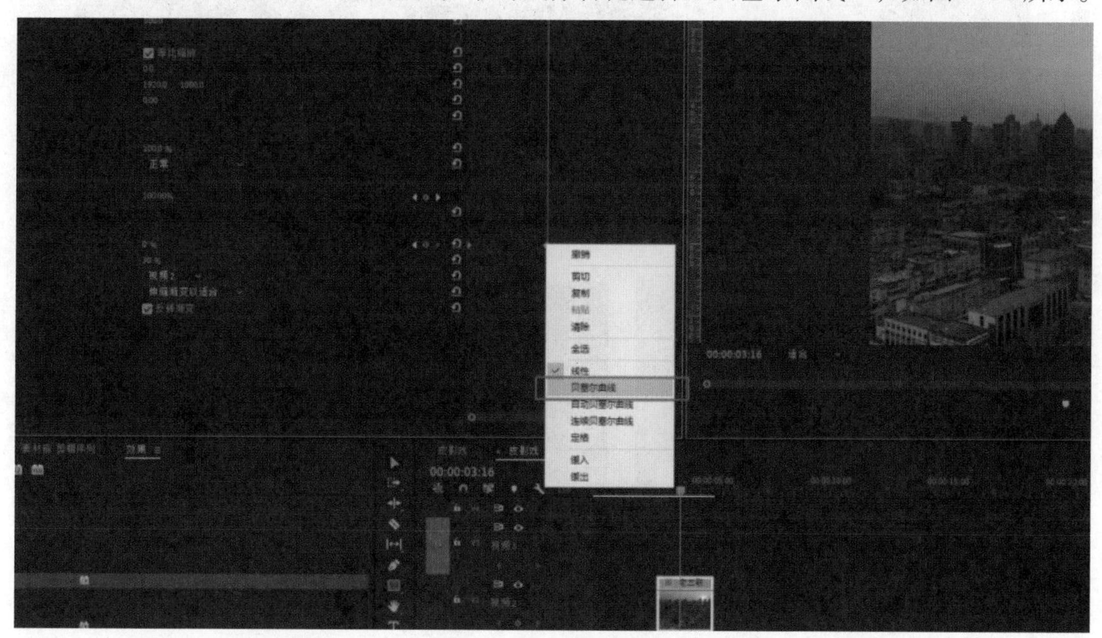

图 5-31　设置贝塞尔曲线

⑦根据音乐节奏和音效自由拼接视频素材（音乐和音效可自己选择），此处有参考样片，可提供参考。

3. 为正片调色

①选择 3 段或 4 段素材，将其添加到时间线上，选择的素材须是“素材库—济南航拍”的灰度素材，如图 5-32 所示。

②以夜景的灰度素材为例来调色，将灰度素材调成 709（正常颜色）。选择“窗口→工作区→颜色”，鼠标右键左上角的“Lumetri 范围”，“预设→所有范围 RGB”，如图 5-33 所示。

③调整视频的整体颜色。如果在调色过程中，遇到同一场景和同一光线，可以复制粘贴“Lumetri 颜色”，如图 5-34 所示。

图 5-32　选择素材

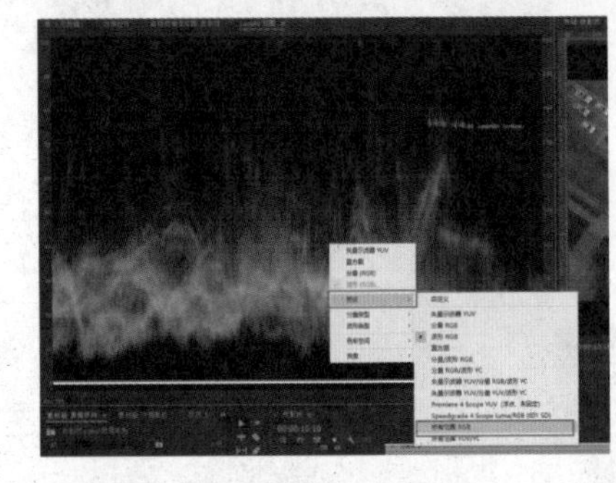

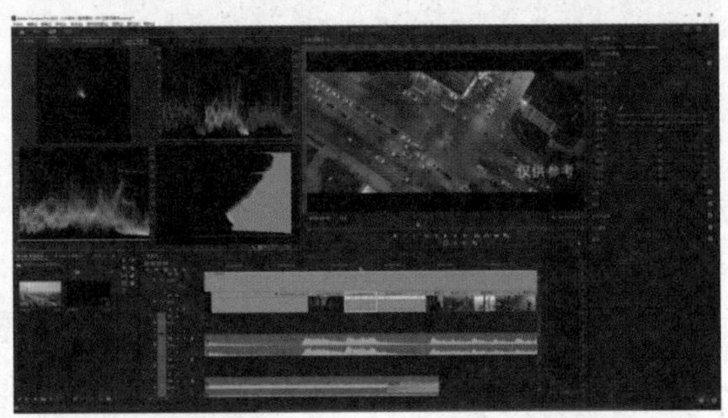

图 5-33　调整“视频调色”

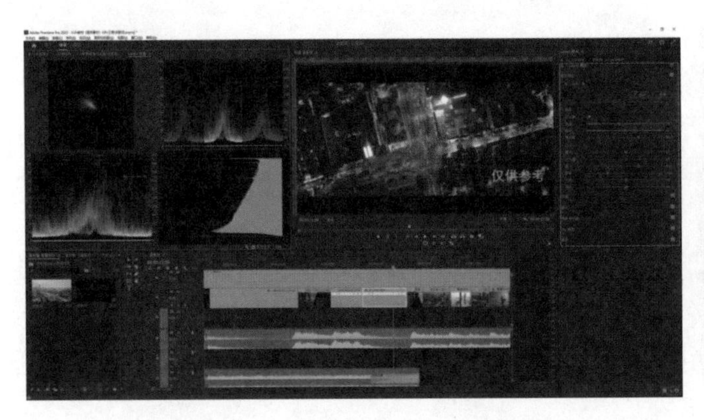

图 5-34　调整颜色参数

④安装转场插件 Transition Pack，安装完成之后重启 Adobe Premiere Pro 2023，在“效果栏”里面就会发现有三个效果，任选一个合适的效果使用即可，如图 5-35 所示。

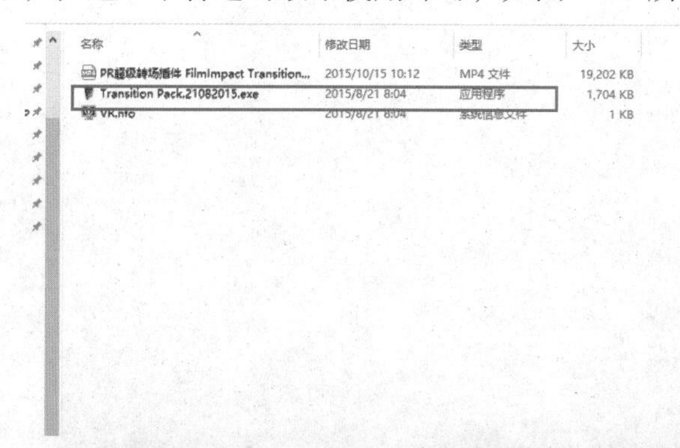

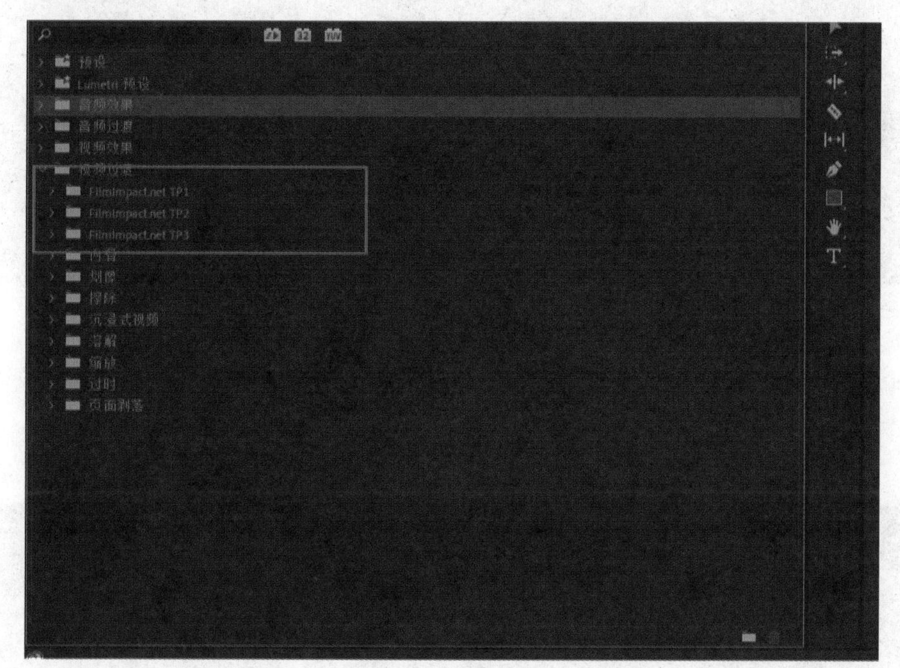

图 5-35　安装插件

⑤根据不同的音乐、不同的剪辑思维，自由创作视频内容，并渲染导出视频。

拓展任务　偷天换日、盗梦空间

学习情境

在剪辑过程中，有时素材分辨率过大（2K、4K、8K），但电脑配置过低，这时就会造成电脑死机，造成素材丢失，但 Adobe Premiere Pro 2023 有一个非常强大的功能，就是代理文件，可以把高分辨率转为低分辨率，让剪辑更流畅，无须担心电脑配置问题。Adobe Premiere Pro 2023 的时间重映射功能也非常重要，可以使用钢笔工具绘制不同曲线，来控制曲线丝滑度，作为视频中无缝转场效果来体现。

操作步骤指引

1. 新建工程文件

① 打开 Adobe Premiere Pro 2023，单击“新建项目”按钮，如图 5-36 所示。

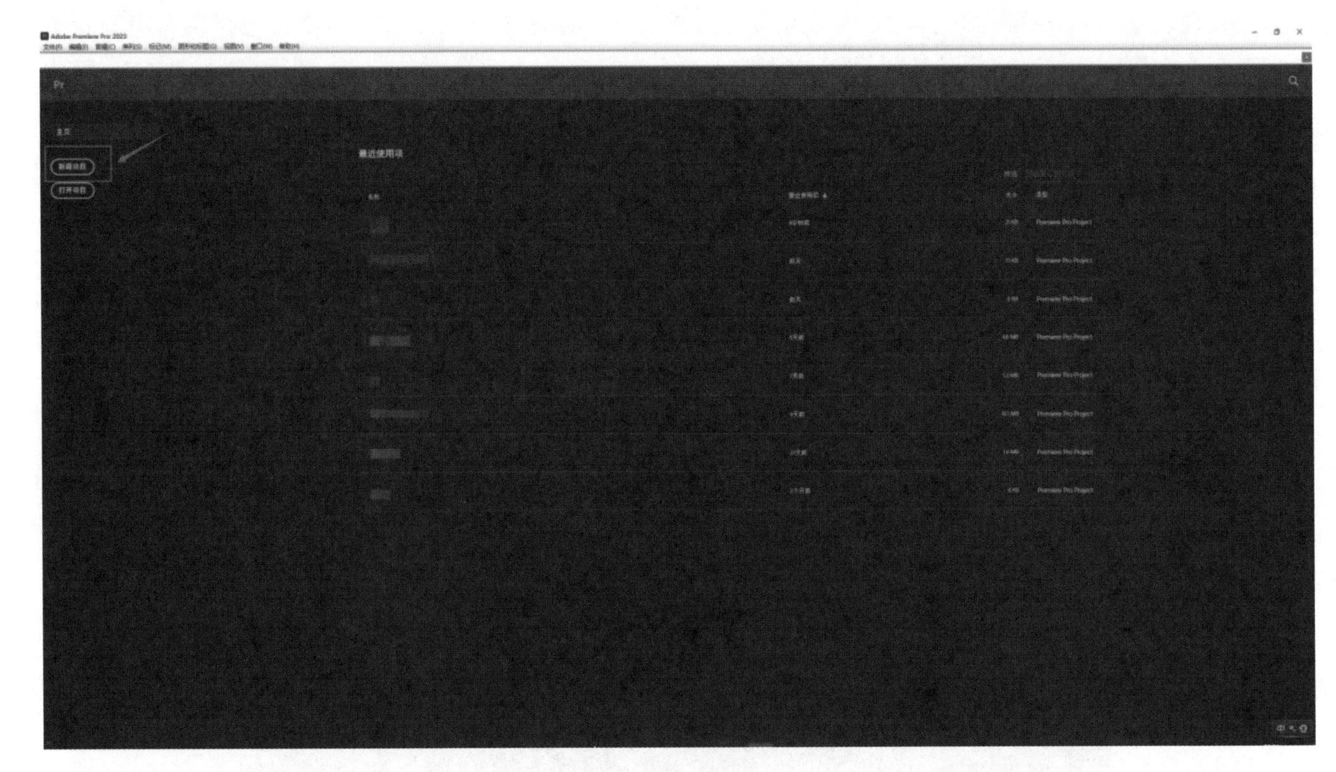

图 5-36 新建项目

②在 Adobe Premiere Pro 2023 主页的左上角，单击“项目名”并重命名为“航拍混剪合集”。单击“项目位置→选择位置”找到合适的文件夹存放工程文件，如图 5-37 所示。

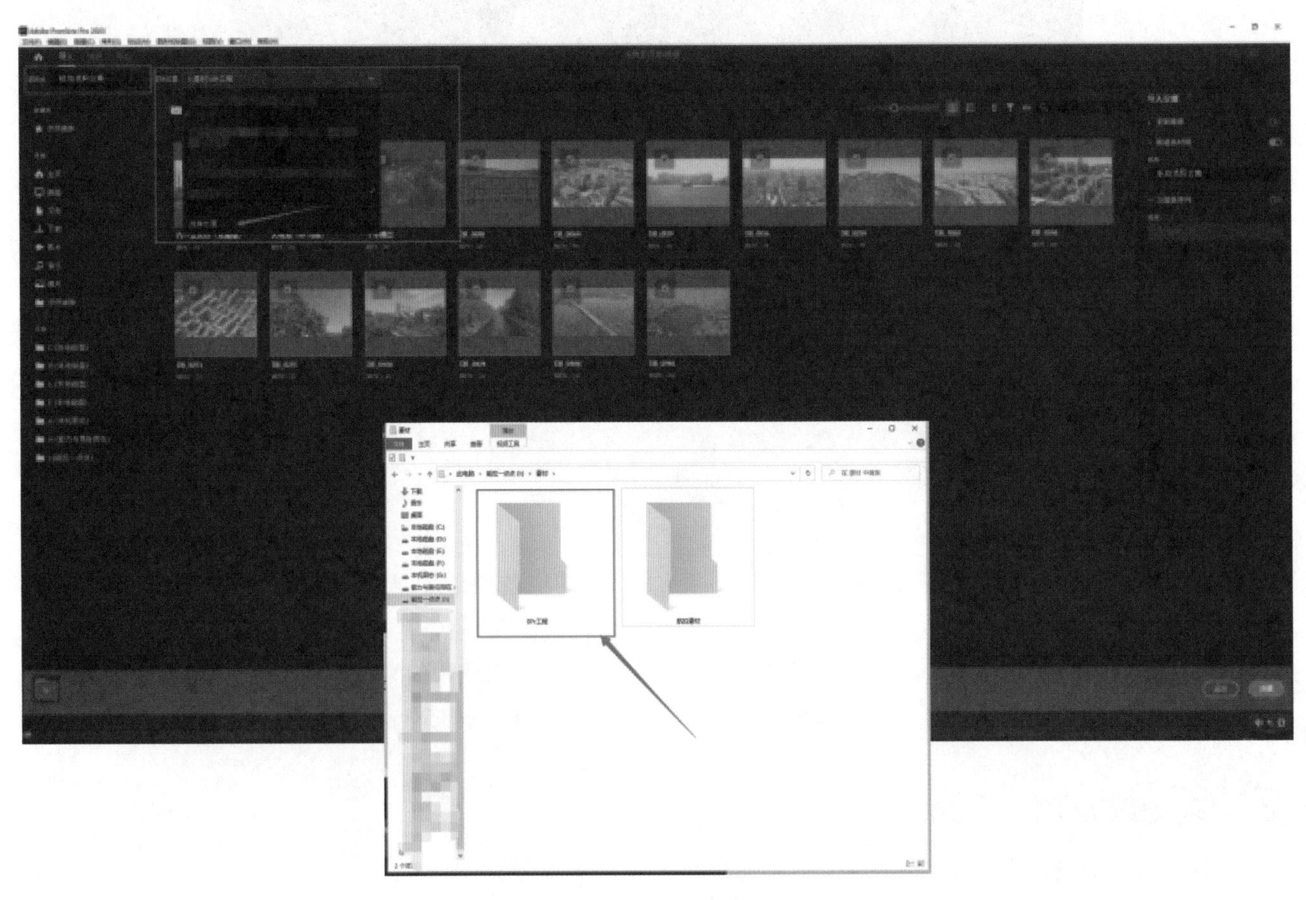

图 5-37 存放工程位置

③在左侧文件目录找到相应的素材库，按下快捷键 Ctrl+A 全选素材，单击右侧栏的“新建素材库”并重命名“航拍混剪合集”，之后单击右下角“创建”按钮，如图 5-38 所示。

图 5-38　挑选素材内容

④进入工程界面，单击左下角“素材库”，使用快捷键 Ctrl+B 新建素材箱，并重名“剪辑序列”，如图 5-39 所示。

图 5-39　新建素材库

⑤单击左下角“剪辑序列”素材箱，使用快捷键 Ctrl+N 新建序列并调整参数，如图 5-40 所示。

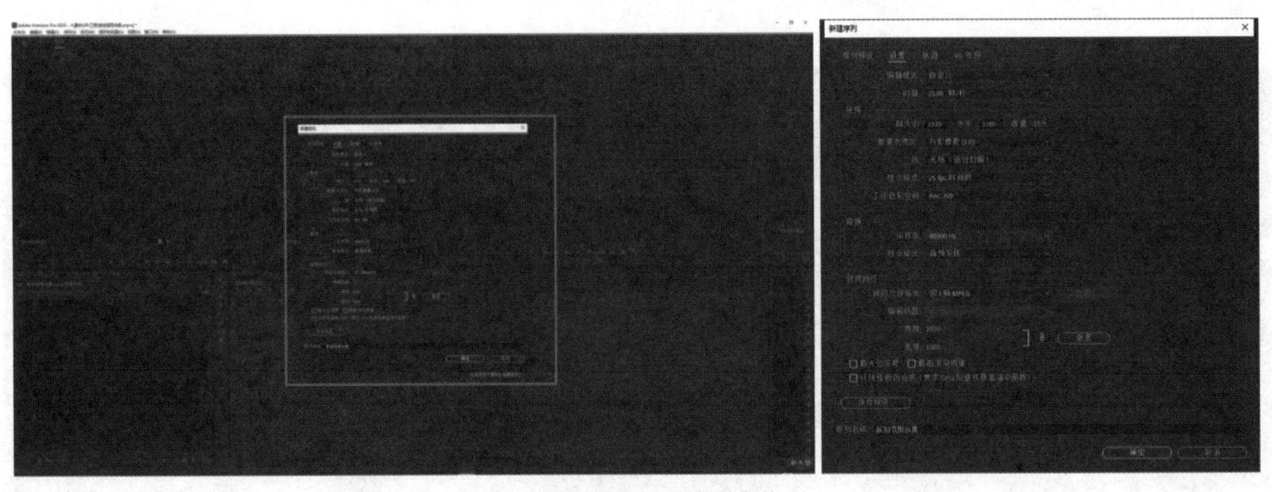

图 5-40 新建序列并调整参数

⑥单击素材库的“素材箱：航拍混剪合集”，使用快捷键“Ctrl+A”全选素材，如图 5-41 所示。

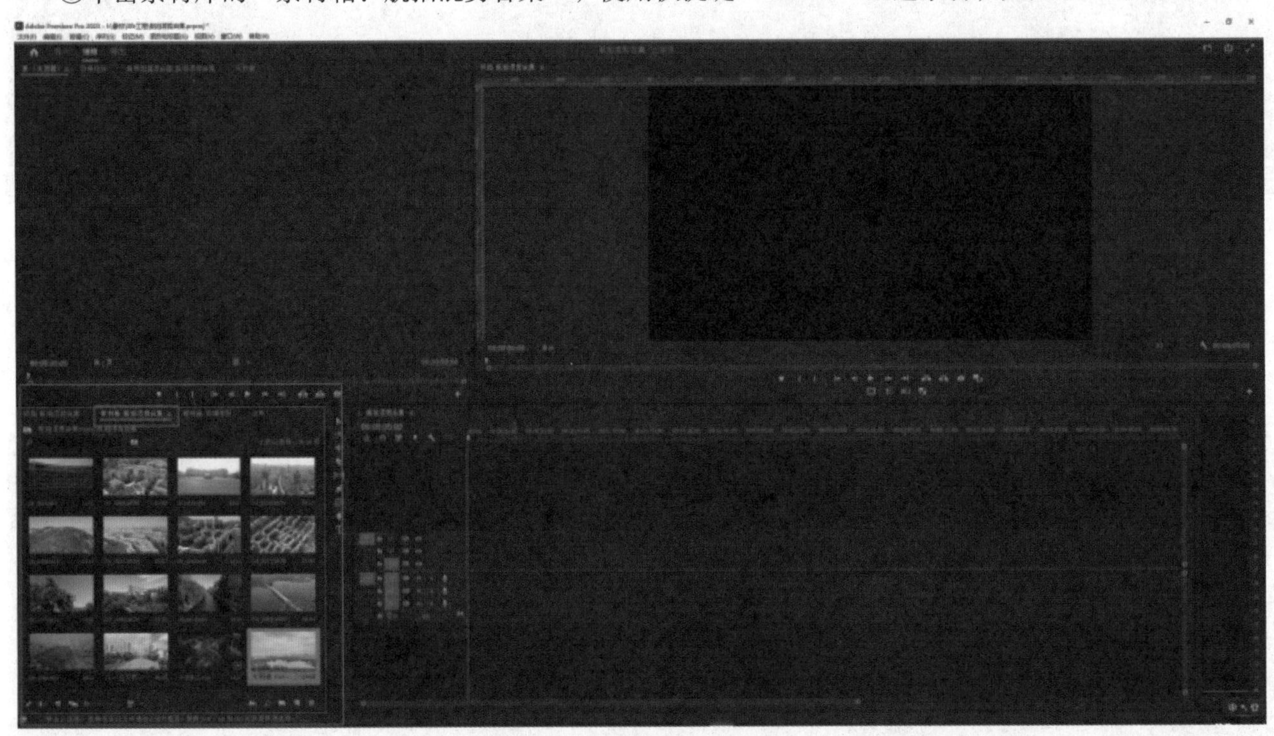

图 5-41 选择素材库的素材

2. 转代理文件

①鼠标右键单击，选择“代理→创建代理”，调整代理文件的参数，如图 5-42 所示。

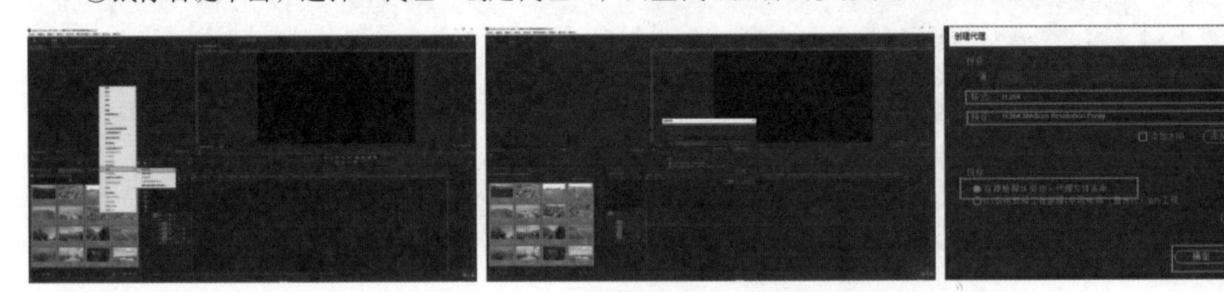

图 5-42 创建代理并调整代理文件的参数

②这时自动打开 Adobe Media Encoder 2023（请提前安装该软件），软件将对选中的素材进项转码压缩“1280×720”，只需等待所有素材转码完成即可，如图 5-43 所示。

图 5-43　代理文件转码

③返回 Adobe Premiere Pro 2023，在左侧的素材库中，选中“素材箱：航拍混剪合集”，使用快捷键 Ctrl+A 全选素材，右键单击，选择“代理→连接代理”，如图 5-44 所示。

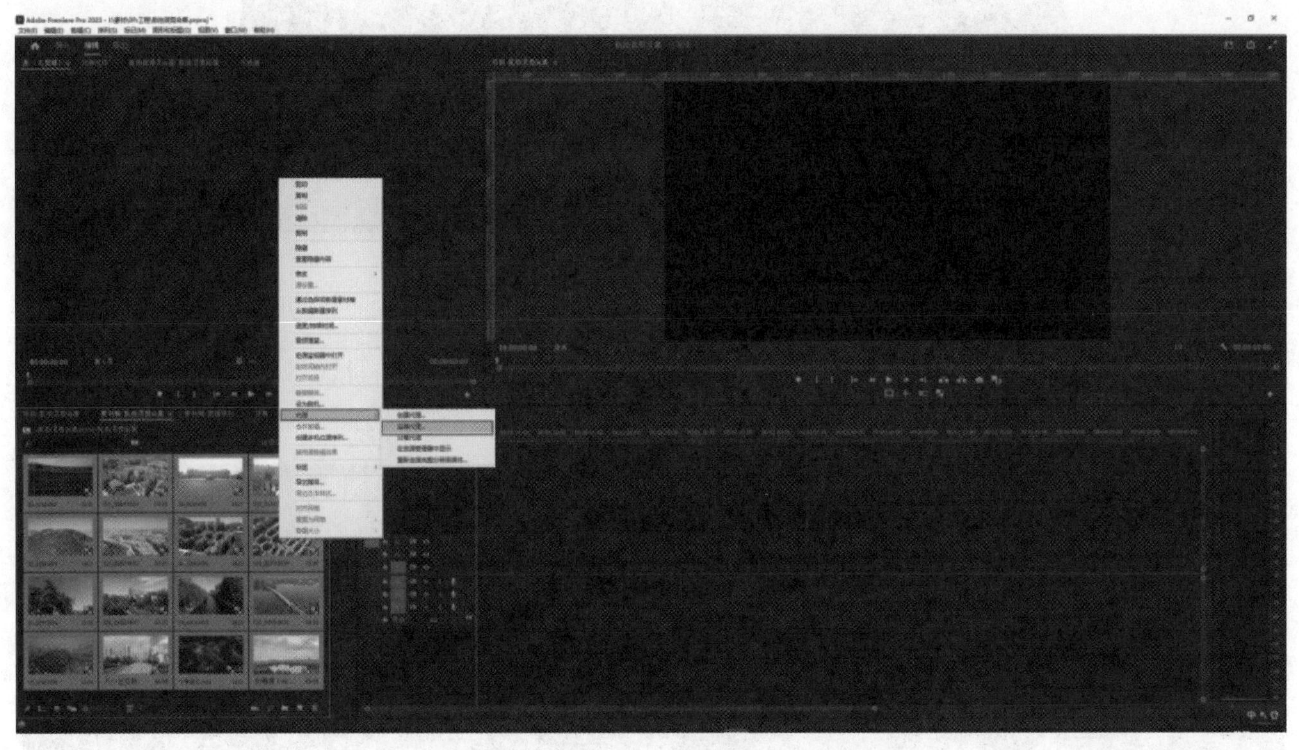

图 5-44　连接代理

④点击“附加”并选择代理文件，并点击“搜索”精确查找代理文件序列号，点击“确定”，如图 5-45

所示。

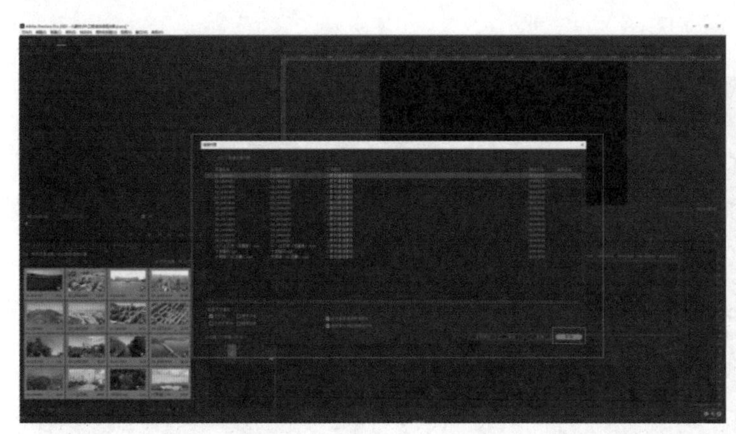

图 5–45 查找代理文件序列号

⑤点击“节目”面板右侧“+”号，长按鼠标左键，把“代理启动器”拖到菜单栏里面即可，如图 5–46 所示。剪辑时，开启“代理启动器”，时间线中的素材不会卡顿，输出时，关闭“代理启动器”，输出的视频就是原始分辨率了。

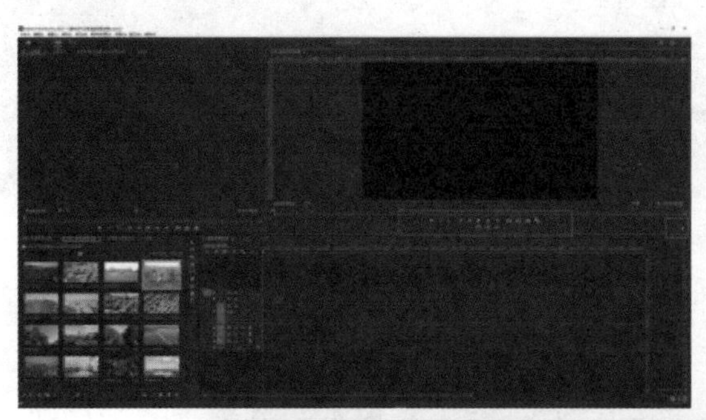

图 5–46 将“代理启动器”拖至菜单中

3. 时间重映射（无缝转场）

①将素材拖至时间线，因素材分辨率过大，系统会有提示，点击“保持现有设置”，但视频画面仍然过大，这时需用鼠标选择时间线素材，右键单击，找到“缩放为帧大小”，这样画面的大小为正常，如图 5–47 所示。

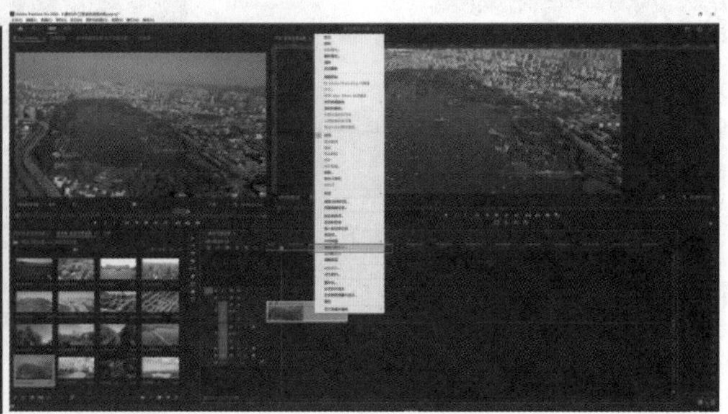

图 5–47 恢复正常画面大小

②选中时间线素材，右键单击选择“显示剪辑关键帧→时间重映射→素材”，如图 5-48 所示。

图 5-48　找到“时间重映射”的设置位置

③选择“钢笔工具”，将“钢笔工具”的触点设置在需加速的位置，随后单击“选择工具”，长按时间线素材的“横线”并向上拖动，如图 5-49 所示。

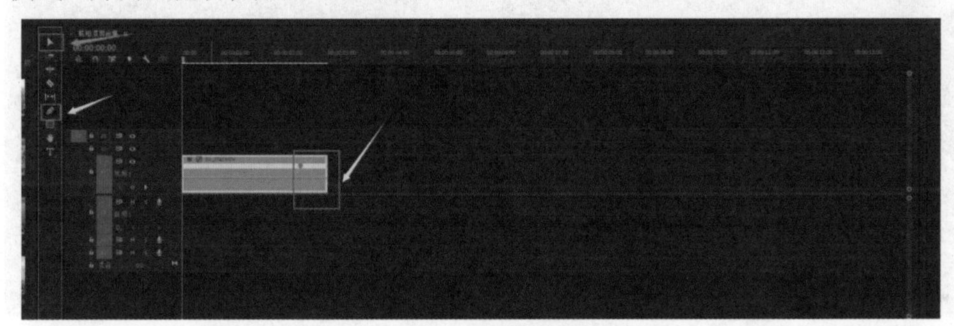

图 5-49　用“钢笔工具”创建节点

④横线中间会有入点、出点，使用“选择”工具将其分开，并选中已经分开的入点、出点，中间会有一个小曲线的“锚点”，将直线改成曲线，这样过渡会更自然，如图 5-50 所示。

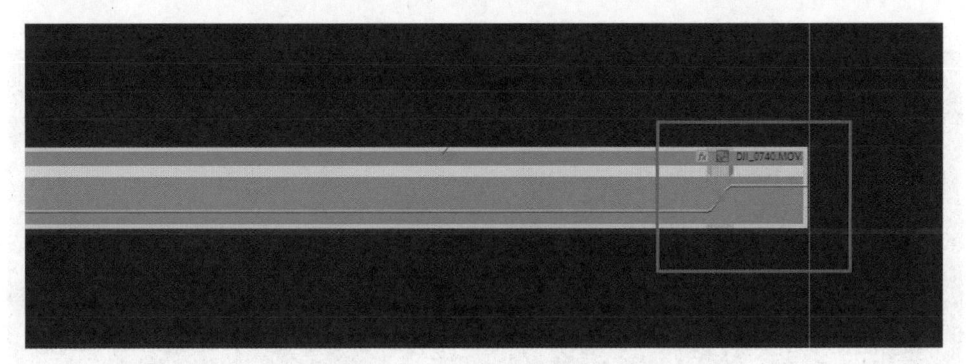

图 5-50　设置“锚点”的细节

⑤再导入一个素材，拖至时间线，操作方式同上，如图 5-51 所示。

第一个片段在视频的结尾处加“时间重映射”的效果，第二个片段在视频的开头处加“时间重映射”的效果。

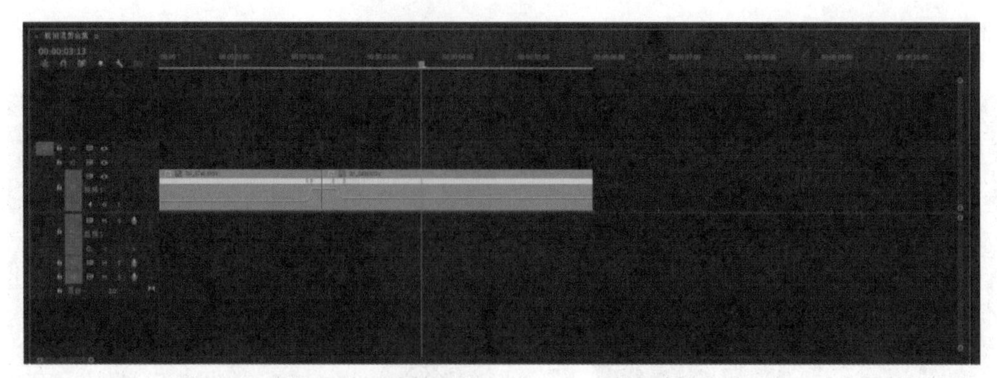

图 5-51 制作另一个片段的“时间重映射”

4. 视频输出

①将“代理启动器”关闭，如图 5-52 所示。

图 5-52 关闭“代理启动器”

②使用快捷键 Ctrl+M 导出视频，并设置视频输出位置，预设为“自定义”，格式为 H.264（MP4 格式），比特率编码为 CBR，目标比特率为 10，如图 5-53 所示。

图 5-53 导出视频

5. 偷天换日

①导入素材并进行重命名，如图 5-54 所示。

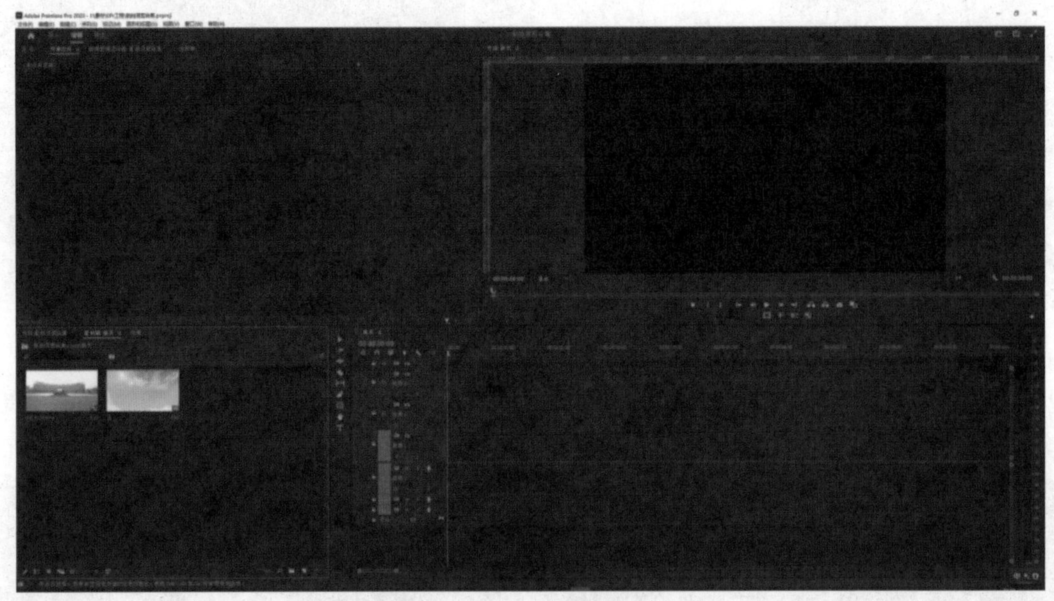

图 5-54　导入素材并重命名

②将素材库的中素材“云”和“大门口”分别拖进时间线的 V1 和 V2 轨道上，如图 5-55 所示。

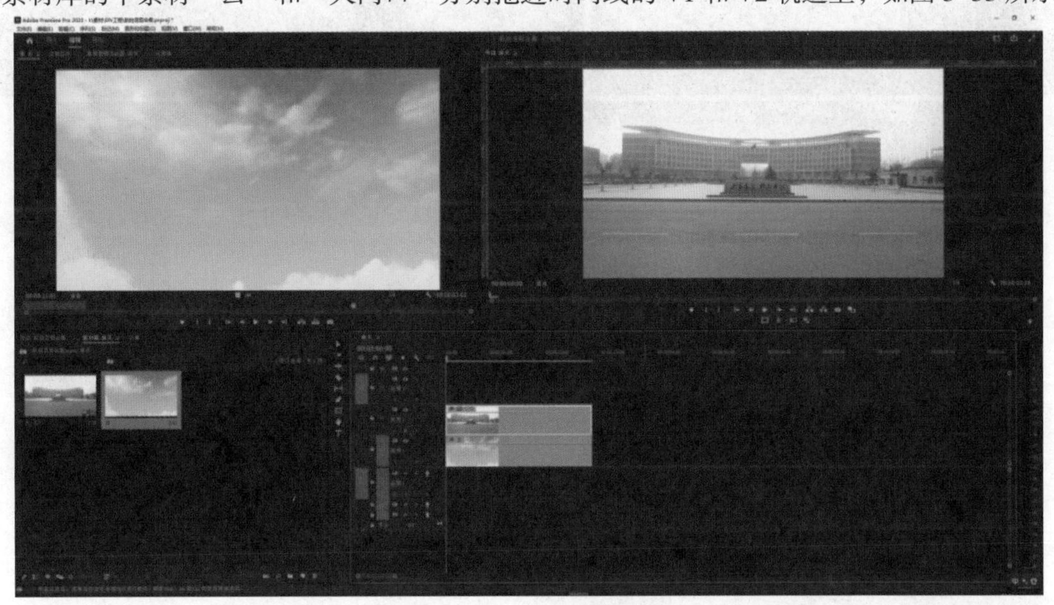

图 5-55　导入素材

③单击“效果”面板，搜索“亮度键”，将其拖放至 V2 轨道，在“效果控件”面板设置参数，如图 5-56 和图 5-57 所示。

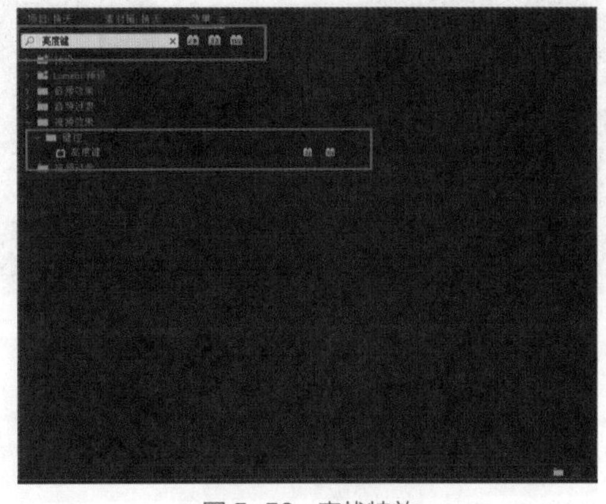

图 5-56　查找特效

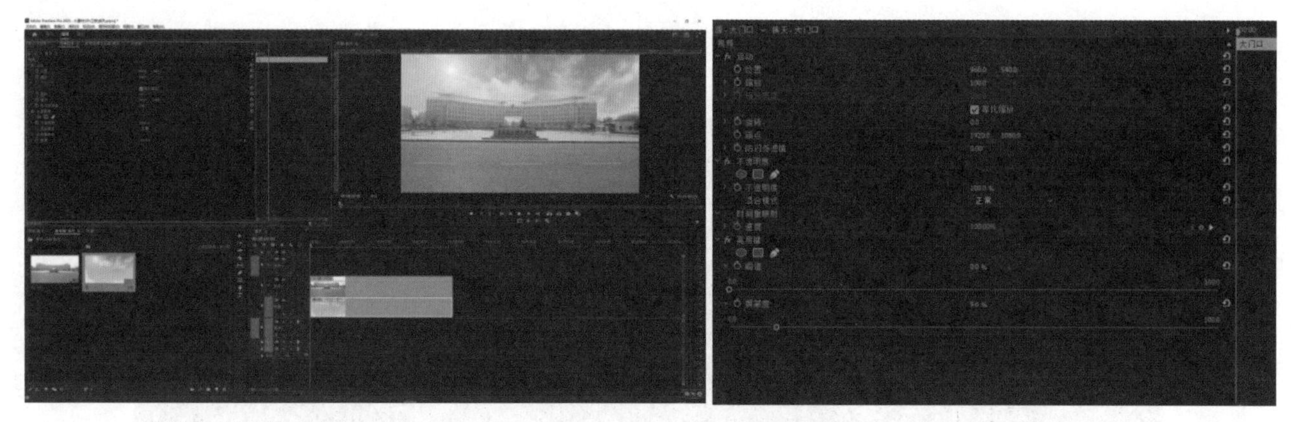

图 5-57 在“效果控件”面板调整参数

④选中 V1 轨道，使用“钢笔工具”在左侧抠图出现白色的地方绘制不规则形状，目的是制作遮罩并进行消除，如图 5-58 所示。

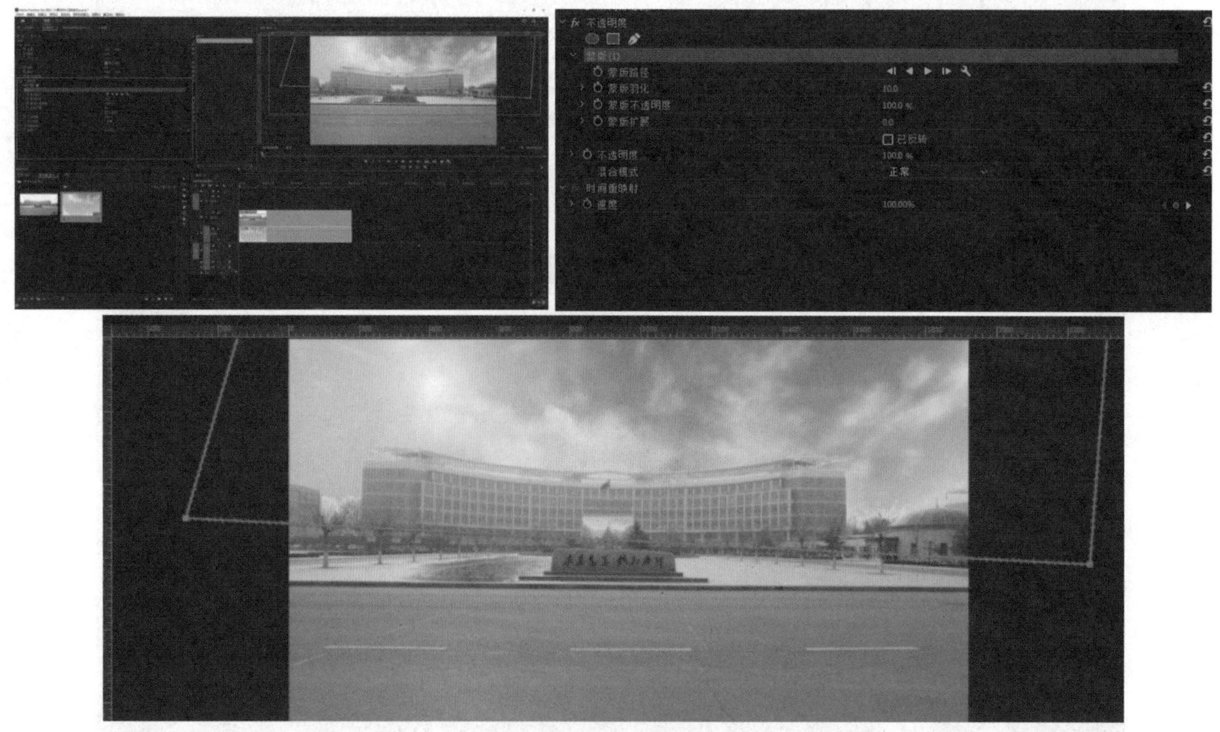

图 5-58 勾画遮罩

⑤将 V1 和 V2 轨道向上移，点击“大门口”的素材，按住 Alt 键复制到 V1 轨道上，如图 5-59 所示。

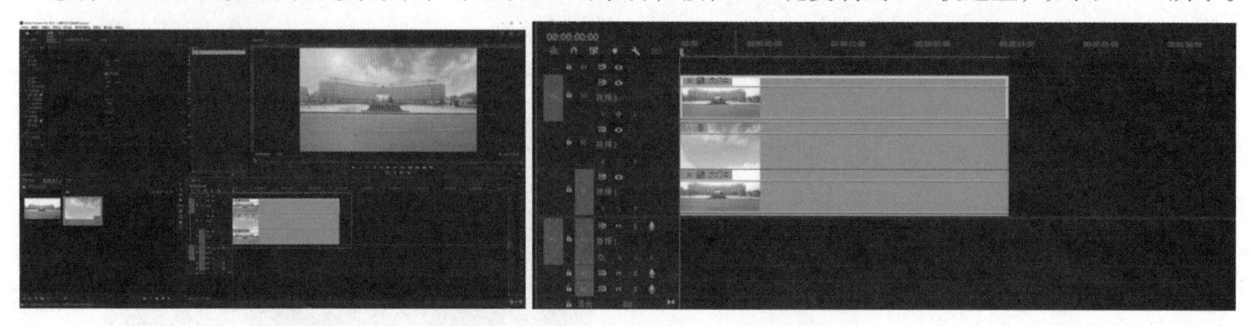

图 5-59 复制素材

⑥在“效果控件”面板将 V1 轨道素材中的“亮度键”特效删除，如图 5-60 所示。

图 5-60　删除 V1 轨道素材中的“亮度键”特效

⑦在“效果控件”面板，将 V2 轨道素材中的“不透明度”降低，数值可自定，如图 5-61 所示。

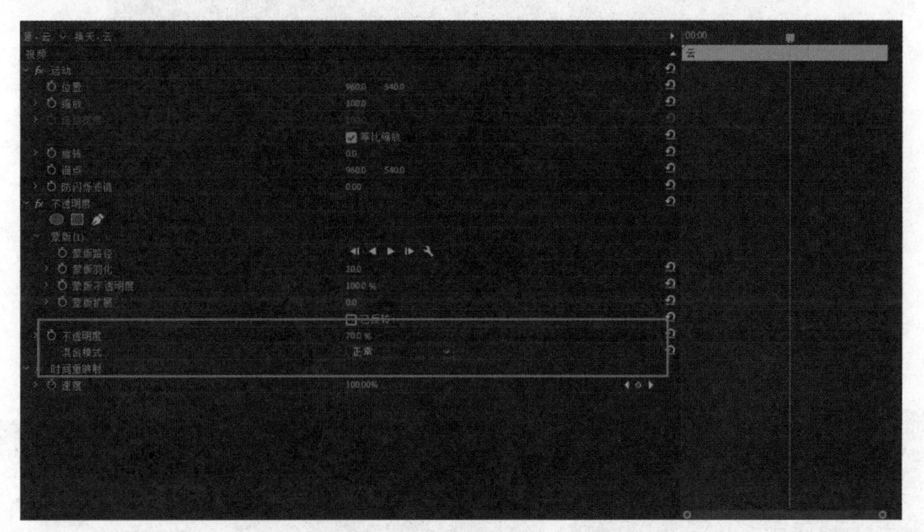

图 5-61 将 V2 轨道素材中的“不透明度”降低

⑧将 V1、V2、V3 三个轨道全选，右键单击，在弹出式菜单中点击“嵌套”，如图 5-62 所示。

图 5-62 “嵌套”

⑨在“素材库”面板右键单击，选择“新建项目→调整图层”，如图 5-63 所示。

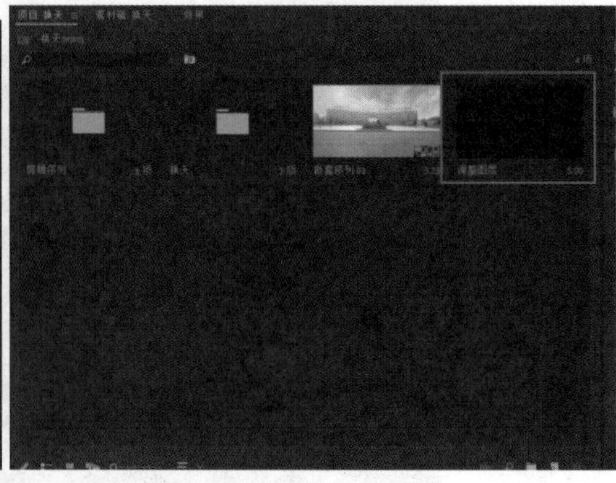

图 5-63 新建“调整图层”

⑩ 将“调整图层”拖到 V2 轨道上，如图 5-64 所示。

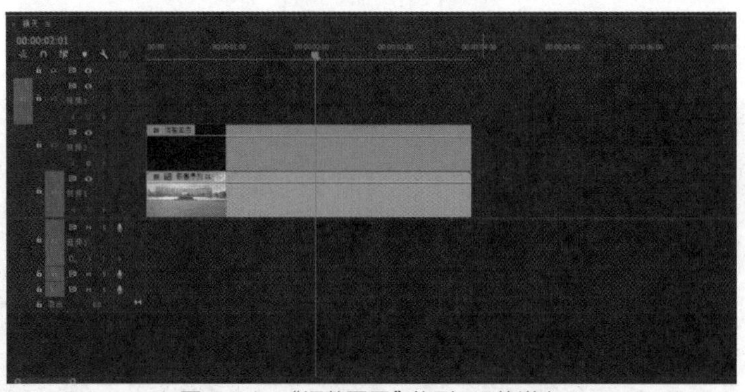

图 5-64 “调整图层”拖到 V2 轨道上

⑪ 在“效果”面板选择“裁剪”特效拖至 V2 轨道上，如图 5-65 所示。

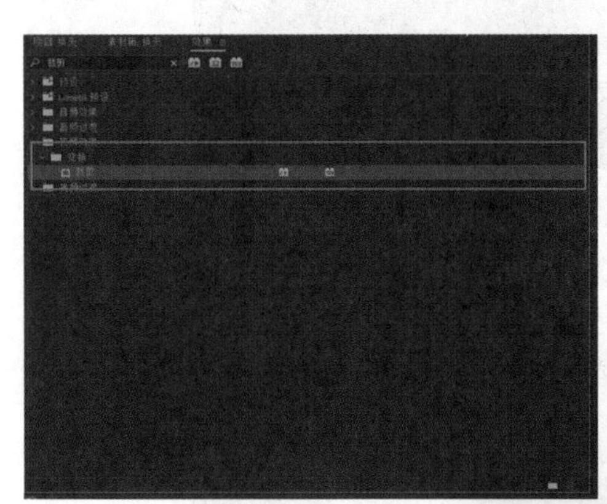

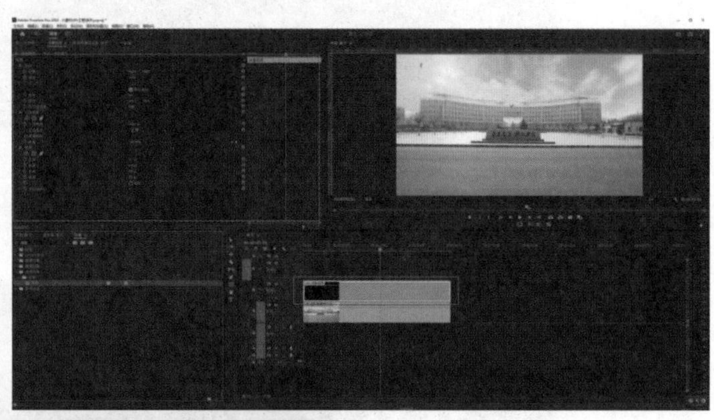

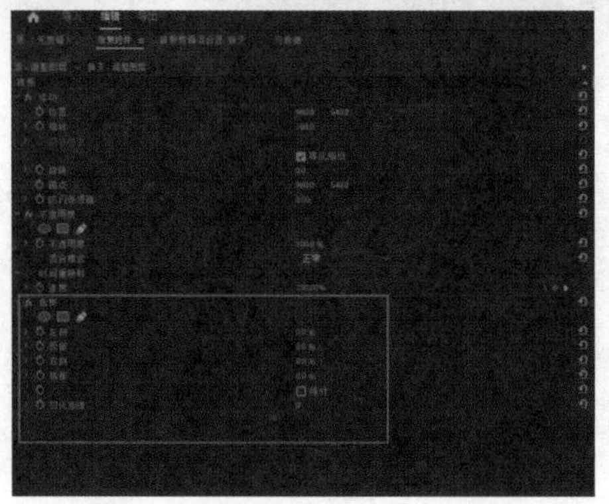

图 5-65 为素材添加“裁剪”特效

⑫ 设置“裁剪”特效将“顶部”及“底部”设置为 50，如图 5-66 所示。

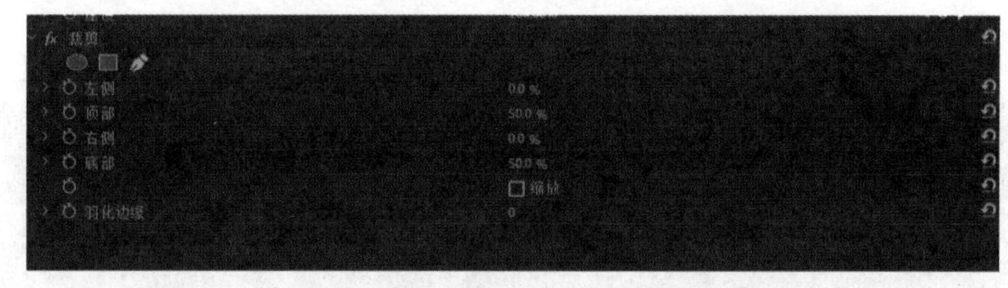

图 5-66　设置“裁剪”参数

⑬ 以“裁剪”特效“顶部”和“底部”为入点、出点，添加关键帧，入点的参数为 50，出点的参数为 12，如图 5-67 所示。

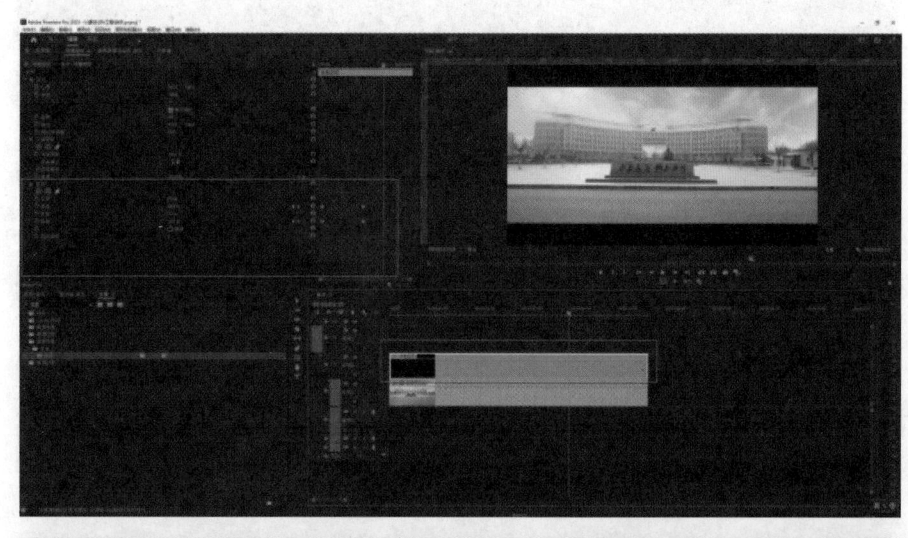

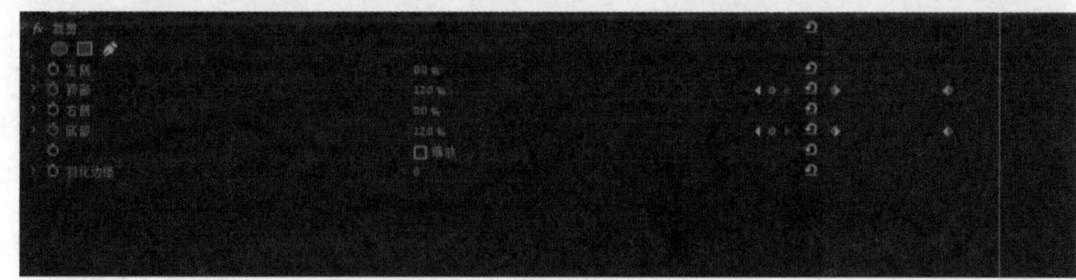

图 5-67　制作“裁剪”特效关键帧动画

⑭ 使用快捷键 Ctrl+M 渲染输出视频，如图 5-68 所示。

图 5-68　渲染输出视频

6. 盗梦空间

①导入素材，并将素材拖至 V1 轨道上，如图 5-69 和图 5-70 所示。

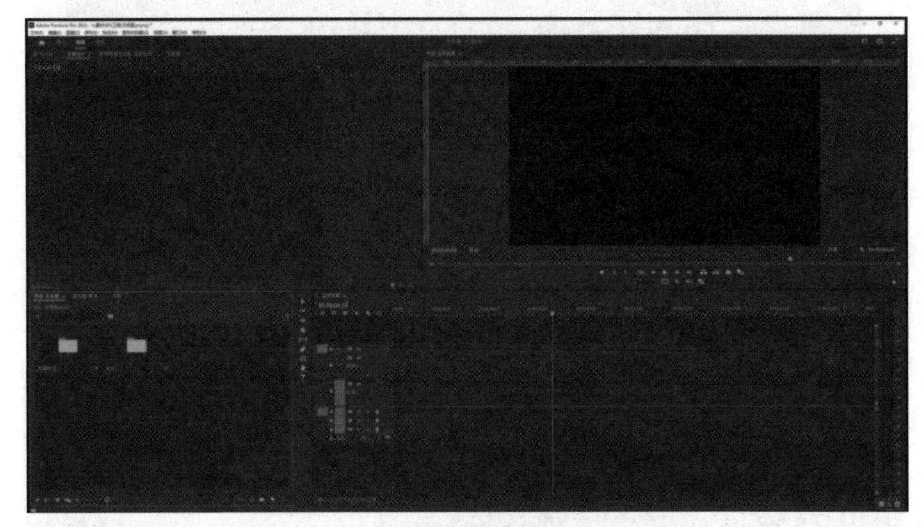

图 5-69　导入素材

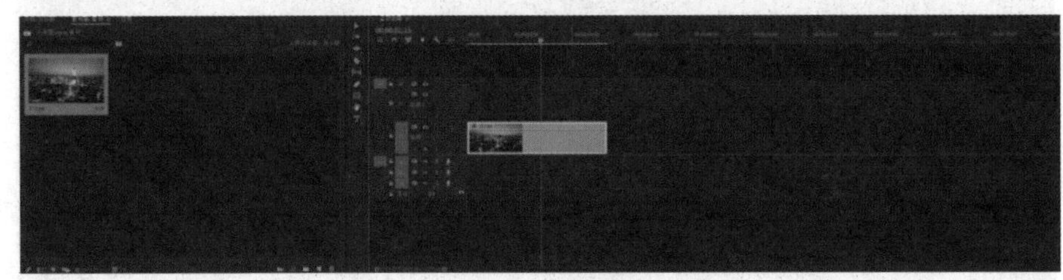

图 5-70　拖进素材

②选中 V1 轨道素材，按住 Alt 键将其拖拽至 V2 轨道，复制素材，如图 5-71 所示。

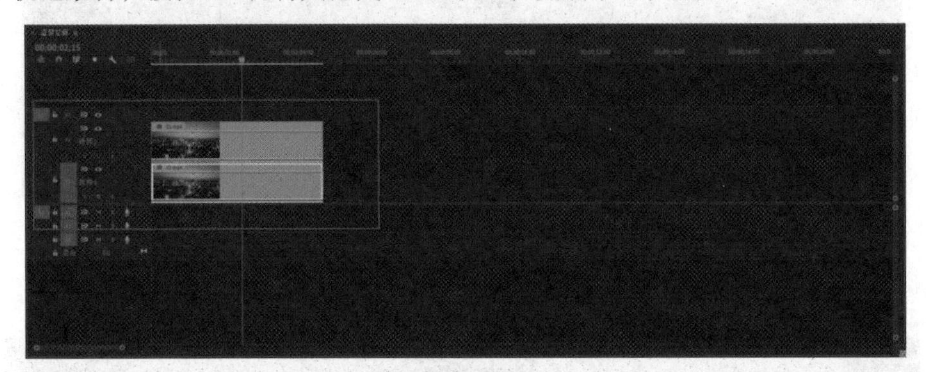

图 5-71　复制素材

③在“效果”面板，选中“裁剪”特效，将“裁剪”特效拖至 V1 和 V2 轨道上，如图 5-72 和图 5-73 所示。

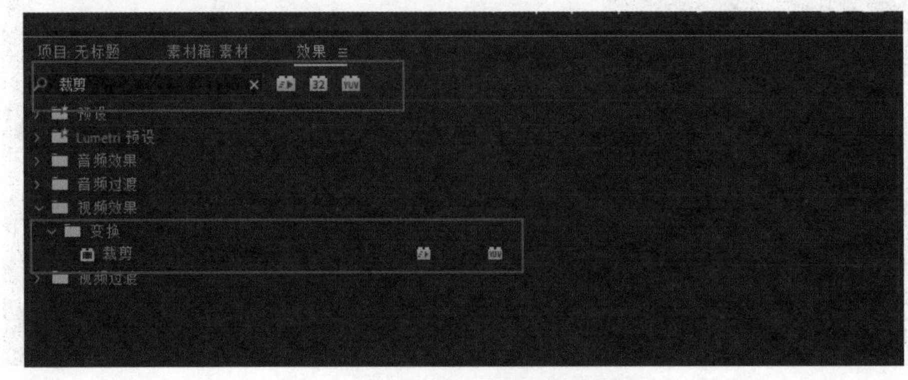

图 5-72　在“效果”面板选择“裁剪”

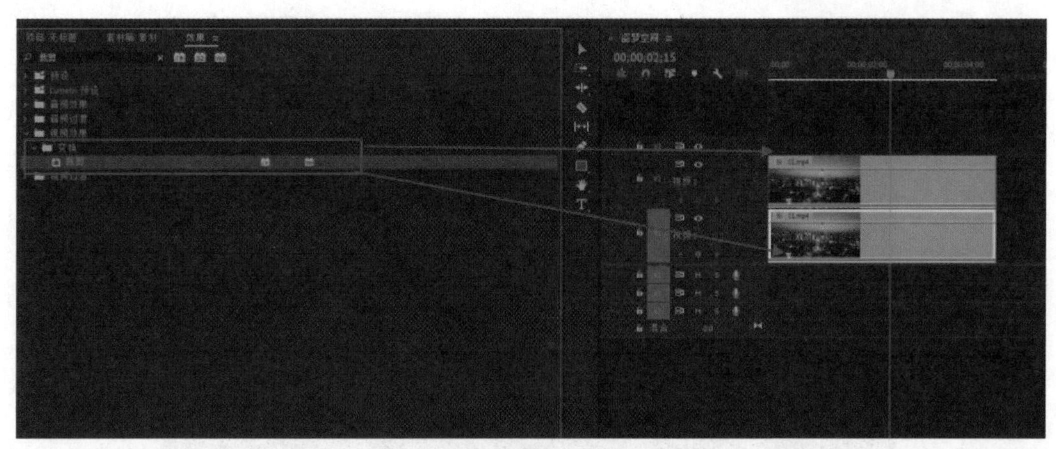

图 5-73　为素材添加“裁剪”特效

④在“效果”面板，选择“垂直翻转”特效添加至 V2 轨道素材上，如图 5-74 所示。

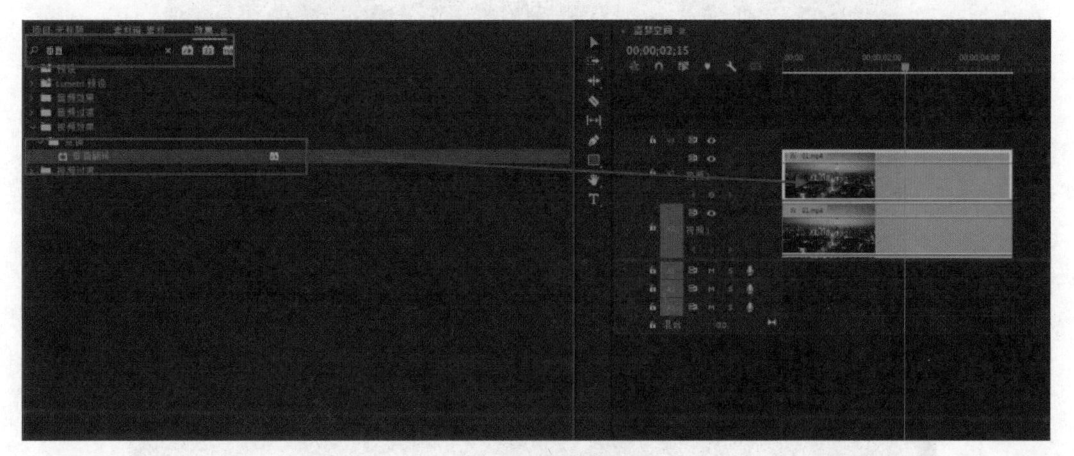

图 5-74　添加“垂直翻转”特效

⑤在“效果控件”面板，选中“位置”参数，此时“监视器”面板会出现四个锚点，以此调整素材在画面的位置，如图 5-75 所示。

图 5-75　调整画面位置

⑥选中 V2 轨道素材，在“效果控件”面板中，设置“裁剪”特效“顶部”及“羽化”参数，如图 5-76 所示。

⑦选中 V1 轨道素材，在“效果控件”面板中，选中“位置”参数，调整合适的位置，如图 5-77 所示。

⑧选中 V1 轨道素材，在“效果控件”面板中，调整“裁剪”特效“顶部”及“羽化”参数，如图 5-78 所示。

⑨全选 V1 和 V2 轨道素材，鼠标右键单击选中“嵌套”，如图 5-79 所示。

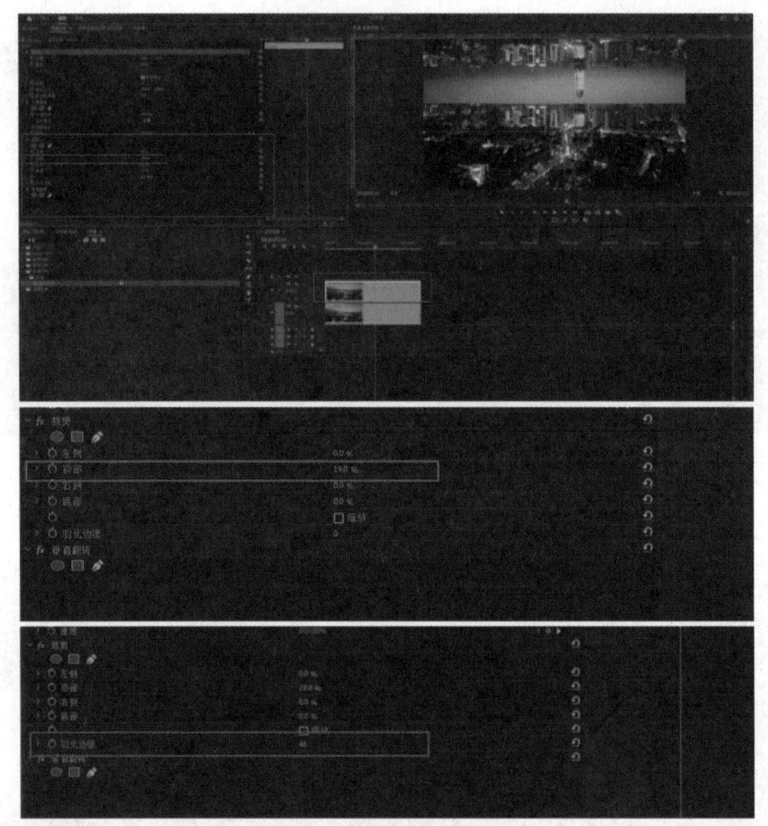

图 5-76　设置“裁剪”特效参数

图 5-77　调整“位置”参数

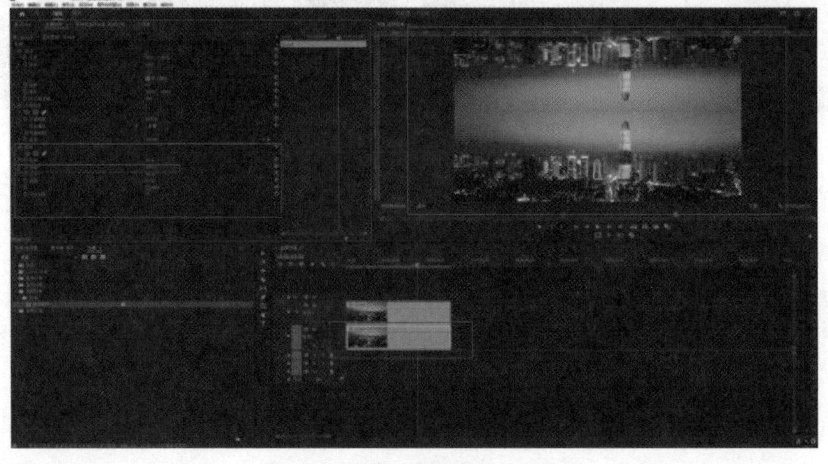

图 5-78 调整“裁剪”特效参数

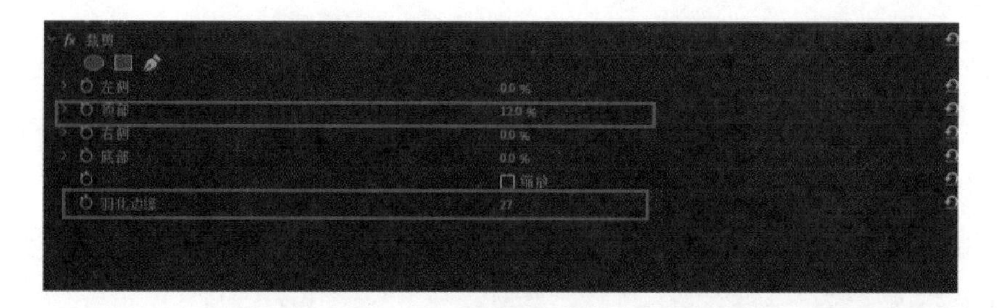

续图

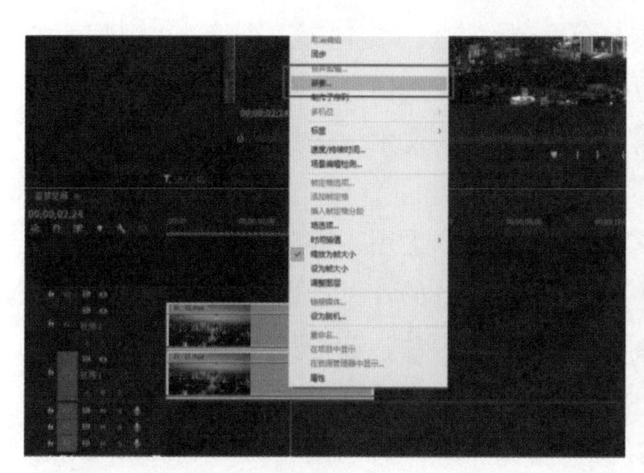
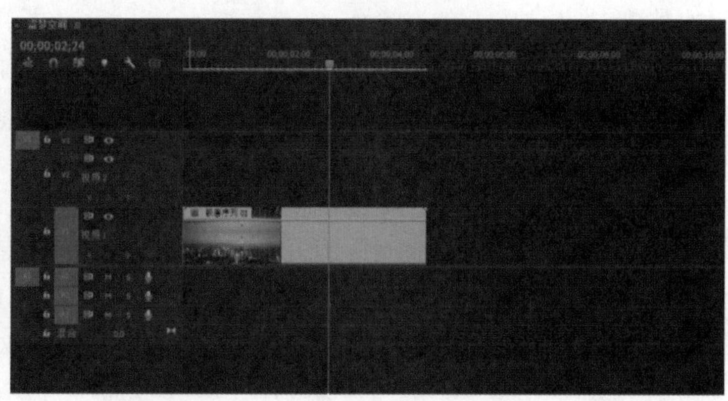

图 5-79　“嵌套”素材

⑩ 选中 V1 轨道上的素材，在“效果控件”面板设置“旋转”参数，入点与出点分别为 -3 和 -6，制作“关键帧”动画，同时设置“缩放”参数为 110%，以放大画面，消除穿帮镜头，如图 5-80 所示。

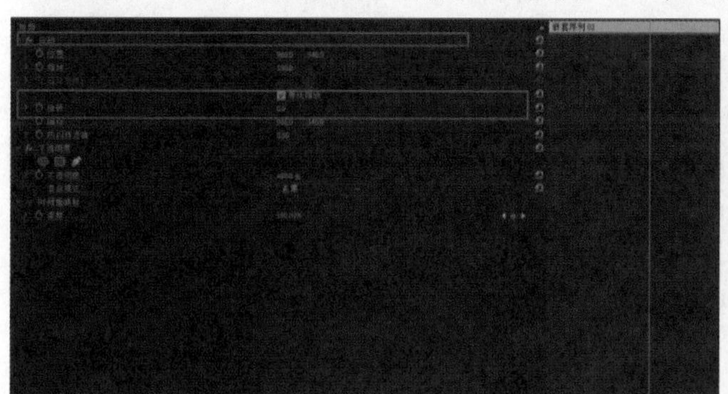
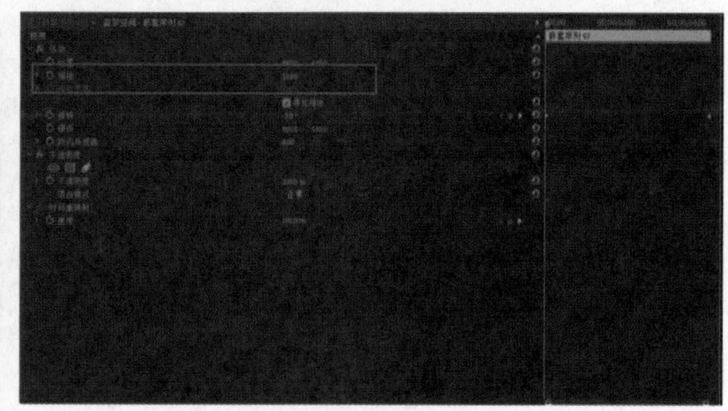

图 5-80　设置“效果控件”面板参数

⑪ 使用快捷键 Ctrl+M，渲染输出视频，如图 5-81 所示。

图 5-81　渲染输出视频

不可不知的新技术（新增）——全息 VR 视频

全景 VR 视频，顾名思义就是能够使我们看到拍摄点周围 360° 景致的视频。传统视频拍摄受限于镜头视角，所以我们只能看到镜头前方 180° 内的景物。而全景 VR 视频能够看到周围 360° 各个角度的一切景物，用户能够更加全面的观赏视频拍摄场景，并且可以通过鼠标自主调整观看角度，为用户带来良好的沉浸感和体验感，仿佛来到拍摄现场，近距离感受周边的美景。

全景 VR 视频是全景摄像机多角度的实时拍摄出来的。这种相机具有多个镜头，能够同时拍摄不同角度的景物，最后拍摄好的视频通过软件剪辑加工后，就成了我们所看到的全景 VR 视频。全景 VR 视频的拍摄不同于传统视频拍摄，不仅需要注意镜头前面还要注意周围各个角度，在选择点位时要考虑到各个角度的不同视野变化。同时还要注意全景相机的拍摄视角要符合人们正常观看的视角，避免出现镜头俯视和仰视的情况，影响用户体验。

视频拍摄完毕后要对视频进行剪辑加工。拍摄好的视频素材不能直接拿去用，需要先审核视频内容，从中挑选内容合适和画质优良的镜头，将挑选出来的镜头组接起来构成完整的片子，这一过程称为粗剪。在粗剪的基础上进行仔细分析、反复比较，然后调整有关画面组合成新的影片，这一步称为精剪。反复调整并优化完善之后，就可以添加字幕配音、动画特效、互动节点了，到这一步才算成片。制作完成后还要导出视频并且进行测试。确定视频没有问题以后，就可以选择将视频发布美团、飞猪、携程等全景展示平台上和其他人分享。

模块六　巧妙的解释——字幕和图形

字幕是影视制作中重要的信息表现元素，使用标题字幕可以使影片更为完整。图形可以用作文字的底纹，丰富画面，使文字信息更加显眼、集中，进而增强文字的可读性，如制作节目包装、片头片尾图形动画、画面装饰图形、动态Logo展示等。本模块将针对字幕和图形的制作方法以及字幕的高级应用进行详细的介绍。

- 任务1　《祖国啊，我亲爱的祖国》诗朗诵
- 任务2　制作“早闻天下”栏目包装效果

岗位能力

掌握编辑与修饰字幕和图形的方法与技巧，熟悉字幕和图形的创建方式，掌握创建运动字幕的技巧，提高设计创作的能力。

学习目标

1. 知识目标

了解字幕与图形的排版与设计。

掌握字幕与图形的创建方法。

掌握字幕与图形的编辑方法。

2. 能力目标

具备图形和字幕的创意与制作能力。

具备对特效字体的创造能力与审美能力。

任务　《祖国啊，我亲爱的祖国》诗朗诵

学习情境

一批才华横溢的新一代诗人，站在前人的肩膀之上，吸纳着几千年诗歌的营养，借鉴国外诗意手法，感受着新时代的清新气息，创作了一大批新时代的华章，装点了中国以及世界诗坛。欣赏这些诗，我们会得到另一种美的熏陶，另一种情的感染，另一种文化的营养。本次任务我们为当代探索诗歌《祖国啊，我亲爱的祖国》诗朗诵制作字幕效果（图6–1）。

图6–1　效果图

操作步骤指引

1. 新建项目，导入素材

① 启动 Adobe Premiere Pro 2023，打开“主页”界面，单击“新建项目”按钮，进入“导入”模式界面，在“项目名”文本框中输入“诗朗诵”，在“项目位置”选择项目保存的位置，单击“创建”按钮，进入“编辑”模式界面。

②双击“项目”面板的空白处，打开“导入”对话框，分别将“背景 .mp4”“bgmusic.mp3”和“langsong.mp3”文件导入“项目”面板中，如图 6–2 所示。

图 6–2　导入素材

2. 基于素材新建序列，添加音频

① 拖动“项目”面板上“背景 .mp4”到“项目”面板底部的“新建项”按钮上，可在“项目”面板中新建“背景”序列，在“项目”面板上“背景”序列的名称处双击，出现反白框，输入“合成”，将序列改名为“合成”，“项目”面板和“时间轴”面板如图 6–3 所示。

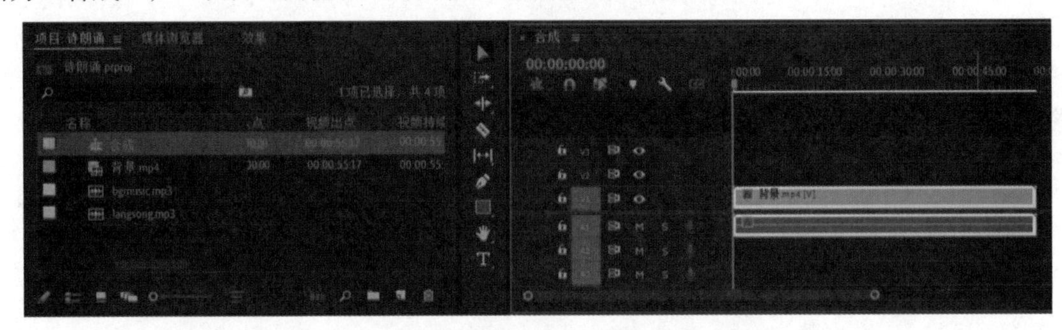

图 6–3　新建序列并改名为“合成”

②右击 V1 轨道的“背景”素材，选择“取消链接”，取消音视频链接，删除音频部分。将“项目”面板中的“bgmusic.mp3”拖拽到 A1 轨道中，将时间指针定位到“00:00:17:15”处，将“bgmusic.mp3”拖拽到 A2 轨道中，如图 6–4 所示。

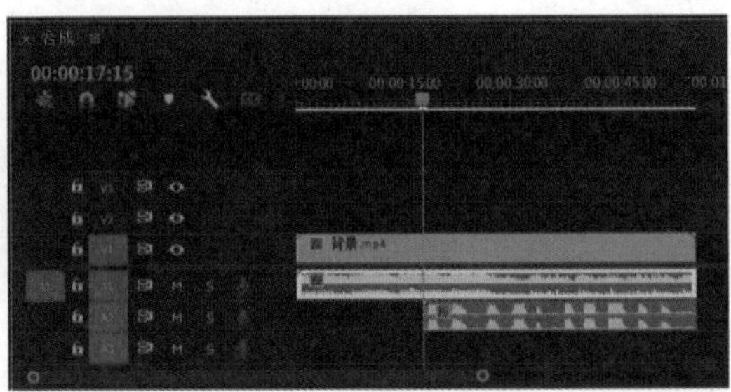

图 6–4　添加音频素材

3. 添加片头字幕

① 将时间指针定位到“00:00:02:00”处，使用“文字工具”在“节目”面板中输入“祖国啊，我亲爱的祖国”，将其持续时间设为 14 秒，选择菜单“窗口→基本图形”命令，打开“基本图形”面板，在“基本图形”面板“编辑”选项卡中设置文本字体为“思源黑体 CN”，字体大小为“150”，按下“仿粗体”按钮，“填充”颜色为“红色”，勾选“描边”，设置颜色为“黄色”，描边宽度为“5”，勾选“阴影”，如图 6-5 所示。文字设置效果如图 6-6 所示。

图 6-5　“文本”参数设置

图 6-6　文字设置效果

②右击 V2 轨道中的“图形”，选择“嵌套…”，在弹出的“嵌套序列名称”对话框中输入名称为“片头字幕”，点击“确定”，双击“片头字幕”序列，切换到“片头字幕”序列中，选中“文字图形”，在“特效控件”面板中点击“缩放”和“不透明度”前的“切换动画”开关，设置 0 秒处“缩放”为 0，“不透明度”为 0，2 秒处“缩放”为 100，“不透明度”为 100%，在出点处添加“交叉缩放”视频过渡。

③选中“文字图形”，在“效果”面板中选择“视频效果→模糊与锐化→高斯模糊”，双击特效添加至选中“文字图形”，在“效果控件”面板中，按下“模糊度”前的“切换动画”开关，设置 0 秒的“模糊度”为 200，设置 2 秒的“模糊度”为 0，设置 12 秒的“模糊度” 为 0，设置 13 秒 23 帧的“模糊度”为 200，设置如图 6-7 所示。

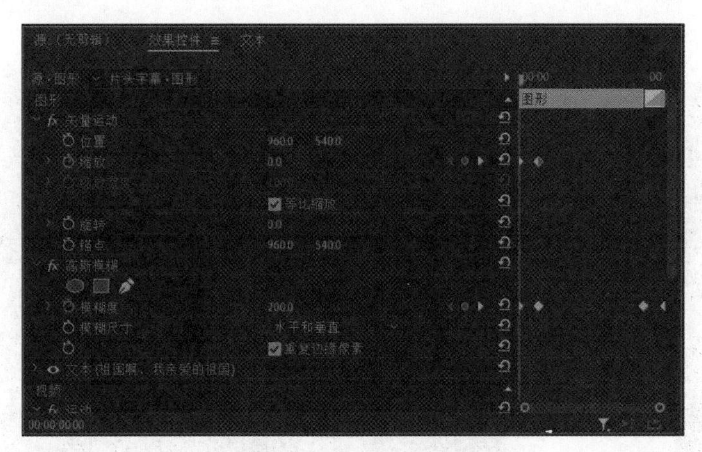

图 6-7　高斯模糊参数设置

④为“文字图形”添加“视频效果→扭曲→湍流置换”视频特效，在“效果控件”面板中，在 0 秒和

13 秒 23 帧处设置“数量”为 1200，“大小”为 25，“偏移”为 500、168，“复杂度”为 5，“演化”为 90，如图 6-8 所示。在 2 秒和 13 秒 23 帧处设置“数量”为 0，“大小”为 2，“演化”为 0。

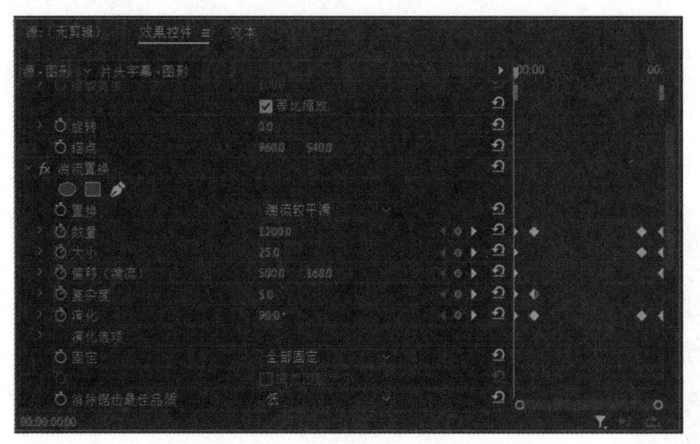

图 6-8 “湍流置换”参数设置

4. 通过转录序列添加字幕

①双击“项目”面板上“合成”序列，切换到“合成”序列，选中 A2 轨道中的“bgmusic.mp3”，选择菜单“窗口→文本”命令，在“文本”面板，点击转录序列按钮，在弹出的“创建转录文本”对话框中，设置语言为“简体中文”，音轨正常为“音频 2”，如图 6-9 所示，点击转录，等待转录，完成后出现如图 6-10 所示的“转录文本”面板，在文字处双击可以更改不正确的文字。

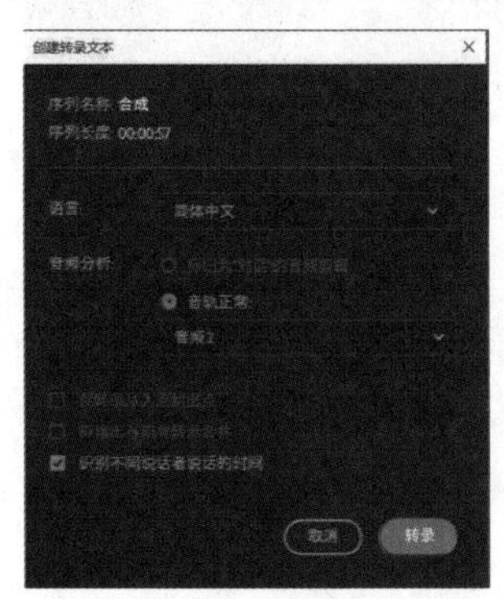

图 6-9 “创建转录文本”对话框

图 6-10 “转录文本”面板

②在“转录文本”面板中点击“创建说明性字幕”按钮，在弹出的如图 6-11 所示的“创建字幕”对话框中，设置“最大长度”为 16，点击“创建”按钮，“字幕”面板如图 6-12 所示，“时间轴”面板中“合成”序列会新建 C1 轨道，如图 6-13 所示。

图 6-11 “创建字幕”对话框

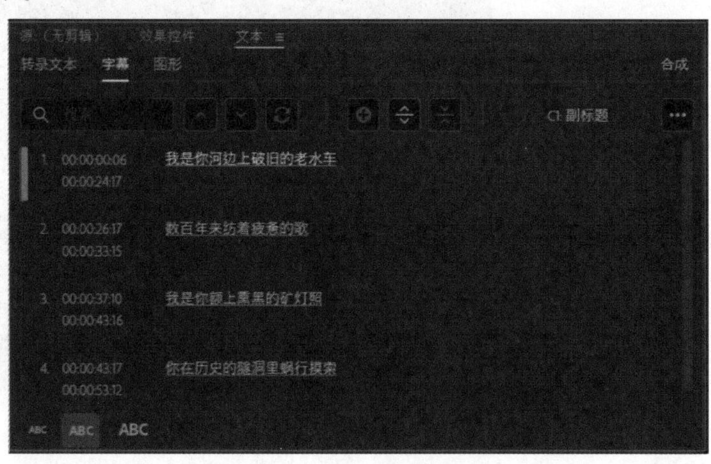

图 6-12 “字幕”面板

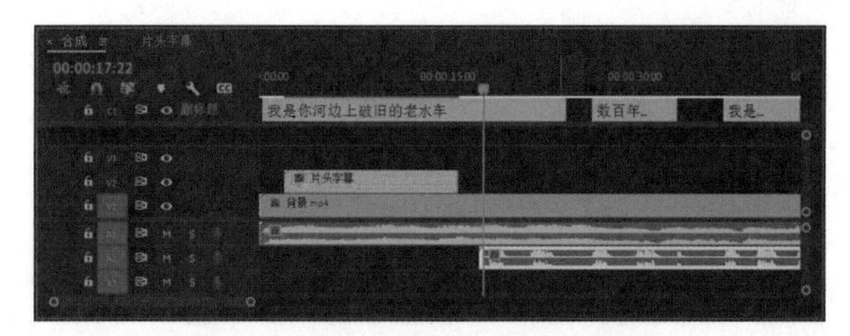

图 6-13　添加字幕后的“合成”序列

③在“字幕”面板中双击字幕 3 将“照”字删除，双击字幕 4 将“照”字输入，将时间指针定位到“00:00:17:22”处，将在 C1 轨道中“我是你河边上破旧的老水车”字幕的入点拖拽到此处，如图 6-14 所示。

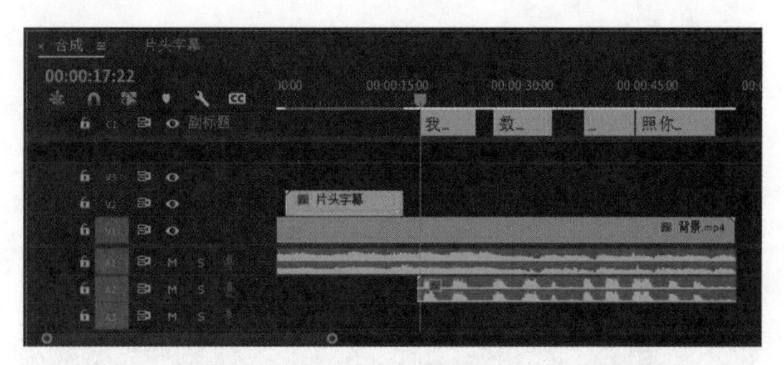

图 6-14　调整“我是你河边上破旧的老水车”字幕的入点

④按住 Shift 键依次选中 C1 轨道所有字幕，在“基本图形”设置文本字体为“思源黑体 CN”，字体大小为 50，设置“对齐并变换”，“设置垂直位置”为 -60，勾选“描边”，设置颜色为“黑色”，描边宽度为 2，勾选“阴影”，设置颜色为“黑色”，如图 6-15 所示，字幕效果如图 6-16 所示。

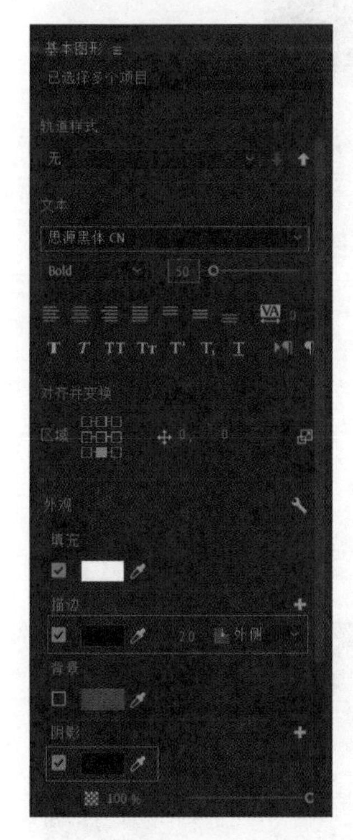

图 6-15　设置字幕大小和位置

图 6-16　设置字幕效果

5. 制作片尾字幕

①将时间指针定位到“00:00:55:18”处，将“项目”面板上的“片尾背景 .mov”拖拽到 V1 轨道中，将“1.mp4”拖拽到 V2 轨道中，“合成”序列如图 6-17 所示。

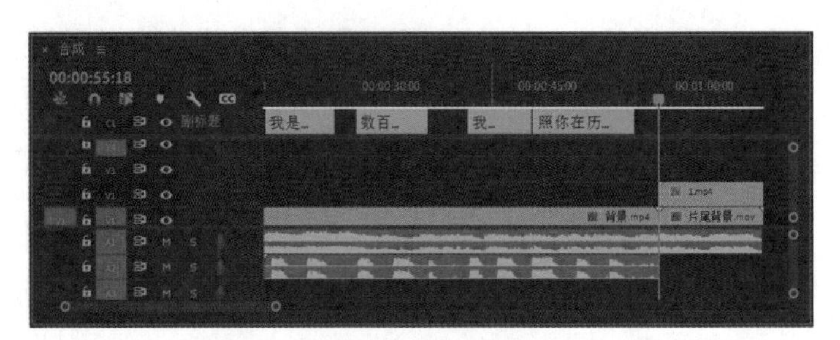

图 6-17 添加素材后的“合成”序列

②选中“1.mp4”，在“效果控件”面板中点击“位置”和“缩放”前的“切换动画”开关，设置“00:00:58:18”处“位置”为 960、540，“缩放”为 100，设置“00:01:00:18”处“位置”为 1249、540、“缩放”为 58。为“1.mp4”添加“基本 3D”视频效果，在“效果控件”面板中点击“基本 3D”效果“旋转”前的“切换动画”开关，设置“00:00:58:18”处“旋转”为 0，设置“00:01:00:18”处“旋转”为 32，如图 6-18 所示。

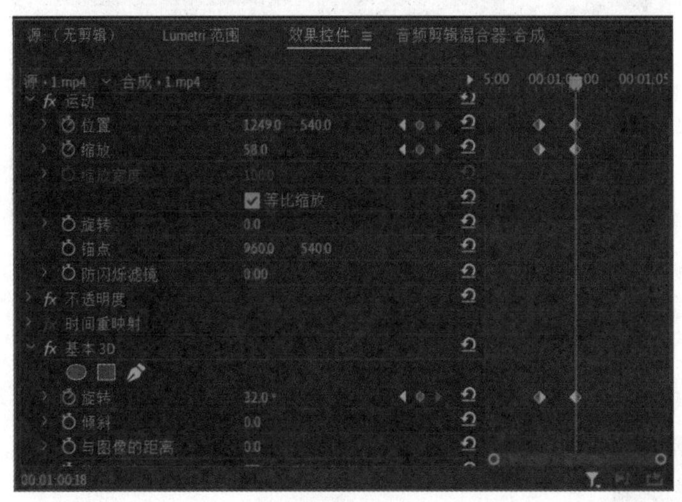

图 6-18 “效果控件”面板中参数设置

③将时间指针定位到“00:01:01:02”处，选择“横排文字”工具在“界面”拖拽绘制文本框，输入“作者：舒婷 朗诵：康先杰 制片人：孟凡龙 监制：刘海波 策划：李宏霞”文本，在“基本图形”面板“编辑”选项卡中设置文本字体为“思源黑体 CN”，字体大小为 55，勾选“描边”，设置颜色为“黑色”，描边宽度为 4，勾选“阴影”，如图 6-19 所示。文字设置效果如图 6-20 所示。

图 6-19 文字外观设置

图 6-20 文字设置效果

④选中 V3 轨道中的文本层，注意不要选中“节目”面板中的文字，在“基本图形”面板“编辑”选项卡中勾选“滚动”，如图 6–21 所示。

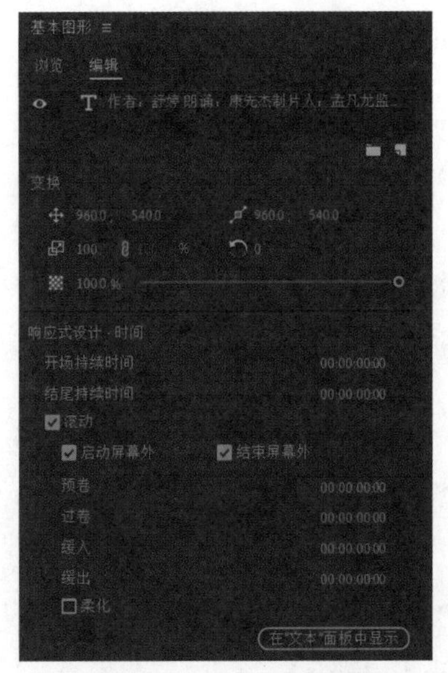

图 6–21　勾选“滚动”选项

6. 导出视频

①使用快捷键 Ctrl+M，弹出“导出”对话框，修改名称和导出位置，格式选择“H.264”，具体设置如图 6–22 所示。

图 6–22　设置“导出”对话框参数

②点击“导出”完成输出。

岗位技能储备——
字幕图形的技能要点

岗位知识储备——
字幕制作的基本常识

中华传统文化——书法

书法是中国及深受中国文化影响的周边国家和地区特有的一种文字美的艺术表现形式。而中国书法是中国汉字特有的一种传统艺术。

狭义而言，书法是指用毛笔书写汉字的方法和规律，包括执笔、运笔、点画、结构、布局（分布、行次、章法）等内容。例如，执笔指实掌虚，五指齐力；运笔中锋铺毫；点画意到笔随，润峭相同；结构以字立形，相安呼应。

广义而言，书法是指文字符号的书写法则。换言之，书法是指按照文字特点及其含义，以其书体笔法、结构和章法书写，使之成为富有美感的艺术作品。汉字书法为汉族独创的表现艺术，被誉为无言的诗、无行的舞、无图的画、无声的乐等。

中国书法的五种主要书体有篆书体（包含大篆、小篆）、隶书体（包含古隶、今隶）、楷书体（包含魏碑、正楷）、行书体（包含行楷、行草）和草书体（包含章草、小草、大草、标准草书）。

拓展任务　制作“早闻天下”栏目包装效果

学习情境

某电视台现需要打造一个名为“早闻天下”的新闻栏目。为突出该栏目的特色，提高栏目的辨识度，特制作栏目包装宣传效果，要求将提供的音视频素材应用到栏目的包装效果中，从艺术性、原创性和功能性方面来进行制作，从而能在提高收视、吸引观众和反映生活及表达情感方面有更好的效果。最终效果要醒目、简洁、特点突出，其内容要有正确的舆论导向，使栏目更具有可观价值，更能吸引观众。效果图见图 6-23。

图 6-23　效果图

操作步骤指引

1. 制作片头

①启动 Adobe Premiere Pro 2023，打开“主页”界面，单击“新建项目”按钮，进入“导入”界面，在“项目名”文本框中输入“早闻天下”，在“项目位置”选择项目保存的位置，如图 6-24 所示，单击“创建”，进入“编辑”模式界面。

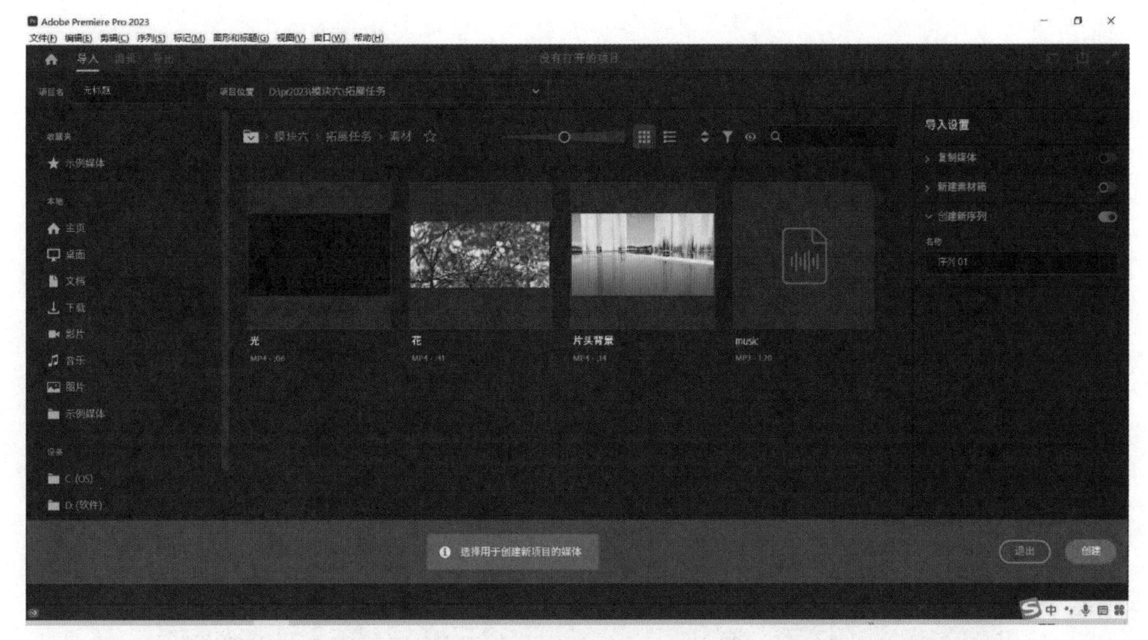

图 6-24　“导入”模式界面

②使用快捷键 Ctrl+I 打开“导入”对话框，分别将“片头”“片头背景 .mp4”“花 .mp4”和“music. mp3”文件导入“项目”面板，如图 6-25 所示。

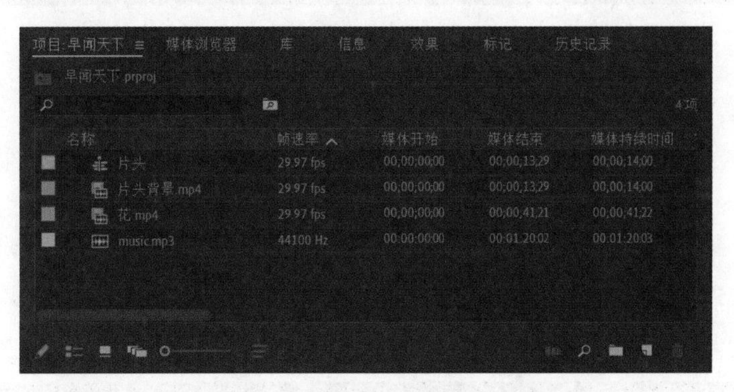

图 6-25　导入素材后的“项目”面板

③拖动“片头背景 .mp4”到“项目”面板底部的“新建项”按钮上，可在“项目”面板中新建“片头背景”序列，在“项目”面板上“片头背景”序列的名称处双击，出现反白框，输入“片头”，将序列改名为“片头”，“项目”面板和“时间轴”面板如图 6-26 所示。

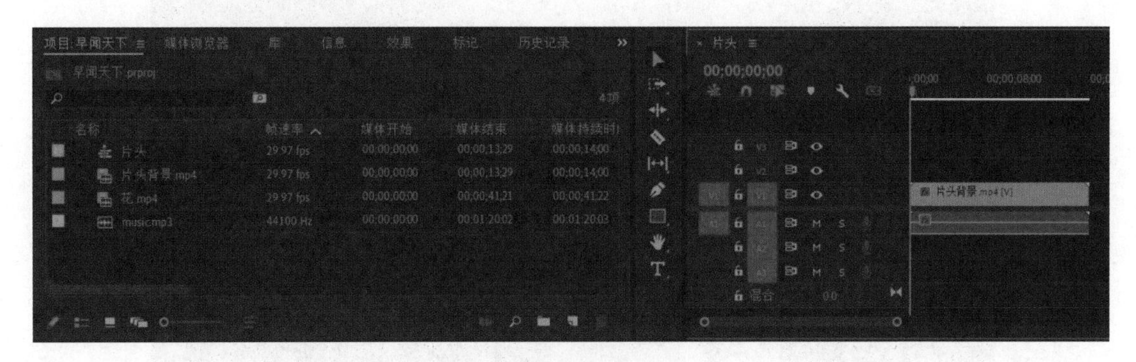

图 6-26　新建序列并改名为“片头”

④将时间指示器移动到“00:00:08:15”位置，使用“文字工具”在“节目”面板中输入“早闻天下”，更改持续时间为 5 秒 15 帧，选择菜单“窗口→基本图形”命令，打开“基本图形”面板，在“基本图形”

面板“编辑”选项卡中设置文本字体为“方正大标宋简体”，字体大小为 230，按下“仿粗体”按钮 **T**，单击“填充”项的颜色块，在弹出的“拾色器”对话框中选择“线性渐变”，渐变颜色为“# F2BF7C ~ # F7A53B”，勾选“描边”，设置颜色为 ECEA98，描边宽度为 10，勾选“阴影”，设置文字及效果如图 6-27 所示。

图 6-27 设置文字及效果

⑤将“裁剪”视频效果应用到 V2 轨道的“早闻天下”素材上，在“效果控件”面板设置“裁剪”效果，按下右侧前的切换动画按钮，分别添加一个关键帧，设置参数为 72.0%；将时间指示针移动到“00:00:10:00”位置，设置右侧参数为 0。

⑥使用“文字工具”在“节目”面板中输入“Morning News”，更改持续时间为 5 秒 15 帧，在“基本图形”面板“编辑”选项卡中设置文本字体为“方正大标宋简体”，字体大小为 125，勾选“描边”，描边宽度为 2，勾选“阴影”，英文文字及效果如图 6-28 所示。

图 6-28 英文文字效果

⑦选中 V2 轨道中的“早闻天下”和 V3 轨道中的“Morning News”，右键选择“嵌套”，在弹出的“嵌套序列名称”对话框中的名称输入“片头文字”，单击“确定”按钮。

2. 制作片中部分

①按快捷键 Ctrl+N，在弹出的“序列预设”对话框中，选择“设置”选项卡，选择“编辑模式”为“自定义”，设置“帧大小”为 1920，“水平”为 1080，序列名称输入“片中”，如图 6-29 所示，单击“确定”。

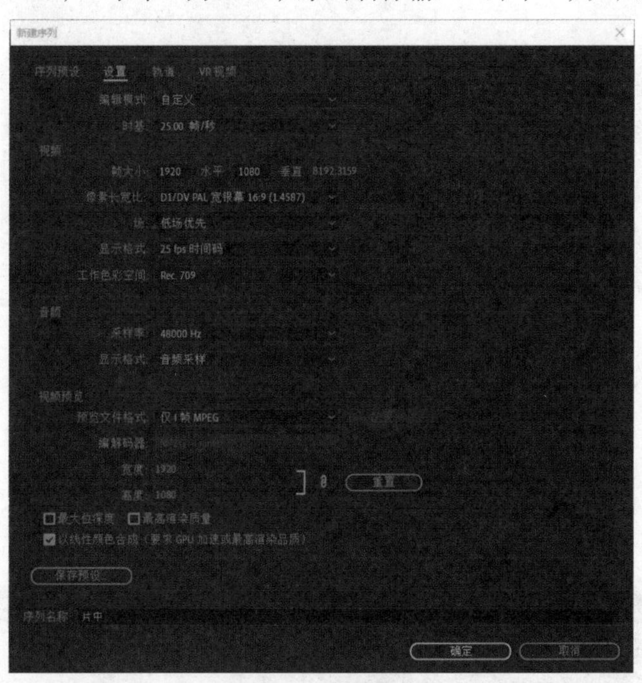

图 6-29　新建序列

②将“项目”面板上的“花 .mp4”拖放到 V1 轨道上，添加“交叉溶解”视频过渡效果。

③在“基本图形”面板“浏览”选项卡选择“新闻下方三分之一靠左”拖拽到 V2 视频轨道上的“00:00:00:00”处，如图 6-30 所示。

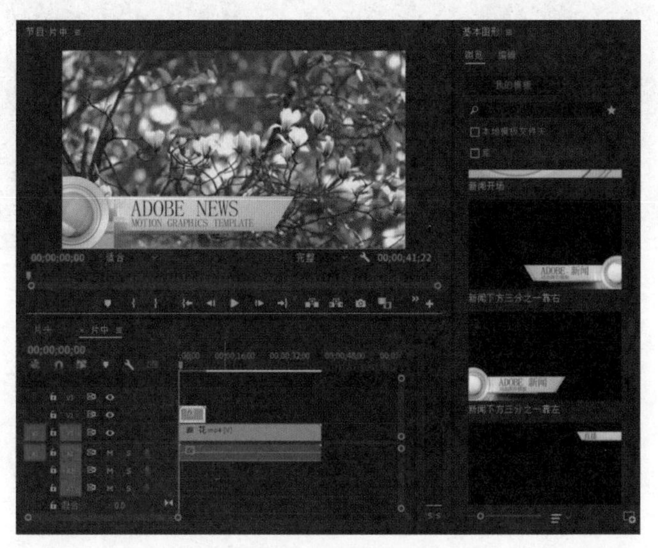

图 6-30　添加本态模板

④使用“选取工具”选中“节目”面板中的文字，在“基本图形”面板“编辑”选项卡中，设置文本的主标题为“花开中国 畅享春光”，字体为“思源黑体 CN”，删除次标题，主文本颜色为 011548，主标题文字效果如图 6-31 所示。

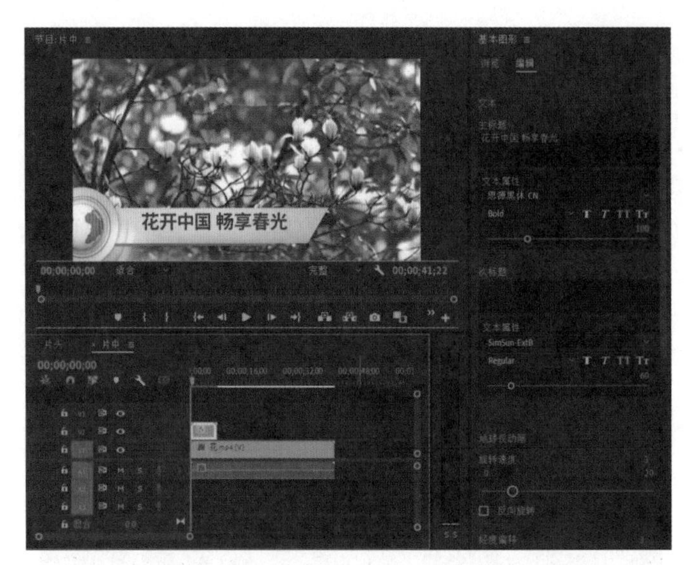

图 6-31　主标题文字效果

⑤选中 V2 轨道上的图形，使用快捷键 Ctrl+C 复制，将时间指针移动到 8 秒、16 秒和 24 秒处，使用快捷键 Ctrl+V 进行粘贴。

⑥将“项目面板”上“片头文字”序列拖拽到 V3 轨道上，将持续时间更改为 32 秒，在“效果控件”面板上设置“位置”为 45、913，“缩放”为 15，设置“片头文字”序列及效果如图 6-32 所示。

图 6-32　设置“片头文字”序列及效果

3. 制作片尾部分

①使用“剃刀工具”在 32 秒处将“花 .mp4”剪切，右键点击后一段视频，选择“嵌套”，在弹出的“嵌套序列名称”对话框中的名称输入“片尾”，单击“确定”按钮。

②使用“矩形工具”在“节目”面板绘制两个矩形，填充色分别设为“#05113B”和“#D0D5E6”，效果如图 6-33 所示。

③单击 V2 轨道前的“切换轨道锁定”按钮，再使用“矩形工具”绘制一个小矩形，填充色设为“#05113B”，效果如图 6-34 所示。选中 V3 轨道中的图形，按住 Alt 键向上拖动到 V4 轨道和 V5 轨道中，在“节目”面板中选中图形，在“基本图形”面板中设置 V4 轨道的图形“位置”为 960、844，V5 轨道的图形“位置”为 1705、844，效果如图 6-35 所示。

图 6-33　绘制矩形

图 6-34　绘制小矩形

图 6-35　复制并设置小矩形

④单击 V3、V4、V5 轨道前的“切换轨道锁定”按钮，锁定轨道，新建 V6 轨道，使用“文字工具”在“节目”面板中输入“导演、策划、剪辑”等文字，效果如图 6-36 所示，修改持续时间为 9 秒 21 帧。

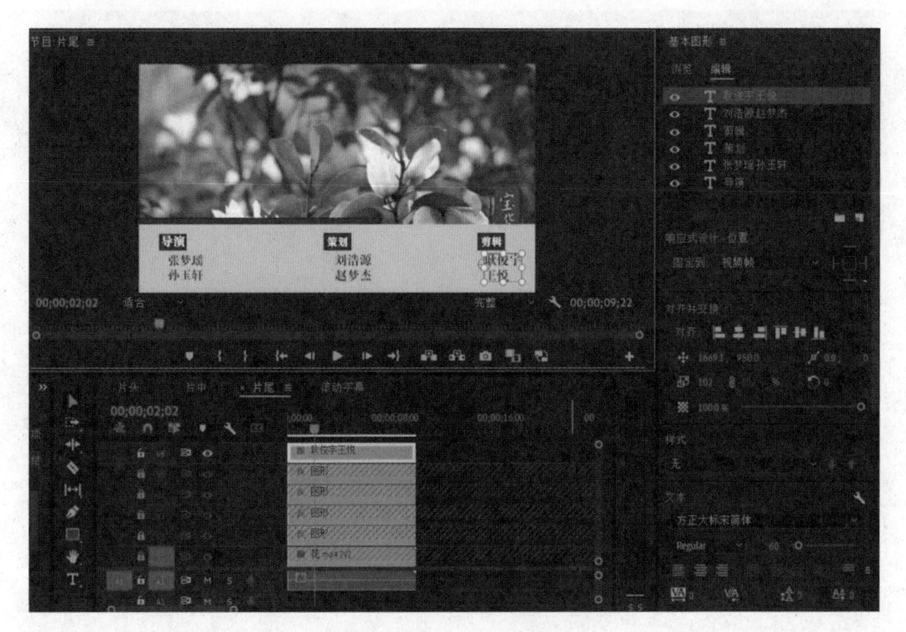

图 6-36　输入设置文字

⑤将锁定的轨道解锁，选中 V3、V4、V5、V6 轨道中的图形，右键选择“嵌套”，在弹出的“嵌套序列名称”

对话框中的名称输入“滚动字幕”，单击“确定”按钮。

⑥选中“滚动字幕”序列，在“效果控件”面板中设置“00:00:00:00”处“位置”为 2790、540，9 秒处位置为 -905、540。

4. 制作合成效果

①将“片头”序列拖动到“项目”面板底部的“新建项”按钮上，可在“项目”面板中新建“片头”序列，将序列改名为“合成”，将“片中”序列拖放到 V1 轨道“片头”序列的出点处，添加“交叉溶解”视频过渡效果。

②将“music.mp3”拖放到“合成”序列的 A1 轨道中，使用工具栏中的“重新混合工具”在 A1 轨道中“music.mp3”出点处向左拖拽到“00:00:55:21”处，使用“剃刀工具”剪辑长于视频的部分，“合成”序列如图 6-37 所示。

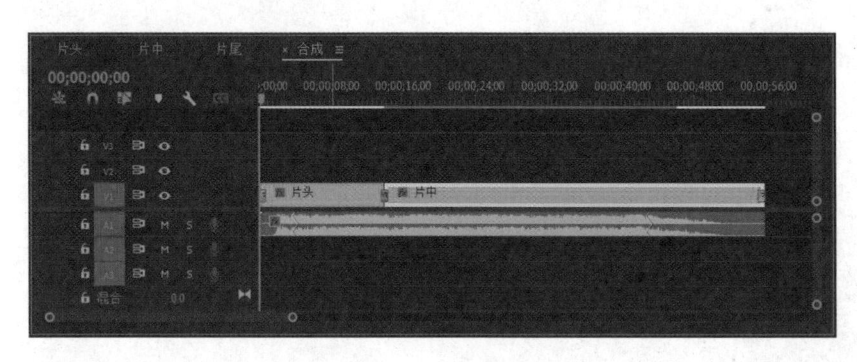

图 6-37 “合成”序列

5. 导出视频

①使用快捷键 Ctrl+M，弹出“导出对话框”，修改名称和导出位置，格式选择“H.264”，具体设置如图 6-38 所示。

②点击“导出”完成输出。

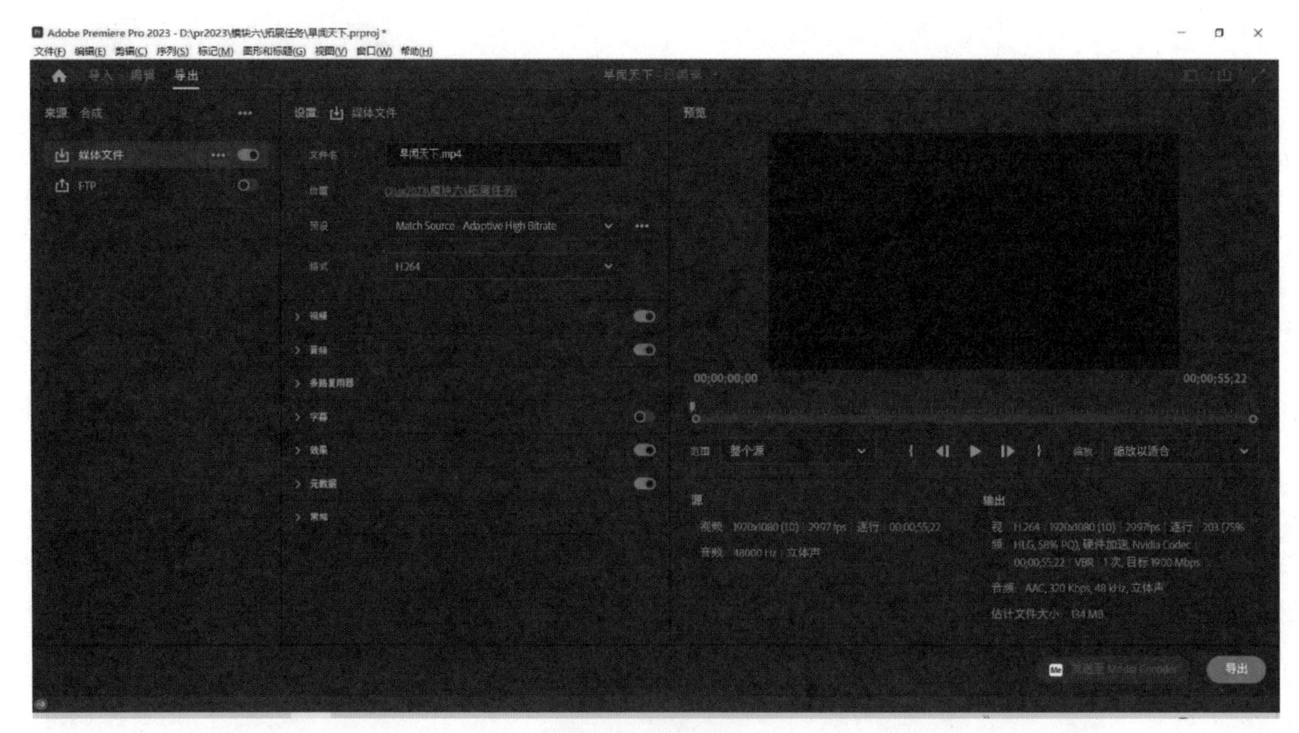

图 6-38 导出视频

不可不知的新技术——虚拟演播室

虚拟演播室是一种独特的电视节目制作技术，实质是将计算机制作的虚拟三维场景与电视摄像机现场拍摄的人物活动图像进行数字化的实时合成，使人物与虚拟背景能够同步变化，从而实现两者的融合，以获得完美的合成画面。

虚拟演播室是一种全新的电视节目制作工具，虚拟演播室技术包括摄像机跟踪技术、计算机虚拟场景设计、色键技术、灯光技术等。虚拟演播室技术是在传统色键抠像技术的基础上，充分利用了计算机三维图形技术和视频合成技术，根据摄像机的位置与参数，使三维虚拟场景的透视关系与前景保持一致，经过色键合成后，使得前景中的主持人看起来完全处于计算机所产生的三维虚拟场景中，而且能在其中运动，从而创造出逼真的、立体感很强的电视演播室效果。

采用虚拟演播室技术，可以制作出任何想象中的布景和道具，无论是静态的，还是动态的，无论是现实存在的，还是虚拟的，其效果依赖于设计者的想象力和三维软件设计者的水平。许多真实演播室无法实现的效果，对于虚拟演播室来说却是“小菜一碟”。例如，在演播室内搭建摩天大厦，演员在月球进行“实况”转播，演播室里刮起了龙卷风等。有的电视台已经起用了虚拟主持人，他们不仅可以配合真人主持人主持节目，而且可以单独主持节目。这些都是虚拟演播室创造性的体现。

三维虚拟演播室的跟踪技术有 4 种方式可以实现：网格跟踪技术、传感器跟踪技术、红外跟踪技术、超声波跟踪技术。其基本原理都是采用图形或者机械的方法，获得摄像机的参数，包括摄像机的 X、Y、Z 位置参数，云台参数和镜头参数，由于每一帧虚拟背景只有 20ms 的绘制时间，所以要求图形工作站实时渲染能力非常强大，对摄像机的运动没有更多的限制，一般适合专业电视台等对节目制作要求较高的用户使用。

模块七 给视频加点“盐”——音频制作

Adobe Premiere Pro 2023 处理音频的一般操作有添加音频剪辑、录制旁白、调整音量、设置渐强渐弱过渡效果、添加音频特效、制作混响、降噪处理等。具体来说，我们可以使用 Adobe Premiere Pro 2023 处理音频以实现营造氛围、渲染情绪、卡点、转场、创造节奏、创造记忆点、增加画外信息等效果。

本模块使用 Adobe Premiere Pro 2023 音频处理功能完成任务。

- 任务 1 “大美中国”短片制作
- 任务 2 “诗配乐”短片制作
- 拓展任务 虚拟现实

岗位能力

了解 Adobe Premiere Pro 2023 中音频类型与功能，熟悉音频的基本操作，提高应用音频特效的能力，通过调整音频制作出丰富的音画效果。

项目目标

1. 知识目标

熟练掌握音频的基本操作方法。

熟练掌握音频过渡效果与特效的设置。

2. 能力目标

具备创建基本音频效果的能力。

具备音频效果创意的制作能力。

任务 1 “大美中国”短片制作

学习情境

正是由于践行绿水青山就是金山银山的理念，尊重自然、顺应自然、保护自然，祖国的锦绣河山才更加气象万千，雄伟壮丽。这样美的祖国，怎能不好好游览一番，拿起你手中的相机，拍下祖国山川美景，来一场视觉盛宴，愉悦身心，感悟生活之美好（图 7–1）。

图 7–1 “大美中国”短片展示视频效果图

操作步骤指引

1. 新建文档

选择“文件→新建→项目”命令，新建一个项目，文件名为“大美中国”，选择合适的素材，单击“创建”按钮，如图 7–2 所示。

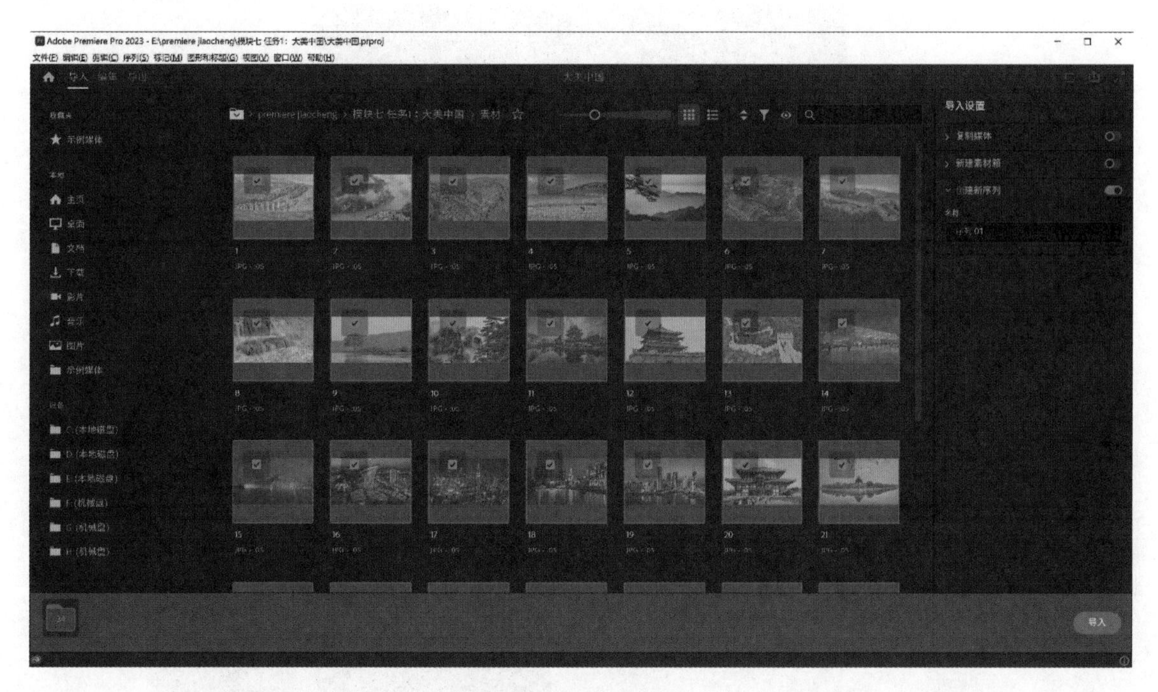

图 7–2　新建项目并选择素材

2. 制作音画同步效果

① 将时间指示器拖动到“00:00:00:00”处，在项目窗口中选择“卡点音乐 1”素材拖放到 A1 轨道紧贴时间指示线。试听音乐，注意“咔嚓”声，同时左键双击 A1 轨道左端空白处放大轨道，观察音频的起伏图。打开“效果”窗口，选择“音频过渡→交叉淡化→恒定功率”应用到音频素材的两端，如图 7–3 所示。

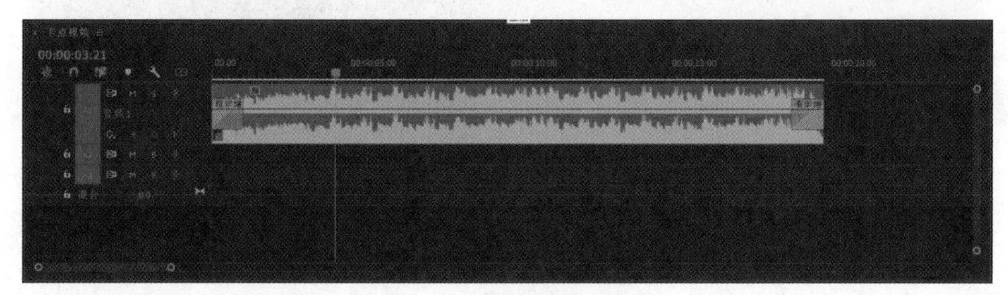

图 7–3　A1 轨道设置效果

② 多试听几次音频便于准确添加标记，从音频开始处播放，听到“咔嚓”声时，使用快捷键 M 在“时间轴”面板添加标记，如图 7–4 所示。

图 7–4　“时间轴”面板添加标记效果

注意：听到声音再按下快捷键 M 添加标记会滞后于实际声音效果，需要再次调整标记位置。

③ 在项目窗口中选择图片素材，将项目窗口的视图显示模式设置为“列表”，便于按名称选择素材。先选择“1.jpg”素材，拖动项目窗口右侧的滚动条到素材“23.jpg”处，按下快捷键 Shift 再选择“23.jpg”素材，完成素材选择，如图 7–5 所示。

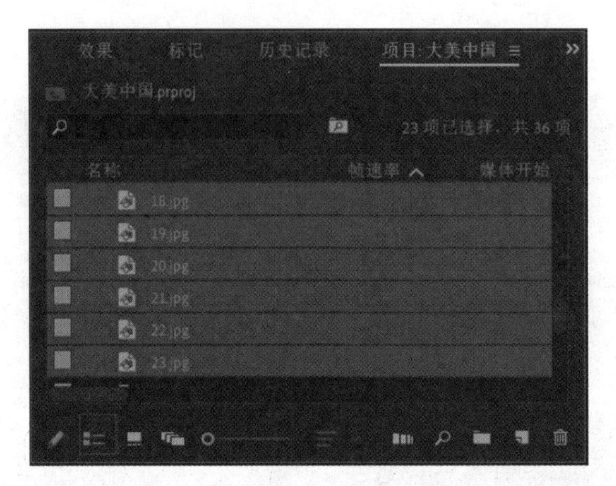

图 7–5　项目窗口选择效果

④ 在窗口菜单依次选择“剪辑→自动匹配序列”，在打开的“序列自动化”窗口中“顺序”参数设置为“选择顺序”，至卡点视频“放置”参数设置为“在未编号标记”，分别如图 7–6、图 7–7 所示。

图 7–6　自动匹配序列命令位置

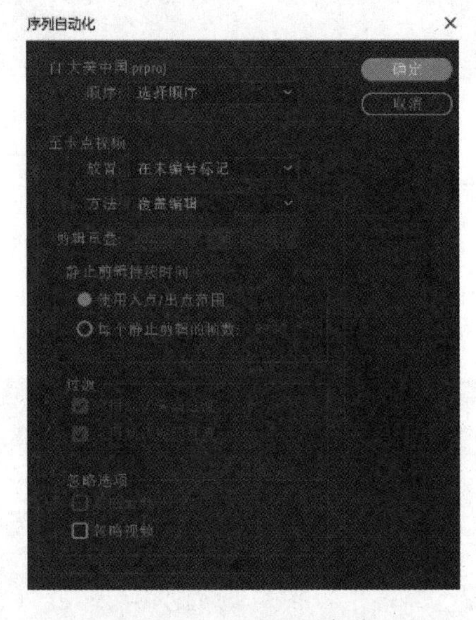

图 7–7　自动匹配设置

⑤ 在“自动匹配序列”面板中其他参数为默认值，点击“确定”按钮，实现“时间轴”面板素材导入，素材根据标记点位置按照选择顺序排列并更改素材长度，如图 7–8 所示。

图 7–8　“自动匹配序列”设置后“时间轴”面板效果

⑥ 在窗口菜单依次选择“编辑→首选项→时间轴”命令，在打开的“首选项”窗口中设置“视频过渡默认持续时间”为 3 帧，如图 7–9 所示。

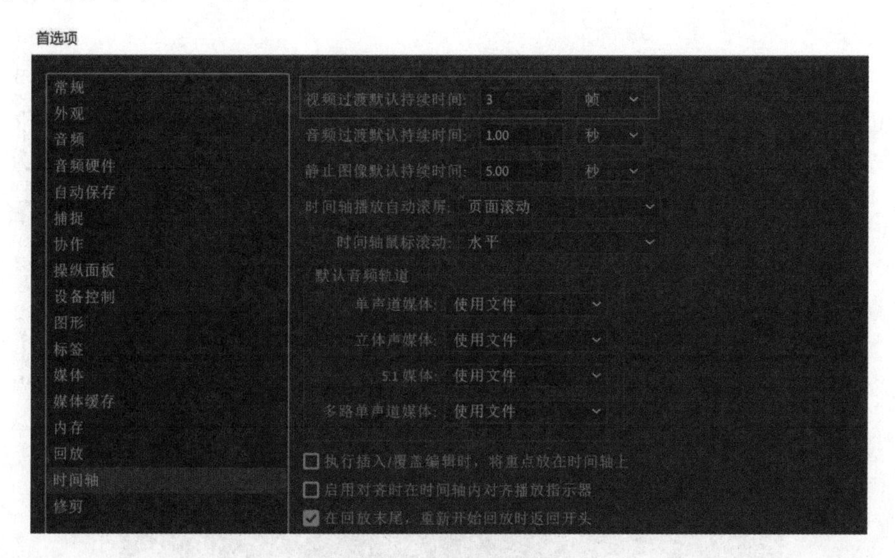

图 7–9　首选项设置效果

⑦ 在“效果”窗口中依次选择“视频过渡→溶解→白场过渡”命令，右键单击并在出现的菜单中选择“将所选过渡设置为默认过渡”。设置方法如图 7–10 所示。

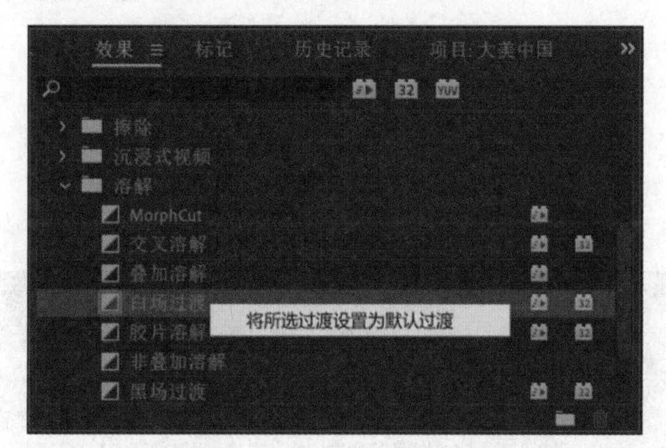

图 7–10　设置默认过渡效果

3. 制作文字效果

① 将时间指示器拖动到“00:00:00:00”处，在项目窗口中选择“24.jpg”素材拖放到 V2 轨道紧贴时间指示线，时间指示器拖动到“00:00:03:21”处，拖动素材右端与时间指示器对齐，如图 7–11 所示。

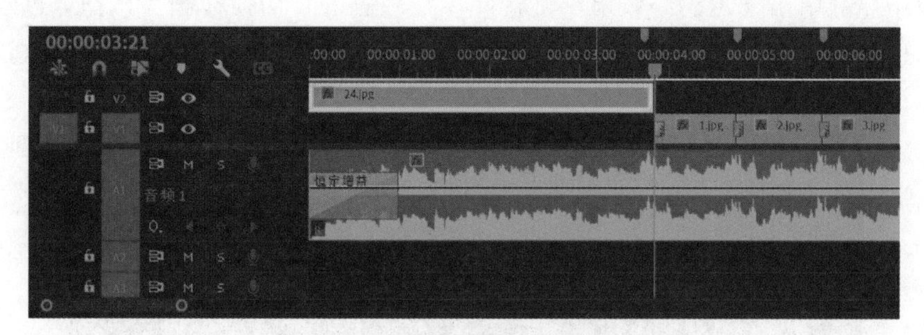

图 7–11　V2 轨道设置效果

② 将时间指示器拖动到“00:00:00:00”处，在项目窗口中选择“大美中国 .psd”素材拖放到 V3 轨道紧贴时间指示线，时间指示器拖动到“00:00:03:21”处，拖动素材右端与时间指示器对齐，在效果控件面板中设置“运动”效果“位置”参数值为 378、150。

③ 将时间指示器移动到“00:00:00:00”处，选择“大美中国 .psd”素材，然后在效果控件面板中分别左键单击“运动”效果“缩放”和“旋转”参数名称左侧的“切换动画”按钮，创建关键帧，并分别设置“缩放”参数值为 0，“旋转”参数值为 0。

④ 将时间指示器移动到“00:00:01:00”处，选择“大美中国 .psd”素材，在效果控件面板中分别设置“缩放”参数值为 100，“旋转”参数值为 0°（图 7–12）；将时间指示器移动到“00:00:01:05”处，设置“旋转”参数值为 –16°；将时间指示器移动到“00:00:01:10”处，设置“旋转”参数值为 16°；将时间指示器移动到“00:00:01:15”处，设置“旋转”参数值为 0°，然后选择“旋转”参数的后三个关键帧右键单击选择“自动贝赛尔曲线”，实现动画的平滑过渡。

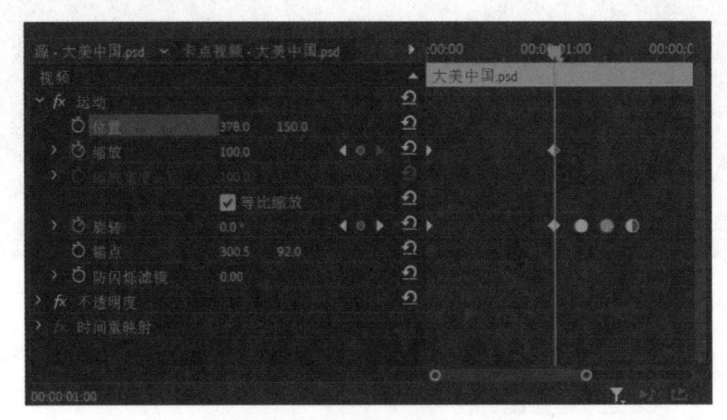

图 7–12 V3 轨道运动参数设置

⑤ 将时间指示器拖动到“00:00:00:00”处，在项目窗口中选择“大家一起来拍照 .psd”素材拖放到 V4 轨道紧贴时间指示线，时间指示器拖动到“00:00:19:03”处，拖动素材右端与时间指示器对齐，如图 7–13 所示。

图 7–13 V4 轨道素材位置效果

⑥ 选择 V4 轨道素材，在效果控件面板中将“位置”参数设置为 10、33，将时间指示器移动到“00:00:01:09”处，效果控件面板中左键单击“运动”效果“旋转”参数左侧的“切换动画”按钮，创建关键帧，将时间指示器移动到“00:00:01:13”处，设置“旋转”参数值为 –8°，时间指示器移动到“00:00:01:17”处，设置“旋转”参数值为 0°，如图 7–14 所示。

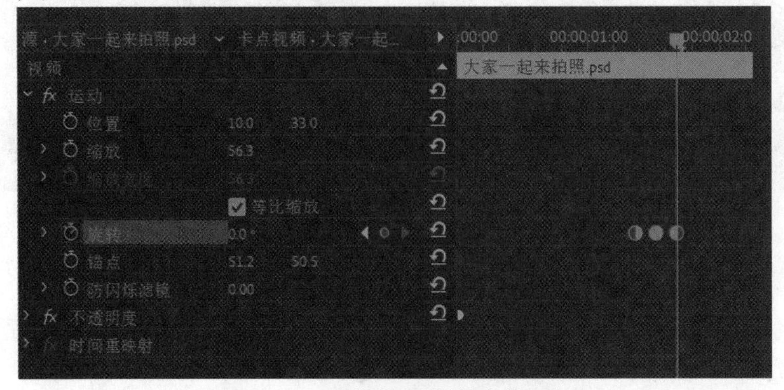

图 7–14 V4 轨道素材旋转参数设置

4. 测试视频短片效果，完善后渲染导出

岗位知识储备——操作音频

岗位知识储备——序列中的音轨

岗位知识储备——音频交叉淡化过渡

岗位技能储备——时间轴面板上准确添加音频标记

1. 添加音频标记的方法

①多次试听，准确感知音频节奏点，使用快捷键 M 准确添加标记。

②放大音频频道，试听后观察音频起伏点位置，找到规律后将时间指示器移动到音频起伏点并添加标记。

2. 添加音频标记的位置（图 7-15）

①当选中音频轨道素材后，添加的标记位于音频素材轨道上。

②当没有选择任何轨道素材时，添加的标记位于时间指示器上方。

图 7-15 标记添加位置效果

岗位技能储备——默认音频过渡设置

1. 默认音频过渡持续时间设置

选择"编辑→首选项→时间轴"。在"首选项"对话框中，输入"音频过渡默认持续时间"的值。

2. 默认音频过渡类型的设置

右键单击位于"效果"面板中的"恒定增益"或"恒定功率"，从右键菜单中选择"将所选过渡设置为默认过渡"。

任务 2　"诗配乐"短片制作

学习情境

优秀的诗词是我们的传统文化，传承中华优秀传统文化，推进文化自信自强，铸就社会主义文化新辉煌，每当你诵读出一首首优秀的诗词，理解其中的意境，会沉浸其中，是一种美的享受，是一种心灵的启迪。给诗词配上背景音乐是不是有更好的效果呢？大家通过下面的实例体验一下吧（图 7-16）！

图 7-16　"诗配乐"短片制作展示视频效果图

操作步骤指引

1. 新建文档

选择“文件→新建→项目”命令，新建一个项目，文件名为“诗配乐”，选择合适的素材，单击“创建”，如图 7-17 所示。

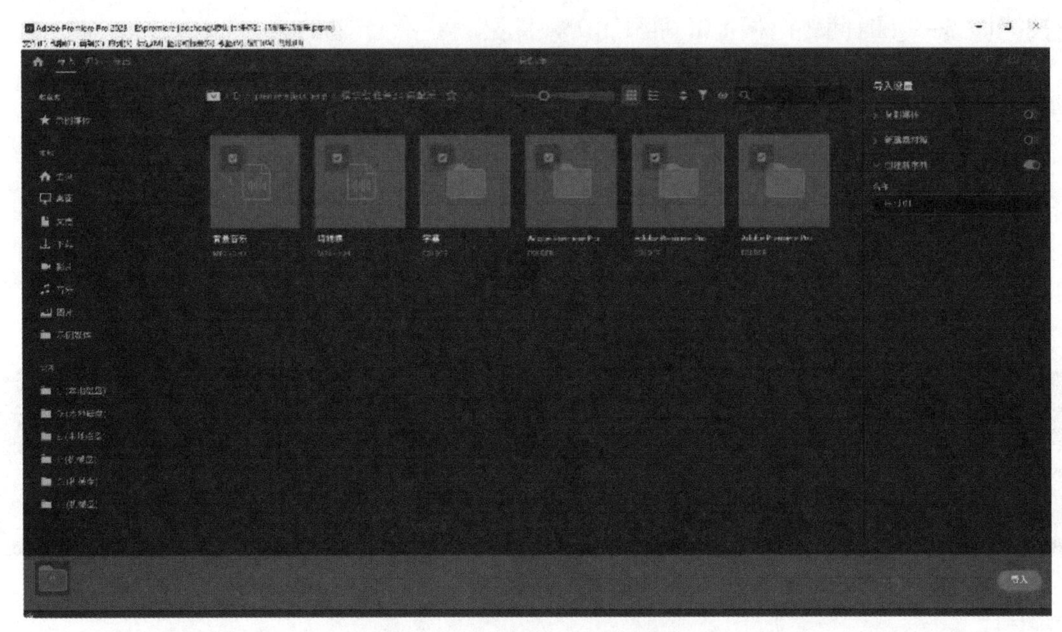

图 7-17　新建项目并选择素材

2. 制作音画同步效果

① 将时间指示器拖动到“00:00:00:00”处，在项目窗口中选择“诗诵读”素材拖放到 A1 轨道紧贴时间指示线。左键双击 A1 轨道左端空白处放大轨道，观察音频的起伏图，如图 7-18 所示。

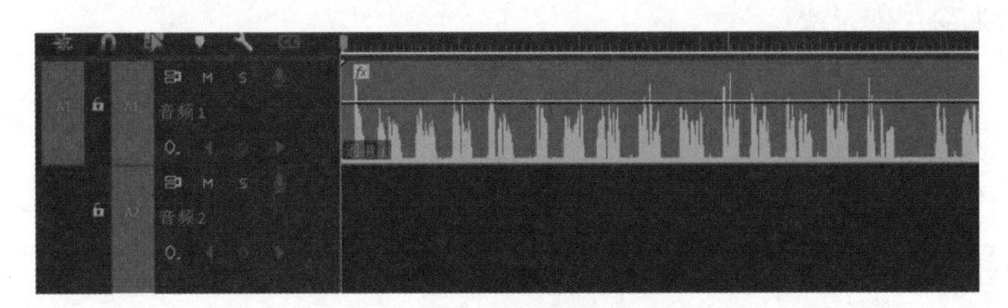

图 7-18　A1 轨道设置效果

② 多试听几次音频便于准确添加标记，从音频开始处播放，每次诵读开始时使用快捷键 M 在时间轴面板添加标记，如图 7-19 所示。

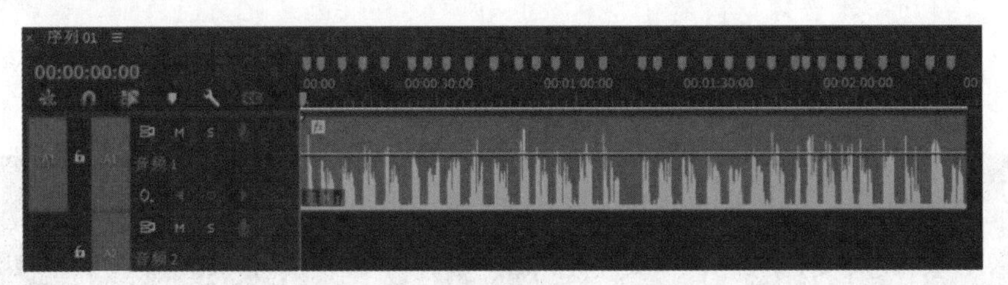

图 7-19　时间轴面板添加标记效果

③ 在项目窗口中选择图片素材，将项目窗口的视图显示模式设置为“列表”，便于按名称选择素材。先选择“01_ 春晓 .psd”素材，拖动项目窗口右侧的滚动条到素材“31_ 浑欲不胜簪 .psd”处，按下快捷键

Shift 再选择"31_浑欲不胜簪.psd"素材，完成素材选择，如图 7–20。

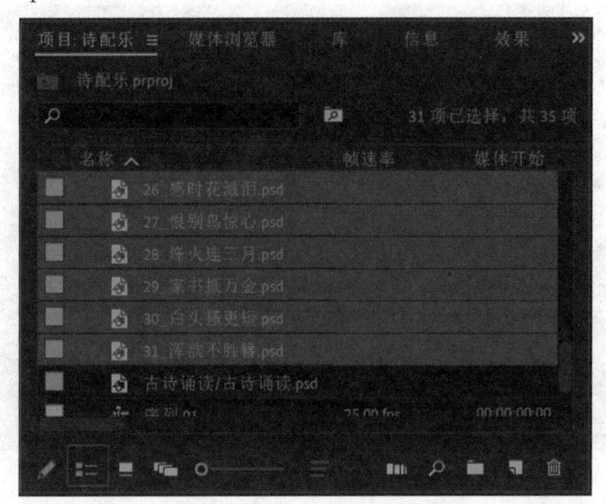

图 7–20　项目窗口选择效果

④ 在窗口菜单依次选择"剪辑→自动匹配序列"，在打开的"序列自动化"窗口中"顺序"参数设置为"选择顺序"，至卡点视频"放置"参数设置为"在未编号标记"，分别如图 7–21、图 7–22 所示。

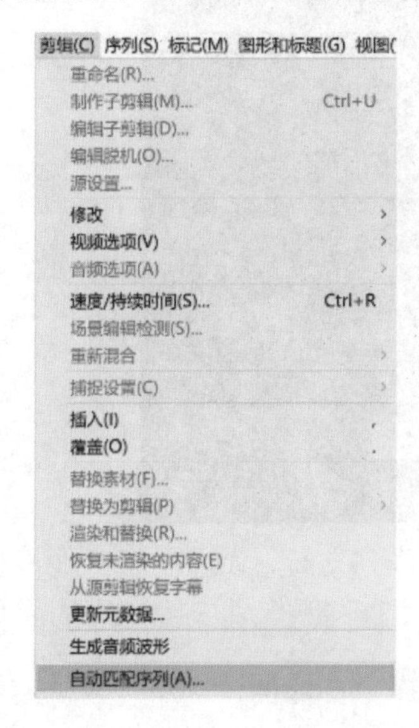

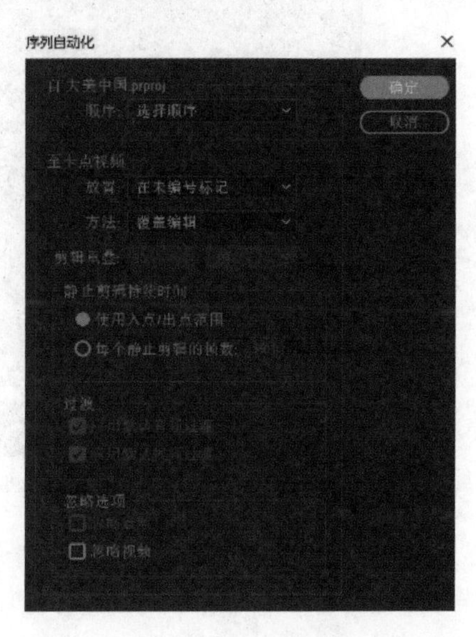

图 7–21"自动匹配序列"命令位置　　　　图 7–22　自动匹配设置

⑤ 在"自动匹配序列"面板中其他参数为默认值，点击"确定"按钮，实现"时间轴"面板素材导入，素材根据标记点位置按照选择顺序排列并更改素材长度，如图 7–23 所示。

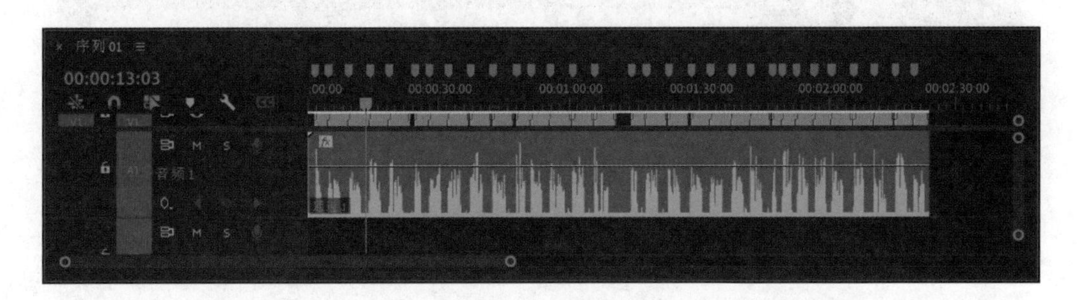

图 7–23　"自动匹配序列"设置后时间轴面板效果

⑥ 在窗口菜单依次选择"编辑→首选项→时间轴"命令，在打开的"首选项"窗口中设置"视频过渡默认持续时间"为 15 帧，如图 7–24 所示。

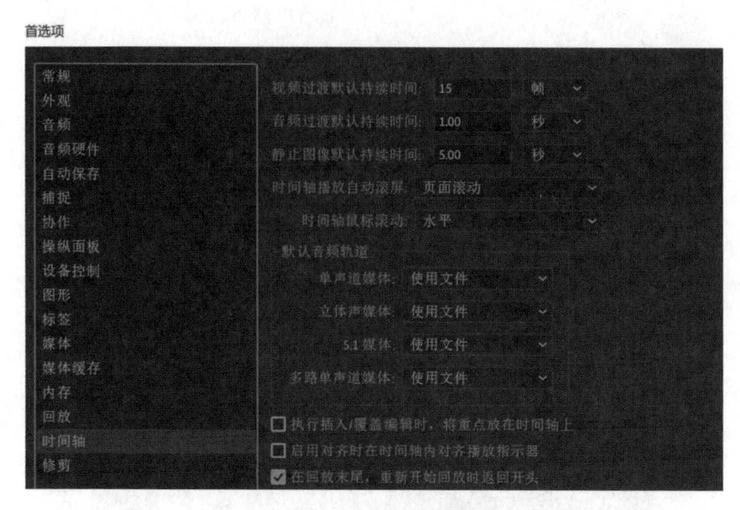

图 7-24　首选项设置效果

⑦ 在“效果”窗口中依次选择“视频过渡→溶解→黑场过渡”命令，右键单击并在出现的菜单中选择“将所选过渡设置为默认过渡”，如图 7-25 所示。

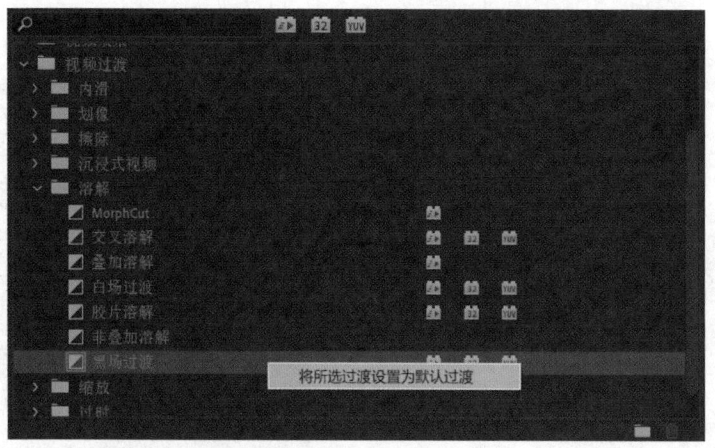

图 7-25　设置视频默认过渡效果

3. 制作文字效果

① 将时间指示器拖动到“00:00:00:00”处，在项目窗口中选择“古诗诵读 .psd”素材拖放到 V2 轨道紧贴时间指示线，拖动素材右端与 A1 轨道素材时间指示器对齐，如图 7-26 所示。

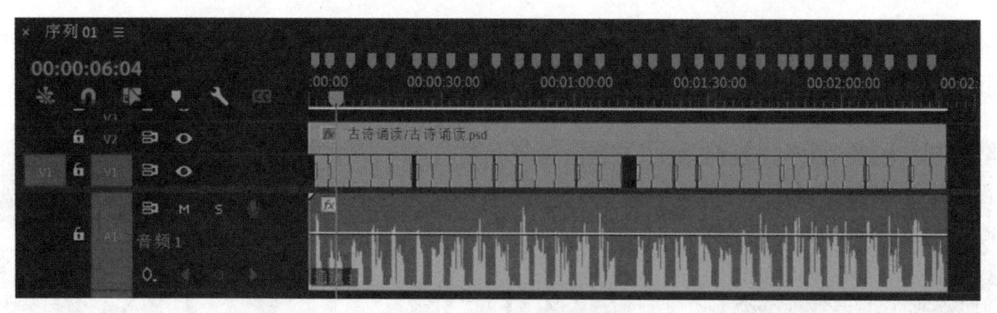

图 7-26　V2 轨道设置效果

② 选中 V2 轨道素材，在“效果”窗口中依次选择“视频效果→生成→四色渐变”命令，鼠标左键双击将效果应用到 V2 轨道素材，然后在“效果”窗口中依次选择“视频效果→风格化→彩色浮雕”命令，鼠标左键双击将效果应用到 V2 轨道素材，最后在效果控件面板中设置“运动”效果“位置”参数值为 1920、260，“缩放”参数设置为 260。

③ 在 V1 轨道选中“春晓 .psd”素材，在效果控件面板中设置“运动”效果“位置”参数值为 1920、1850，“缩放”参数设置为 460，快捷键 Ctrl+C 复制素材属性，然后选中 V1 轨道其他素材，右键单击选择“粘贴属性”命令，实现 V1 轨道其他素材具有相同的“位置”与“缩放”参数值。

④ 再次在 V1 轨道选中“春晓 .psd”素材，在效果控件面板中设置“运动”效果“位置”参数值为 1920、620,“缩放”参数设置为 500，快捷键 Ctrl+C 复制素材属性，然后分别选中素材“静夜思 .psd”“登鹳雀楼 .psd”“游子吟 .psd”“静夜思 .psd”“春望 .psd”，右键单击选择“粘贴属性”命令，实现古诗题目具有相同的“位置”与“缩放”参数值。

4. 制作音频效果

① 选中 A1 轨道音频素材，依次单击“窗口”菜单“基本声音”命令打开“基本声音”面板，如图 7-27 所示。

② 在“基本声音”面板中选择“音乐”选项，勾选“响度”右侧的复选框，左键单击“自动匹配”参数，实现整个剪辑中统一响度级别，如图 7-28 所示。

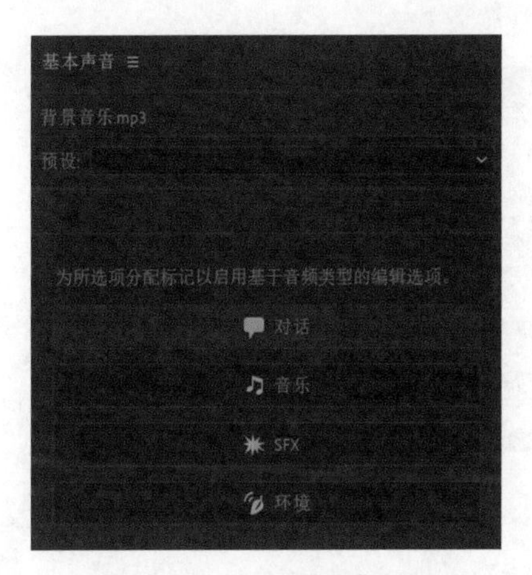

图 7-27　“基本声音”面板

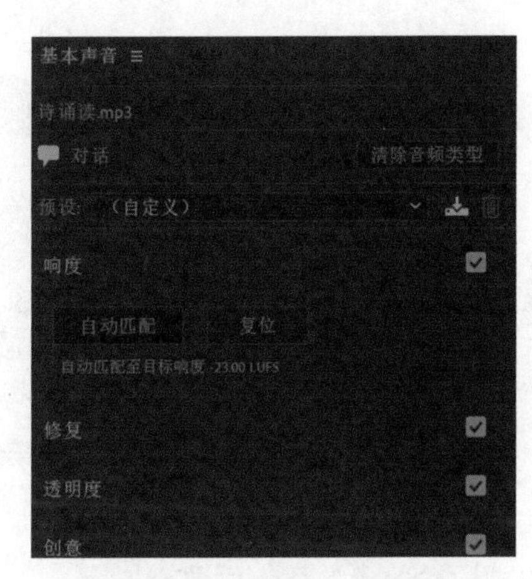

图 7-28　“响度”自动匹配

③ 将时间指示器拖动到“00:00:00:00”处，在项目窗口中选择“背景音乐”素材拖放到 A2 轨道紧贴时间指示线，打开“效果”窗口，选择“音频过渡→交叉淡化→恒定功率”应用到音频素材的两端，如图 7-29 所示。

图 7-29　A2 轨道音频素材效果

④ 勾选“回避”右侧的复选框，设置“敏感度”参数值为 6，“闪避量”参数值为 -8，“淡入淡出时间”为 800ms，如图 7-30 所示。

⑤最后左键单击“生成关键帧”按钮，完成设置，如图 7-31 所示。

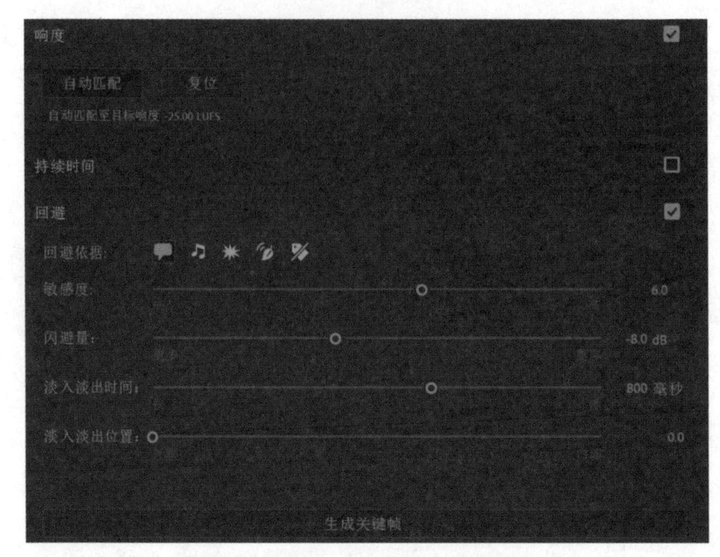

图 7-30 “回避”参数设置效果

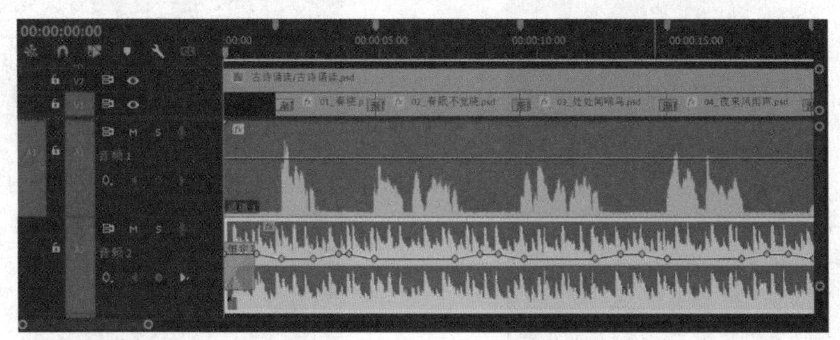

图 7-31 “回避”选项生成关键帧效果

5. 测试视频短片效果，完善后渲染导出

岗位知识储备——音轨混合器面板

岗位知识储备——音频剪辑混合器面板

岗位知识储备——音频效果

岗位知识储备——“基本声音”面板参数

岗位技能储备——修复对话轨道（图 7-32）。

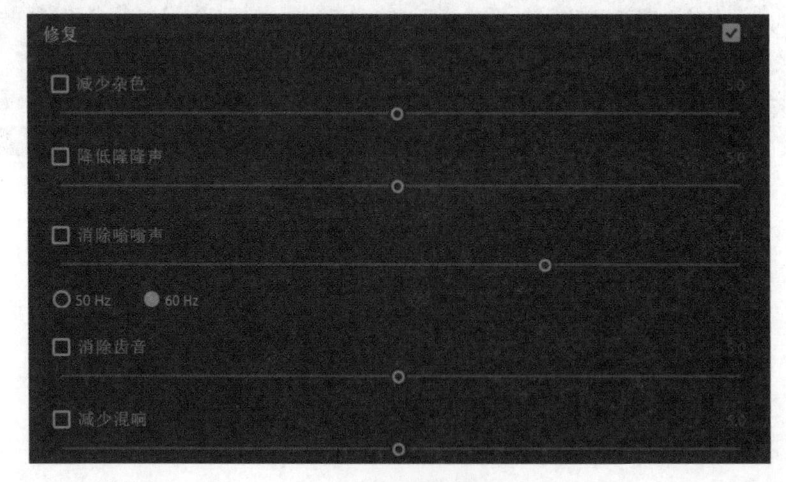

图 7-32 修复对话轨道

如果剪辑包含对话音频数据，可以使用基本声音面板中"对话"选项卡下的选项，通过降低噪声、隆隆声、嗡嗡声和齿音来修复声音。

（1）将音频剪辑添加到多轨会话中的一个轨道。

（2）选择音频剪辑，在基本声音面板中，选择"对话"作为剪辑类型

（3）选中"修复"复选框并展开该部分。

（4）选择要更改的属性所对应的复选框，然后使用滑块在 0 ~ 10 调整以下属性的级别。

a. 降低噪声：降低背景中不需要的噪声的电平（例如工作室地板声音、麦克风背景噪声和咔嗒声）。实际降噪量取决于背景噪声类型和剩余信号可接受的品质损失。

b. 降低隆隆声：降低隆隆声，低于 80Hz 范围的超低频噪声，例如轮盘式电动机或动作摄像机产生的噪声。

c. 消除嗡嗡声：减少或消除嗡嗡声。例如，由于电缆太靠近音频缆线放置而产生的电子干扰，就会形成这种噪声。可以根据剪辑选择嗡嗡声电平。

d. 消除齿音：减少刺耳的高频嘶嘶声。例如，在麦克风和歌手的嘴巴之间因气息或空气流动而产生"嘶"声，从而在人声录音中形成齿音。

e. 减少混响：可减少或去除音频录制内容中的混响。利用此选项，可对各种来源的原始录制内容进行处理，更接近真实的环境。

拓展课堂——虚拟现实

1. 虚拟现实的概念

虚拟现实，顾名思义，就是虚拟和现实相互结合（图 7-33）。从理论上来讲，虚拟现实技术是一种可以创建和体验虚拟世界的计算机仿真系统，它利用计算机生成一种模拟环境，使用户沉浸于该环境中。虚拟现实技术就是利用现实生活中的数据，通过计算机技术产生的电子信号，将其与各种输出设备结合使其转化为能够让人们感受到的现象，这些现象可以是现实中真真切切的物体，也可以是我们肉眼所看不到的物质，通过三维模型表现出来。因为这些现象不是我们直接能看到的，而是通过计算机技术模拟出来的现实中的世界，故称为虚拟现实。

虚拟现实技术囊括计算机、电子信息、仿真技术，其基本实现方式是以计算机技术为主，利用并综合三维图形技术、多媒体技术、仿真技术、显示技术、伺服技术等多种高科技的最新发展成果，借助计算机等设备产生一个逼真的三维视觉、触觉、嗅觉等多种感官体验的虚拟世界，从而使处于虚拟世界中的人产生一种身临其境的感觉。随着社会生产力和科学技术的不断发展，各行各业对 VR 技术的需求日益增加。VR 技术也取得了巨大进步，并逐步成为一个新的科学技术领域。

图 7-33　虚拟现实

虚拟现实技术受到了越来越多人的认可，用户可以在虚拟现实世界体验到真实的感受，其模拟环境的真实性与现实世界难辨真假，让人有种身临其境的感觉；同时，虚拟现实具有一切人类所拥有的感知功能，比如听觉、视觉、触觉、味觉、嗅觉等感知系统；最后，它具有超强的仿真系统，真正实现了人机交互，使人在操作过程中，可以随意操作并且得到环境的真实反馈。正是虚拟现实技术的存在性、多感知性、交互性等特征使它受到了许多人的喜爱。

5G 时代的到来，注定将成就虚拟现实技术。未来的生活趋势将会更多地在虚拟与现实之间切换。

2. 虚拟技术的分类

VR 涉及学科众多，应用领域广泛，系统种类繁杂，这是由其研究对象、研究目标和应用需求决定的。从不同角度出发，可对 VR 系统做出不同分类。

①根据沉浸式体验角度分类，如图 7-34 所示。

图 7-34　沉浸式体验

沉浸式体验分为非交互式体验、人—虚拟环境交互式体验和群体—虚拟环境交互式体验等几类。该角度强调用户与设备的交互体验，相比之下，非交互式体验中的用户更被动，所体验内容均为提前规划好的，即便允许用户在一定程度上引导场景数据的调度，也仍没有实质性交互行为，如场景漫游等，用户几乎全程无事可做。而在人—虚拟环境交互式体验系统中，用户则可用过数据手套、数字手术刀等设备与虚拟环境进行交互，如驾驶战斗机模拟器等，此时的用户可感知虚拟环境的变化，进而也就能产生在相应现实世界中可能产生的各种感受。

如果将该套系统网络化、多机化，使多个用户共享一套虚拟环境，便得到群体—虚拟环境交互式体验系统，如大型网络交互游戏等，此时的 VR 系统与真实世界无甚差异。

②根据系统功能角度分类。

系统功能分为规划设计类、展示娱乐类、训练演练类等。规划设计系统可用于新设施的实验验证，可大幅缩短研发时长，降低设计成本，提高设计效率，城市排水、社区规划等领域均可使用，如 VR 模拟给排水系统，可大幅减少原本需用于实验验证的经费；展示娱乐类系统适用于为用户提供逼真的观赏体验，如数字博物馆，大型 3D 交互式游戏、影视制作等，如 VR 技术早在 20 世纪 70 年代便被迪士尼用于拍摄特效电影；训练演练类系统则可应用于各种危险环境及一些难以获得操作对象或实操成本极高的领域，如外科手术训练、空间站维修训练等。

3. 虚拟技术的特征

①沉浸性。

沉浸性是虚拟现实技术最主要的特征，就是让用户成为并感受到自己是计算机系统所创造环境中的一部分，虚拟现实技术的沉浸性取决于用户的感知系统，当使用者感知到虚拟世界的刺激时，包括触觉、味觉、嗅觉、运动感知等，便会产生思维共鸣，造成心理沉浸，如同进入真实世界。

②交互性。

交互性是指用户对模拟环境内物体的可操作程度和从环境得到反馈的自然程度，使用者进入虚拟空间，相应的技术让使用者跟环境产生相互作用，当使用者进行某种操作时，周围的环境也会做出某种反应。如使用者接触到虚拟空间中的物体，那么使用者的手应该能够感受到，若使用者对物体有所动作，物体的位置和状态也应改变。

③多感知性。

多感知性表示计算机技术应该拥有很多感知方式，比如听觉、触觉、嗅觉等。理想的虚拟现实技术应该具有人所具有的一切感知功能。由于相关技术，特别是传感技术的限制，目前大多数虚拟现实技术所具有的感知功能仅限于视觉、听觉、触觉、运动等几种。

④构想性。

构想性也称想象性，使用者在虚拟空间中，可以与周围物体进行互动，可以拓宽认知范围，创造客观世界不存在的场景或不可能发生的环境。构想可以理解为使用者进入虚拟空间，根据自己的感觉与认知能力吸收知识，发散拓宽思维，创立新的概念和环境。

⑤自主性。

自主性是指虚拟环境中物体依据物理定律动作的程度。例如，当受到力的推动时，物体会向力的方向移动等。

4. 虚拟现实的关键技术

虚拟现实的关键技术主要包括以下内容。

①动态环境建模技术。

虚拟环境的建立是 VR 系统的核心内容，目的就是获取实际环境的三维数据，并根据应用的需要建立相应的虚拟环境模型。

②实时三维图形生成技术。

三维图形的生成技术已经较为成熟，那么关键就是"实时"生成。为保证实时，至少保证图形的刷新频率不低于 15 帧 / 秒，最好高于 30 帧 / 秒。

③立体显示和传感器技术。

虚拟现实的交互能力依赖于立体显示和传感器技术的发展，现有的设备不能满足需要，力学和触觉传感装置的研究也有待进一步深入，虚拟现实设备的跟踪精度和跟踪范围也有待提高。

④应用系统开发工具。

虚拟现实应用的关键是寻找合适的场合和对象，选择适当的应用对象可以大幅度提高生产效率，减轻劳动强度，提高产品质量。想要达到这一目的，则需要研究虚拟现实的开发工具。

⑤系统集成技术。

VR 系统中包括大量的感知信息和模型，因此系统集成技术起着至关重要的作用，集成技术包括信息的同步技术、模型的标定技术、数据转换技术、数据管理模型、识别与合成技术等。

5. 虚拟现实技术应用

①在影视娱乐中的应用，如图 7–35 所示。

近年来，由于虚拟现实技术在影视业的广泛应用，以虚拟现实技术为主而建立的第一现场"9D" VR 体验馆得以实现。第一现场 9D VR 体验馆自建成以来，在影视娱乐市场中的影响力非常大，此体验馆可以让观影者体会到置身于真实场景之中的感受，让体验者沉浸在影片所创造的虚拟环境之中。同时，随着虚拟现实技术的不断创新，此技术在游戏领域也得到了快速发展。虚拟现实技术是利用电脑产生的三维虚拟空间，而三维游戏刚好是建立在此技术之上的，三维游戏几乎包含了虚拟现实的全部技术，使得游戏在保持实时性和交互性的同时，也大幅提升了游戏的真实感。

②在教育中的应用，如图 7-36 所示。

图 7-35 虚拟技术在影视娱乐中的应用

图 7-36 虚拟技术在教育中的应用

如今，虚拟现实技术已经成为促进教育发展的一种新型教育手段。传统的教育只是给学生灌输知识，而现在利用虚拟现实技术可以帮助学生打造生动、逼真的学习环境，使学生通过真实感受来增强记忆，相比于被动性灌输，利用虚拟现实技术来进行自主学习更容易让学生接受，这种方式更容易激发学生的学习兴趣。此外，各大院校利用虚拟现实技术还建立了与学科相关的虚拟实验室来帮助学生更好地学习。

③在设计领域的应用。

虚拟现实技术在设计领域小有成就，例如室内设计，人们可以利用虚拟现实技术把室内结构、房屋外形通过虚拟技术表现出来，使之变成可以看得见的物体和环境。同时，在设计初期，设计师可以将自己的想法通过虚拟现实技术模拟出来，可以在虚拟环境中预先看到室内的实际效果，这样既节省了时间，又降低了成本。

④虚拟现实在医学方面的应用。

医学专家们利用计算机，在虚拟空间中模拟出人体组织和器官，让学生在其中进行模拟操作，使学生能够更快掌握手术要领。而且，主刀医生们在手术前，也可以建立一个病人身体的虚拟模型，在虚拟空间中先进行一次手术预演，这样能够大大提高手术的成功率。

⑤虚拟现实在航空航天方面的应用。

由于航空航天是一项耗资巨大、非常烦琐的工程，所以，人们利用虚拟现实技术和计算机的统计模拟，在虚拟空间中重现了现实中的航天飞机与飞行环境，使飞行员在虚拟空间中进行飞行训练和实验操作，极大地降低了实验经费和实验的危险系数。

⑥虚拟现实在工业方面应用。

虚拟现实技术已大量应用于工业领域，对汽车工业而言，虚拟现实技术既是一个最新的技术开发方法，更是一个复杂的仿真工具，它旨在建立一种人工环境，人们可以在这种环境中以一种自然的方式从事驾驶、操作和设计等实时活动。并且虚拟现实技术也可以用于汽车设计、实验、培训等方面，例如在产品设计中借助虚拟现实技术建立的三维汽车模型，可显示汽车的悬挂、底盘、内饰甚至每个焊接点，设计者可确定每个部件的质量，了解各个部件的运行性能。这种三维模式准确性很高，汽车制造商可按得到的计算机数据直接进行大规模生产。

6. 虚拟现实技术发展局限

即使 VR 技术前景较为广阔，但作为一项高速发展的科技技术，其自身的问题也随之浮现，例如产品回报稳定性的问题、用户视觉体验问题等。对于 VR 企业而言，如何突破目前 VR 发展的瓶颈，让 VR 技术成为主流仍是他们所亟待解决的问题。

首先，部分用户使用 VR 设备会眩晕、呕吐等，体验不佳。部分原因是清晰度不足，而另一部分原因是刷新率无法满足要求。据研究显示，14K 以上的分辨率才能基本使大脑认同。消费者的不舒适感可能使其产生 VR 对身体健康造成损害的担忧，这必将影响 VR 技术未来的发展与普及。

VR 体验的高价位同样制约了其扩张。用户如果想体验到高端的视觉享受，必然要为其内部更高端的电脑支付高昂的价格。若想要使得虚拟现实技术得到推广，确保其内容的产出和回报率的稳定十分关键。其所涉及内容的制作成本与体验感决定了消费者接受 VR 设备的程度，而对于该高成本的内容，其回报率难以预估，对 VR 原创内容的创作无疑加大了其中的难度。

模块八 难说再见——综合案例

本模块通过案例的形式，详细讲解 Adobe Premiere Pro 2023 这款软件的综合运用案例。

- 任务 1　商品促销宣传广告视频
- 任务 2　Vlog 短视频

岗位能力

了解 Adobe Premiere Pro 2023 内置视频特效，熟悉视频特效基本操作，提高综合应用特效的能力，合理设置参数，修正视频缺陷，增强视频效果。

项目目标

1. 知识目标

熟练掌握使用 Adobe Premiere Pro 2023 在视频制作中的方法和操作技巧。

熟练掌握 Adobe Premiere Pro 2023 中滤镜、图形、调色、特效等在视频剪辑制作中的综合运用，拓展思维，举一反三。

2. 能力目标

具备使用视频特效的能力。

具备视频特效的创意与制作能力。

任务 1　商品促销宣传广告视频

学习情境

随着我国经济的高速发展，商品交易日益发达，交易渠道逐渐多元化。商品交易逐渐从线下交易变为电视购物、网络平台交易等。因此，商品促销宣传广告由传统的广告逐渐演化为适应各种投放播出平台的新型广告。当下的商品促销宣传广告面对不同的受众群体，采取不同的风格、时长、制作手法等，在电视、网络、手机等媒介，直接、有效地吸引消费者，提升消费者的购买欲望。

本次任务以实例的方式，详细介绍商品促销宣传广告的制作流程，初学者也可以轻松完成。具体展示效果如图 8-1 所示。

图 8-1　商品促销广告展示效果

操作步骤指引

1. 新建项目

①打开 Adobe Premiere Pro 2023 软件，点击“新建项目”，项目名命名为“商品促销宣传广告”，选择合适的“项目位置”，选择所需要的素材，点击“创建”，创建项目，如图 8-2 所示。

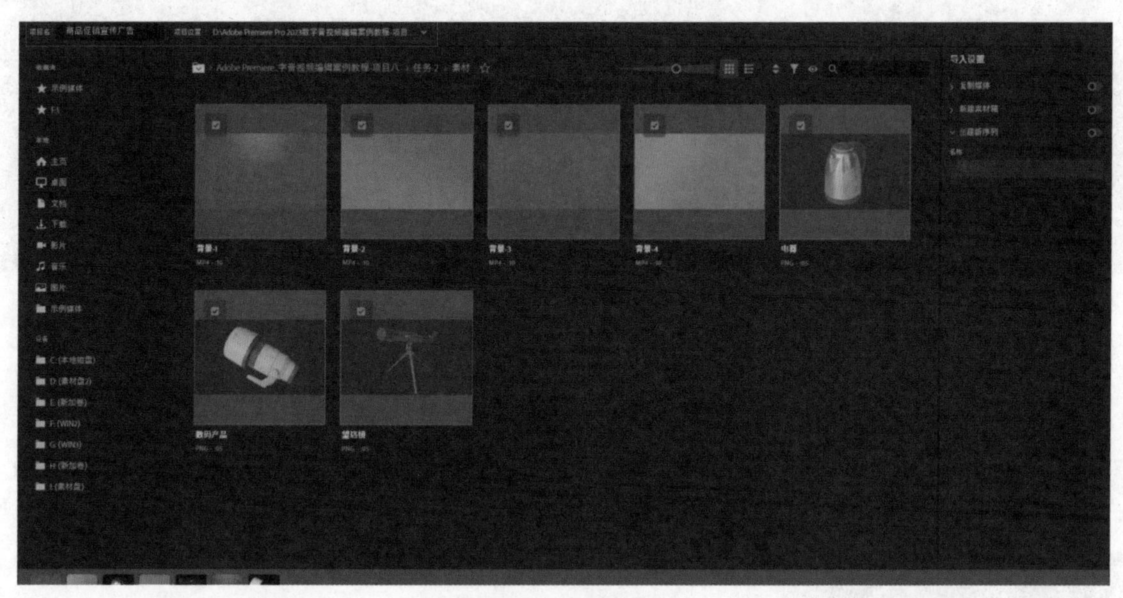

图 8-2　新建项目

②执行“文件→新建→序列”命令，快捷键 Ctrl+N，创建一个序列。序列预设为：分辨率“1920 × 1080”，帧速率“25 帧 / 秒”，色彩空间“BT.709 RGB FULL”，序列名称“商品促销宣传广告”，点击“确定”。如图 8-3 所示。

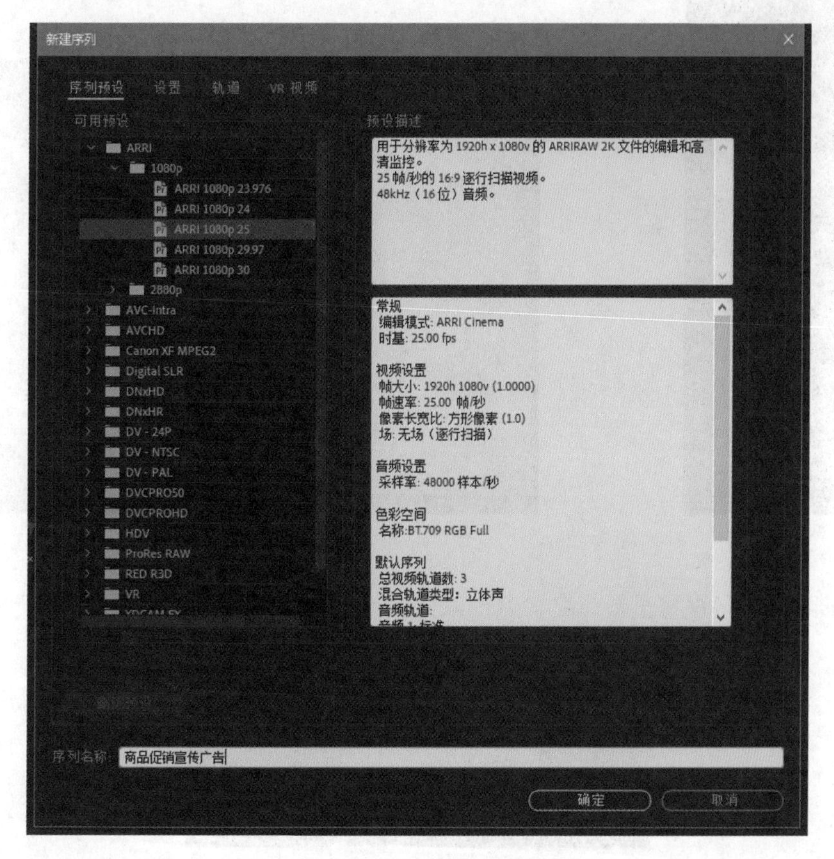

图 8-3　创建序列

2. 制作开场片头

①将“项目”面板中的“背景 -1”素材拖入时间线的 V1 轨道。如图 8-4 所示。

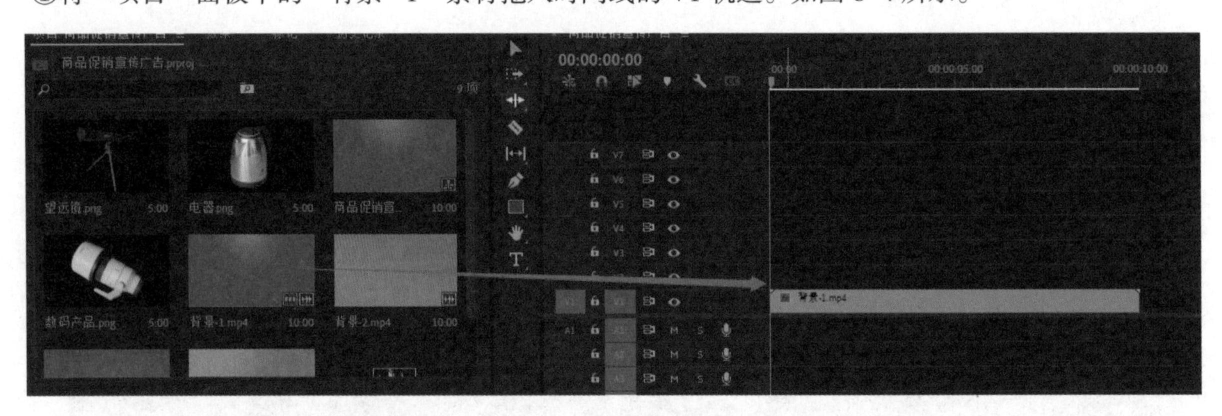

图 8-4 “背景 -1”素材拖入时间线的 V1 轨道

②执行“图形和标题→新建图层→多边形”，创建一个多边形蒙版。在“基本图形”面板中的“编辑”面板中设置多边形参数，将“对齐并变换”中的“对齐”下的“宽”设置为 300，“高”设置为 300，鼠标左击“水平居中对齐”和“垂直居中对齐”，“边数”为 3，将“外观”中“填充”去掉，启动“描边”，“颜色”为“白色 RGB (255 255 255)”，“描边宽度”为 15，并选择“外侧”。如图 8-5 和图 8-6 所示。

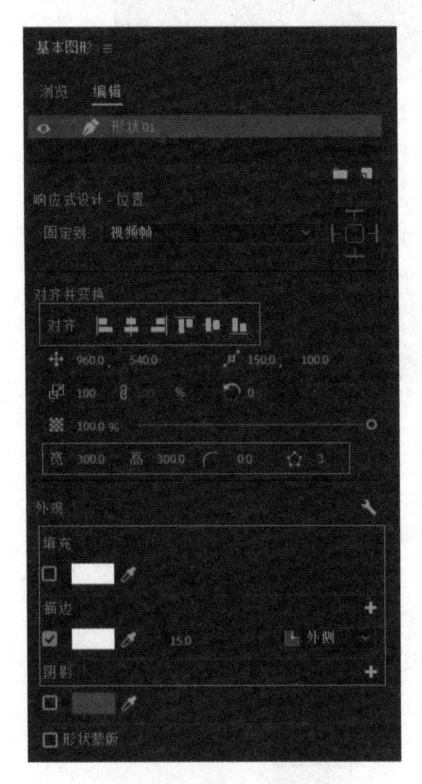

图 8-5 设置多边形参数

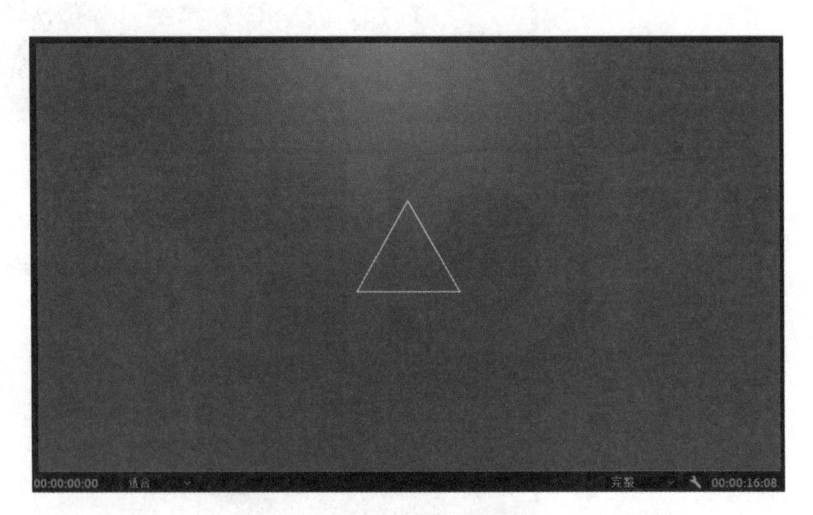

图 8-6 多边形效果

③将 V2 轨道的“图形”素材重新命名，点击鼠标右键执行“重命名”命令，弹出“重命名剪辑”对话框，将“剪辑名称”更改为“三角形 -1”。如图 8-7 所示。

图 8-7 更改“剪辑名称”

④在“时间线”面板，把 V2 轨道的“三角形 -1”素材复制到 V3 轨道，文件名更改为“三角形 -2”。

⑤执行“图形和标题→新建图层→矩形”，快捷键 Ctrl+Alt+R，创建一个矩形蒙版。在“基本图形”面板中的“编辑”面板中设置多边形参数，将“对齐并变换”中“对齐”分别点击“水平居中对齐”和“垂直居中对齐”，“宽”为 75，“高”为 200，“角半径”为 10，将“外观”中“填充”去掉，启动“描边”，“颜色”为“白色（RGB 255　255　255）”，“描边宽度”为 3，并选择“外侧”，名称更改为“矩形”，如图 8–8 所示。

⑥设置 V2、V3、V4 的图形蒙版动画。

a.V2 轨道素材“三角形 -1”的动画设置。首先关闭 V3、V4 轨道，在“时间线”面板鼠标左击 V2 轨道的素材，在“效果控件”面板分别展开“运动”和“不透明度”效果设置动画关键帧，设置参数分别如下：“00:00:00:00”时“运动”中“缩放”为 0，“旋转”为 –360°，“不透明度”为 0；“00:00:00:15”时“运动”中“缩放”为 100，“旋转”为 0°，“不透明度”为 100%；“00:00:01:00”时“运动”中“位置”为 960、540，“缩放”为 100，“旋转”为 0°；“00:00:01:15”时“运动”中“位置”为 295、540，“缩放”为 25，“旋转”为 1 × 30°，如图 8–9 所示。

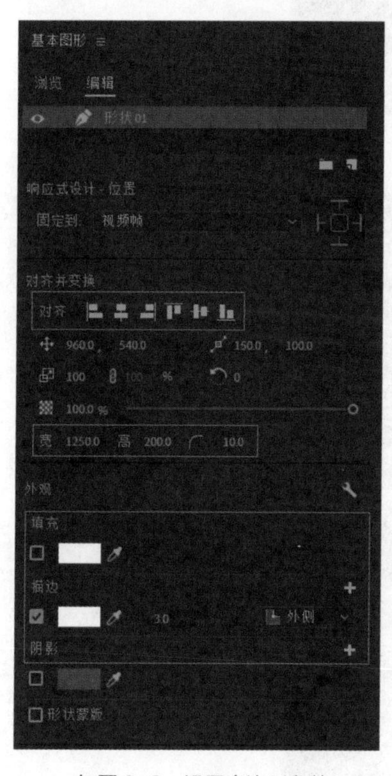

如图 8–8　设置多边形参数

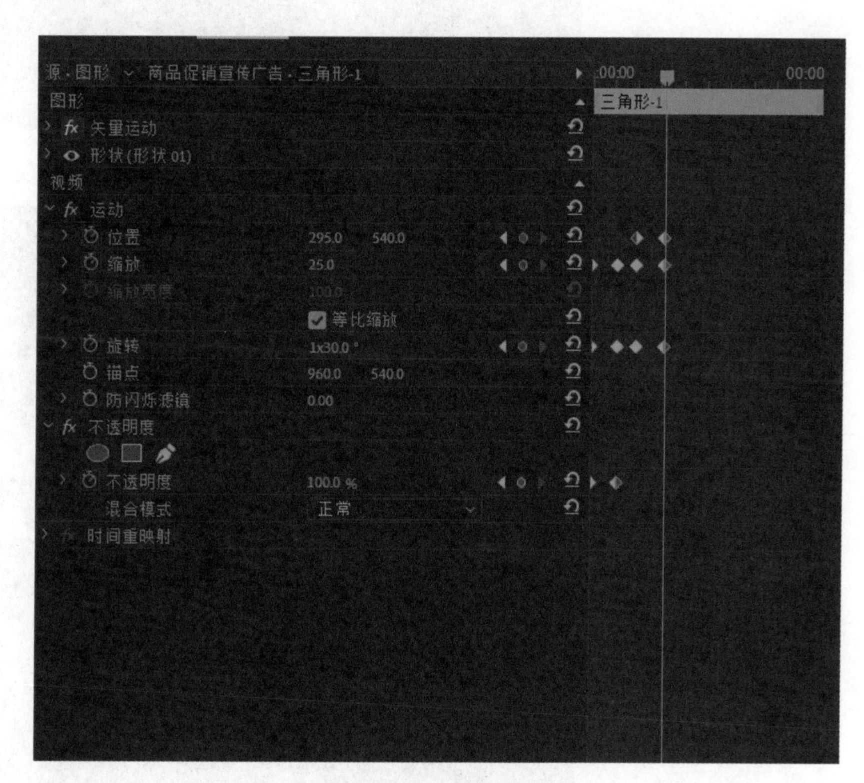

图 8–9　“三角形 –1”

b.V3 轨道素材“三角形 –2”的动画设置。首先关闭 V4 轨道，在“时间线”面板鼠标左击 V3 轨道的素材，在“效果控件”面板分别展开“运动”和“不透明度”效果设置动画关键帧，设置参数分别如下：“00:00:00:00”时“运动”中“缩放”为 0，“旋转”为 –360°，“不透明度”为 0；“00:00:00:15”时“运动”中“缩放”为 100，“旋转”为 0°，“不透明度”为 100%；“00:00:01:00”时“运动”中“位置”为 960、540，“缩放”为 100，“旋转”为 0°；“00:00:01:15”时“运动”中“位置”为“1629、540”“缩放”为 25，“旋转”为 1 × 90°，如图 8–10 所示。

c.V4 轨道素材“矩形”的动画设置。首先在“时间线”面板将“标尺”移动至“00:00:00:20”处，使用“剃刀工具”剪辑素材（快捷键 C），删掉“00:00:00:20”前的素材，为 V4 轨道“矩形”素材添加“效果→视频效果→扭曲→变形”效果，在“效果控件”面板展开“变换”效果设置动画关键帧，设置参数分别如下：“00:00:00:00”时“缩放”为 0，“不透明度”为 0，“快门角度”为 180；“00:00:01:15”时“缩放”为

100，“不透明度”为 100，“快门角度”为 0，如图 8–11 所示。

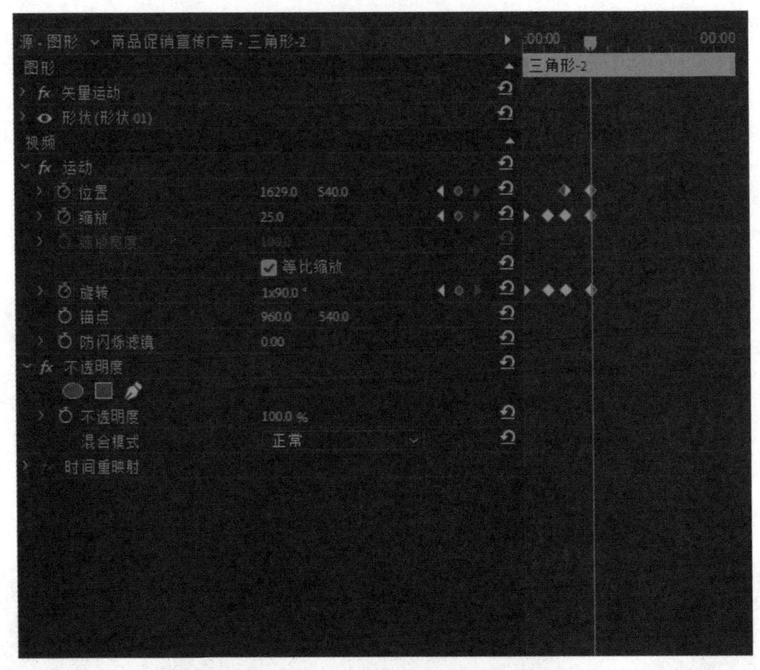

图 8–10 “三角形 –2”动画设置

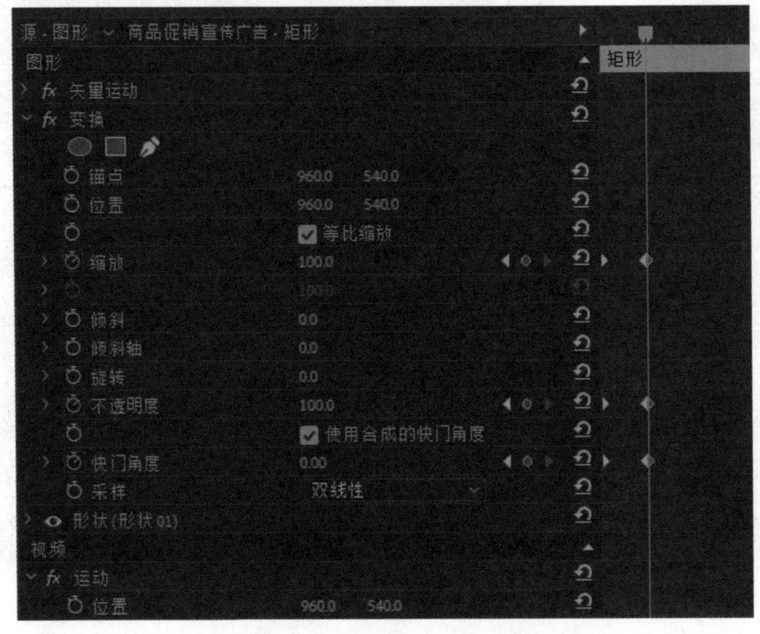

图 8–11 “矩形”的动画设置

⑦添加字幕。将“时间线”面板中的“标尺”移动至“00:00:01:15”处，执行“图形和标题→新建图层→字幕”，创建一个字幕。将字幕内容更改为“幸福生活狂欢节”，设置字体为“微软雅黑”，字体大写为 165，对齐方式为“居中对齐”，“外观”中“填充”为“白色（RGB 255 255 255）”、“对齐并变换”中“对齐”设置为“水平居中对齐”和“垂直居中对齐”，如图 8–12 所示。

⑧在“时间线”面板，选择“字幕”素材，为“字幕”素材添加“效果→视频过渡→溶解→交叉溶解”效果，如图 8–13 所示。

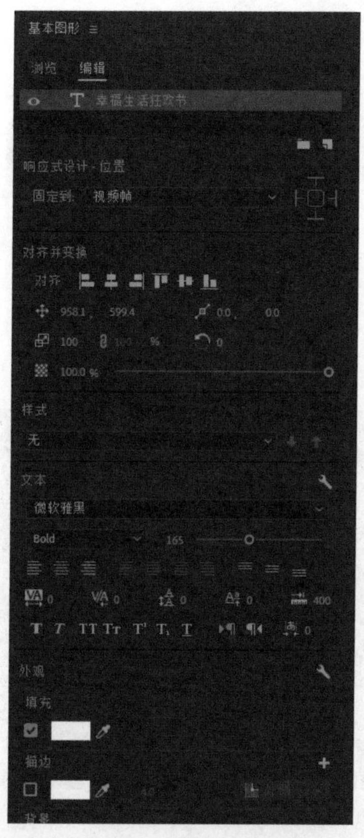

图 8-12　设置字幕参数

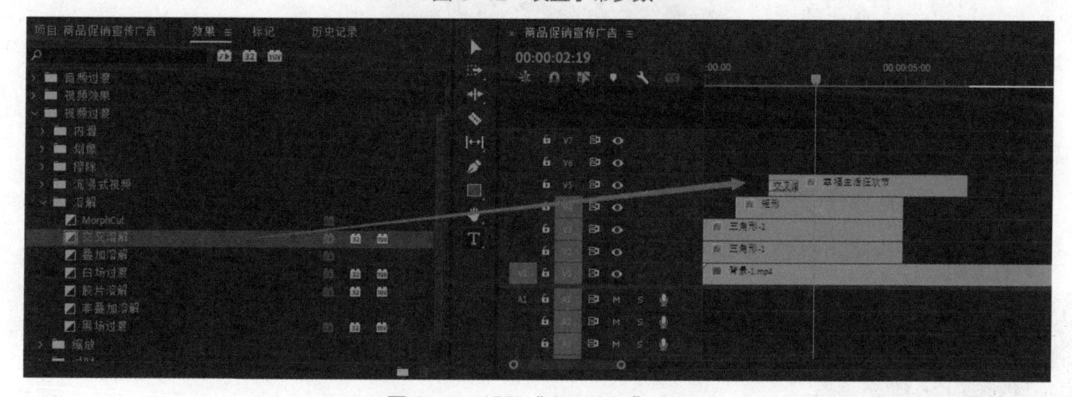

图 8-13　设置“交叉溶解”效果

⑨在“时间线”面板，将“标尺”移动到“00:00:04:00”处，用“剃刀工具”快捷键 C 剪掉并删除“00:00:03:00”之后多余的素材。

⑩选中“时间线”面板轨道上的素材，快捷键 Ctrl+A，点击鼠标右键，弹出对话框，选择“嵌套”执行“嵌套”命令，命名为“开场片头”，点击“确定”，如图 8-14、图 8-15 所示。

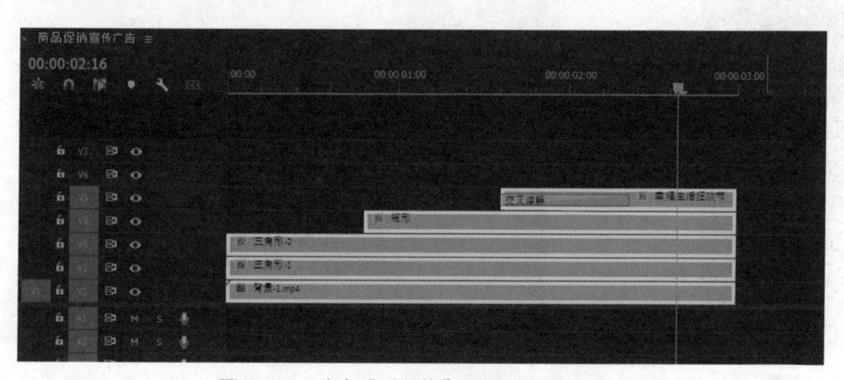

图 8-14　选中“时间线”面板轨道上的素材

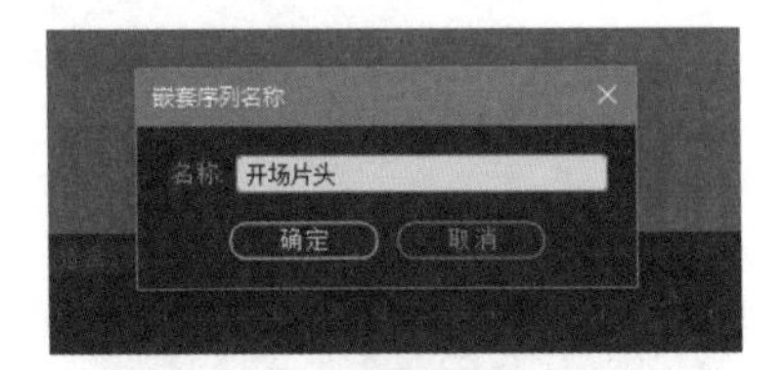

图 8-15 嵌套序列名称

3. 制作场景一

①在“项目”面板中选择“背景 -2”素材，将该素材拖至“时间线”面板上的 V1 轨道的“00:00:03:00”处，如图 8-16 所示。

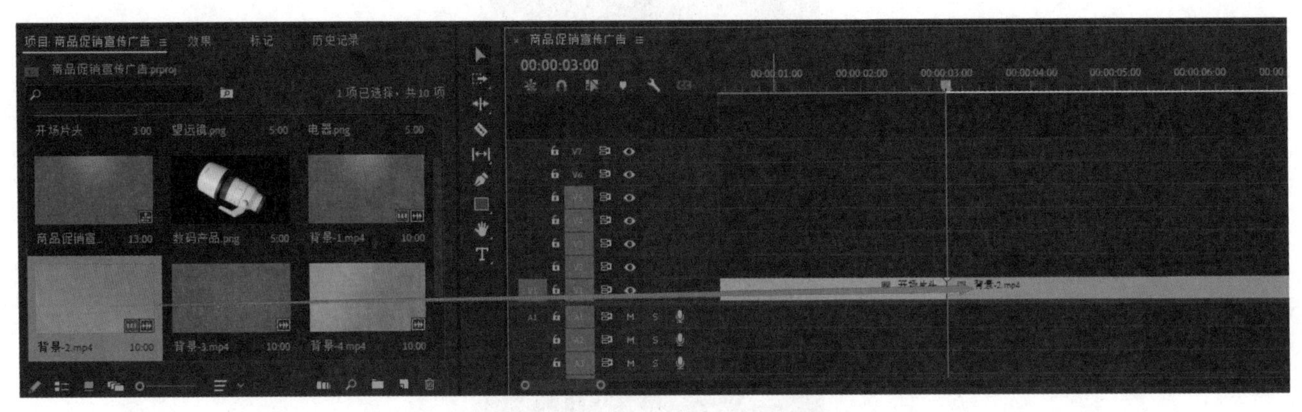

图 8-16 将“背景 -2”素材拖至时间线面板

②执行“图形和标题→新建图层→矩形”，创建一个矩形蒙版。快捷键 Ctrl+Alt+R，在“基本图形”面板中的“编辑”面板中设置矩形参数，将“对齐并变换”中的“对齐”下的“宽”设置为 1750，“高”设置为 900，鼠标左击“水平居中对齐”和“垂直居中对齐”，“外观”中“填充”“颜色”为“白色（RGB 255 255 255”，如图 8-17 所示。

③在“时间线”面板选择 V2 轨道素材，鼠标右击执行“重命名”命令，弹出“重命名剪辑”对话框，“剪辑名称”改为“矩形底图”，点击“确定”，如图 8-18 所示。

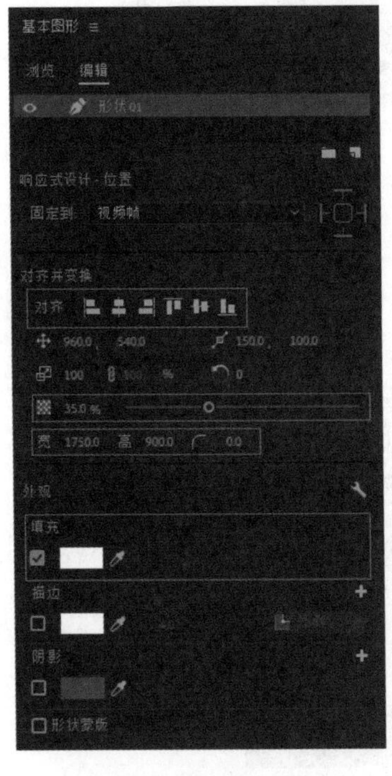

图 8-17 设置矩形参数

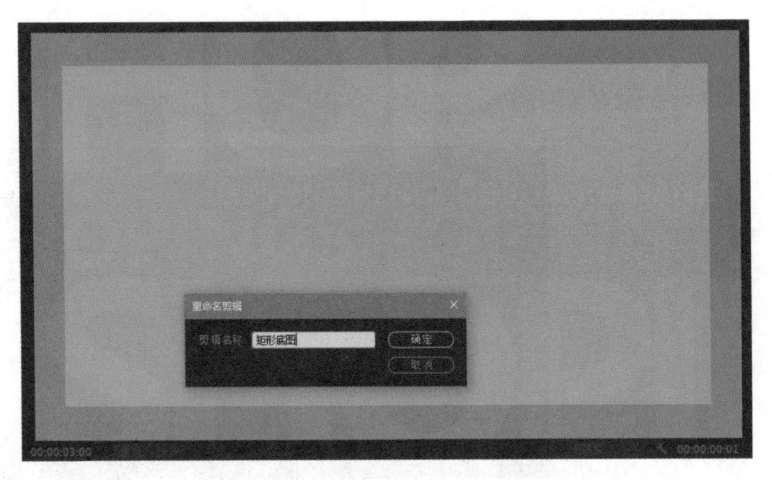

图 8-18 “剪辑名称”改为“矩形底图”

④在“时间线”面板将“标尺”移动至“00:00:03:10”位置，将V2轨道“矩形底图”素材移动“00:00:03:10”位置处，或者用“剃刀工具”剪掉V2轨道“矩形底图”素材“00:00:03:10”以前的素材，如图8–19所示。

图8–19　删掉以前的素材

⑤制作V2轨道“矩形底图”素材动画。为素材添加“效果→视频效果→扭曲→变换”效果，在“效果控件”面板展开“变换”效果设置关键帧动画，关键帧动画参数如下：在“00:00:03:10”时“位置”为960、1620；在“00:00:03:20”时“位置”为960、540，如图8–20所示。

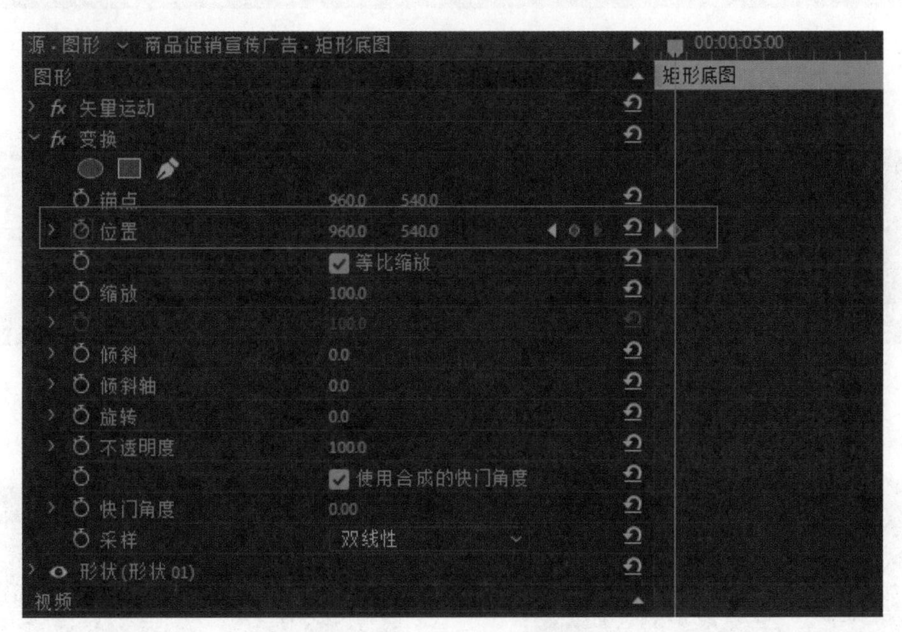

图8–20　设置关键帧动画参数

⑥在“时间线”面板将“标尺”移动至“00:00:03:20”位置，将“项目”面板中的“数码产品”素材拖至“时间线”面板的V3轨道“00:00:03:20”处，如图8–21所示。

⑦将V3轨道“数码产品”素材复制两份，分别放在V4和V5轨道，如图8–22所示。

⑧调整V3、V4、V5轨道“数码产品”素材的“位置”和“缩放”。将“效果控件”面板“运动”效果中的“位置”和“缩放”参数进行设置：V3轨道“数码产品”素材位置为930、540，“缩放”为20；V4轨道“数码产品”素材“位置”为400、700，“缩放”为20；V5轨道“数码产品”素材“位置”为1520、340，“缩放”为20，如图8–23～图8–25所示。

图 8-21　“数码产品”素材拖至“时间线”面板

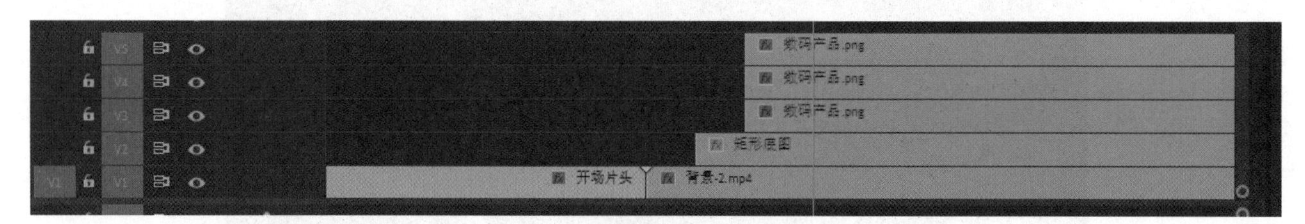

图 8-22　“数码产品”素材复制两份

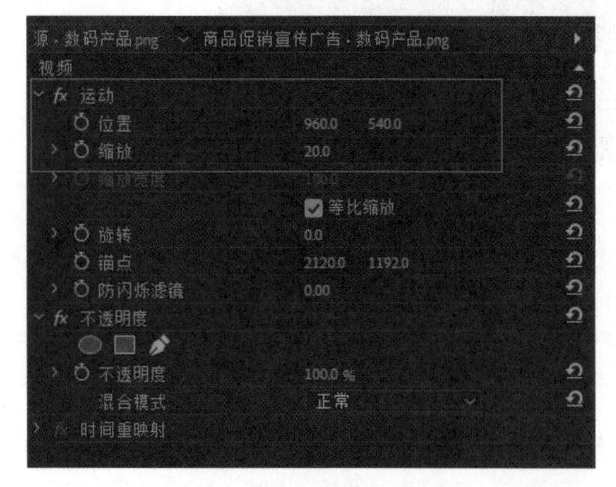

图 8-23　V3 轨道参数设置

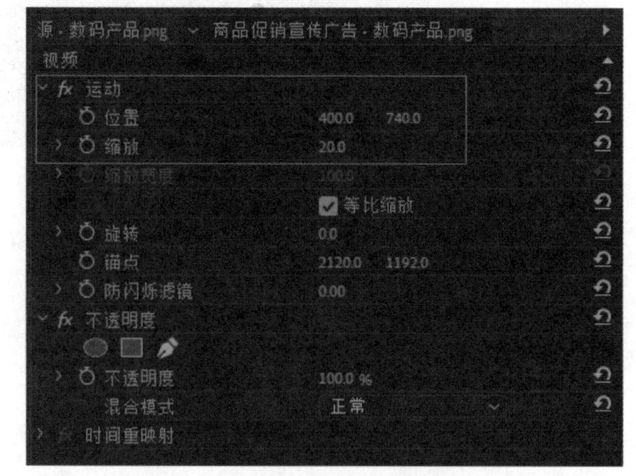

图 8-24　V4 轨道参数设置

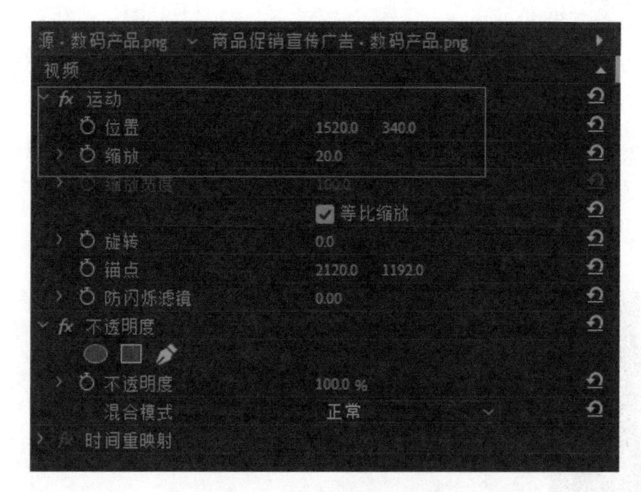

图 8-25　V5 轨道参数设置

⑨制作 V3、V4、V5 轨道“数码产品”素材动画。为素材添加“效果→视频效果→扭曲→变换”效果，在“效果控件”面板展开“变换”效果设置关键帧动画，V3、V4、V5 轨道“数码产品”素材“变换”效果关键帧设置参数如下：在“00:00:03:20”时“缩放”为 0，“不透明度”为 0；在“00:00:04:05”时“缩放”为 100，“不透明度”为 100%，如图 8-26 所示。

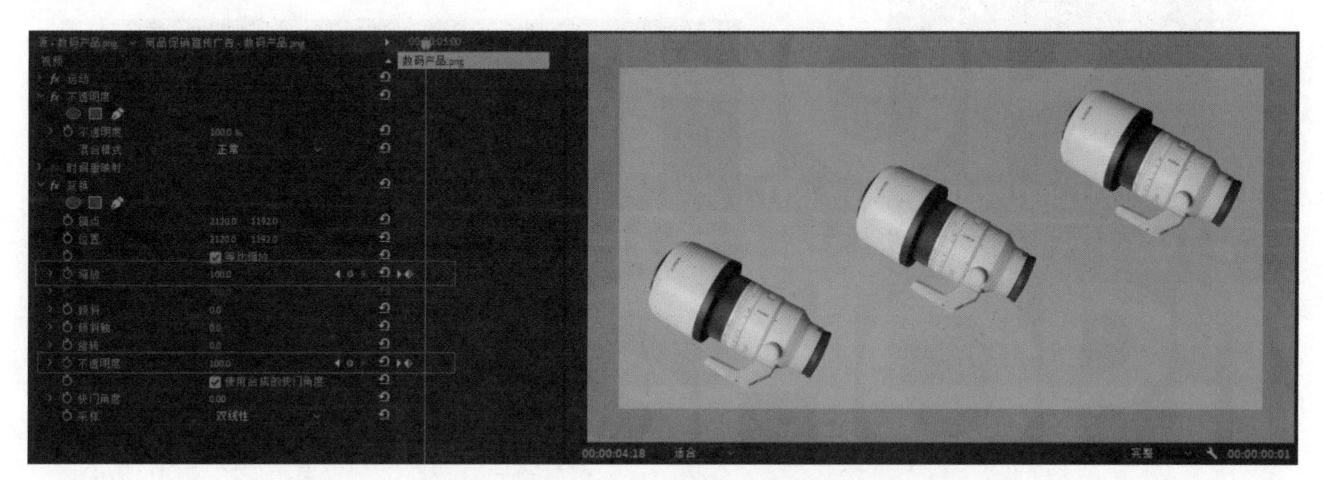

图 8-26　效果关键帧设置参数

⑩在“时间线”面板，将 V3 轨道“数码产品”素材移动至“00:00:04:00”处，将 V5 轨道“数码产品”素材移动至“00:00:04:05”处，如图 8-27 所示。

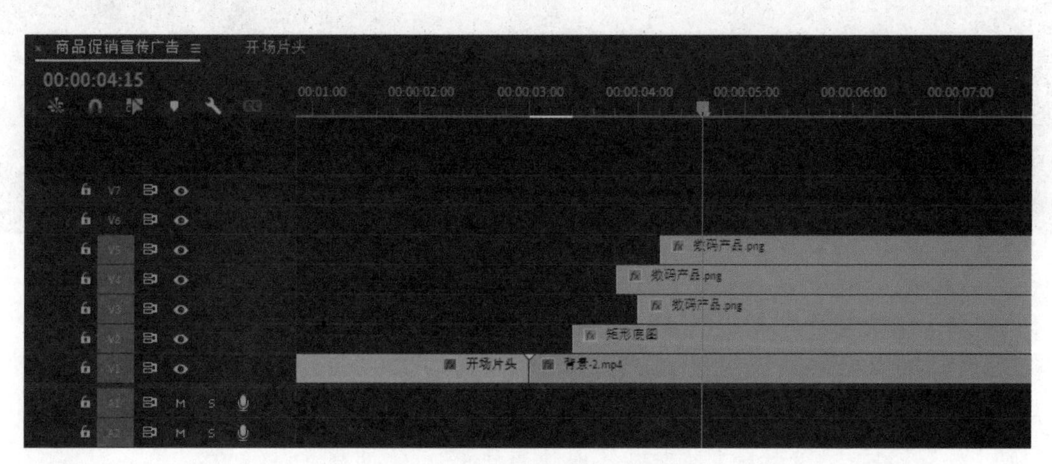

图 8-27　“数码产品”素材移动

⑪ 添加字幕。将“时间线”面板中的“标尺”移动至“00:00:04:15”处，执行“图形和标题→新建图层→字幕”，创建一个字幕，字幕内容为“数码产品”。在“基本图形”面板设置字幕参数，字幕参数分别如下：“文本”中“字体”为“微软雅黑”，大小”为 100，“外观”中“填充”为“白色（RGB 255 255 255）”，“对齐并变换”中“对齐”为“水平居中对齐”和“垂直居中对齐”，如图 8-28 所示。

⑫ 调整 V6 轨道“数码产品”字幕素材的位置。在“效果控件”面板中展开“视频→运动”效果参数，将“位置”参数设置为 350、180，如图 8-29 所示。

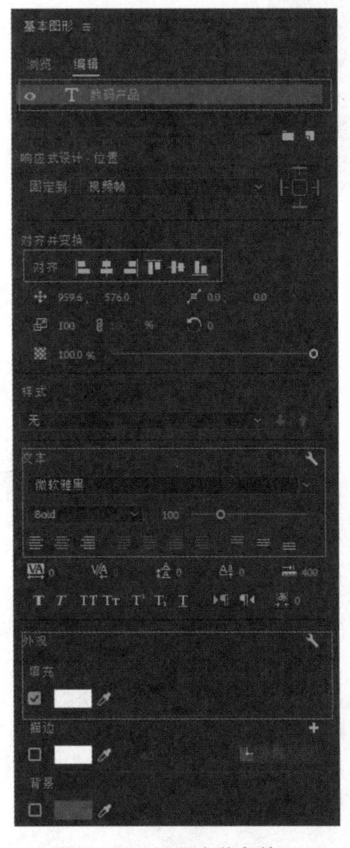

图 8-28　设置字幕参数

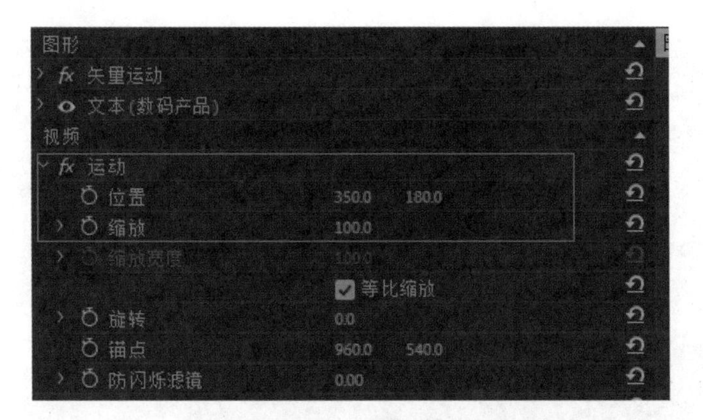

图 8-29　调整 V6 轨道“数码产品”字幕素材的位置

⑬ 为 V6 轨道“数码产品”字幕素材添加“效果→视频过渡→插除→划出”效果，如图 8-30 所示。

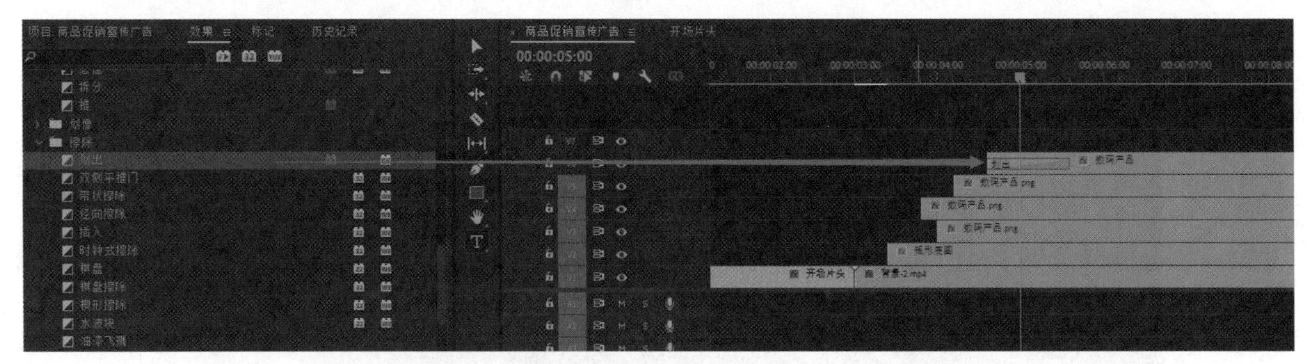

图 8-30　添加“划出”效果

⑭ 在“时间线”面板，将“标尺”移动至“00:00:05:00”处，执行“图形和标题→新建图层→字幕”，创建一个字幕，字幕内容为“SHU MA CHAN PIN”。在“基本图形”面板设置字幕参数，字幕参数分别如下：“文本”中“字体”为“微软雅黑”，“大小”为 50，“外观”中“填充”为“白色（RGB 255 255 255）”，“对齐并变换”中“对齐”为“水平居中对齐”和“垂直居中对齐”，如图 8-31 所示。

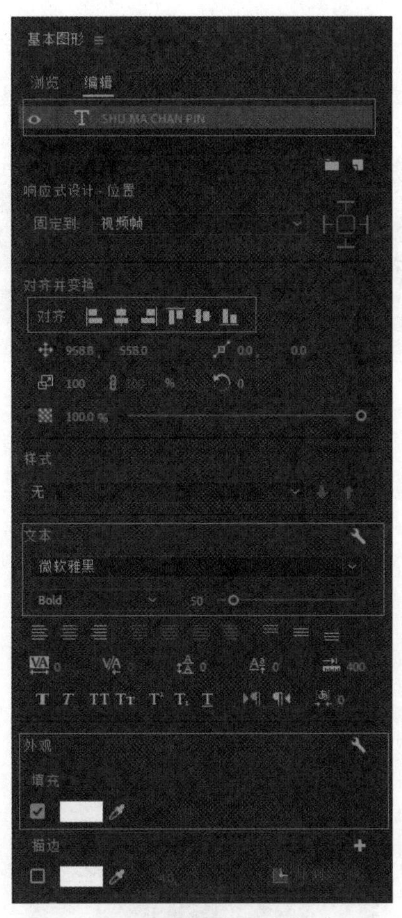

图 8-31 设置字幕参数

⑮ 调整 V7 轨道“SHU MA CHAN PIN”字幕素材的位置。在“效果控件”面板中展开“视频→运动”效果参数，将“位置”参数设置为 395、270，如图 8-32 所示。

图 8-32　字幕素材的位置

⑯ 为 V7 轨道“SHU MA CHAN PIN”字幕素材添加“效果→视频过渡→插除→径向擦除”效果，如图 8-33 所示。

⑰ 在“时间线”面板，将“标尺”移动至“00:00:05:10”处，执行“图形和标题→新建图层→字幕”，创建一个字幕，字幕内容为“潮流大牌 品质保证”。在“基本图形”面板设置字幕参数，字幕参数分别如下：“文本”中“字体”为“微软雅黑”，“大小”为 66，“外观”中“填充”为“白色（RGB 255 255 255）”，“对齐并变换”中“对齐”为“水平居中对齐”和“垂直居中对齐”，如图 8-34 所示。

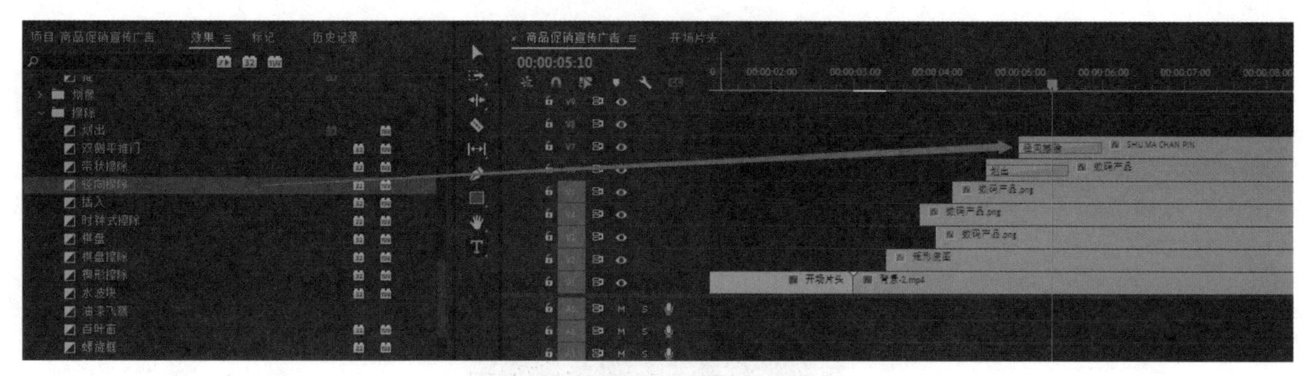

图 8-33 添加“径向擦除”效果

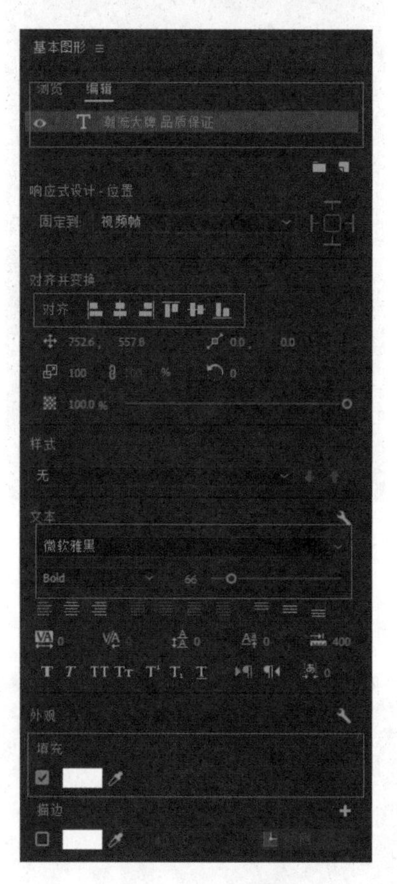

图 8-34 设置字幕参数

⑱ 调整 V8 轨道“潮流大牌 品质保证”字幕素材的位置。在“效果控件”面板中展开“视频→运动”效果参数，将“位置”参数设置为 360、400，如图 8-35 所示。

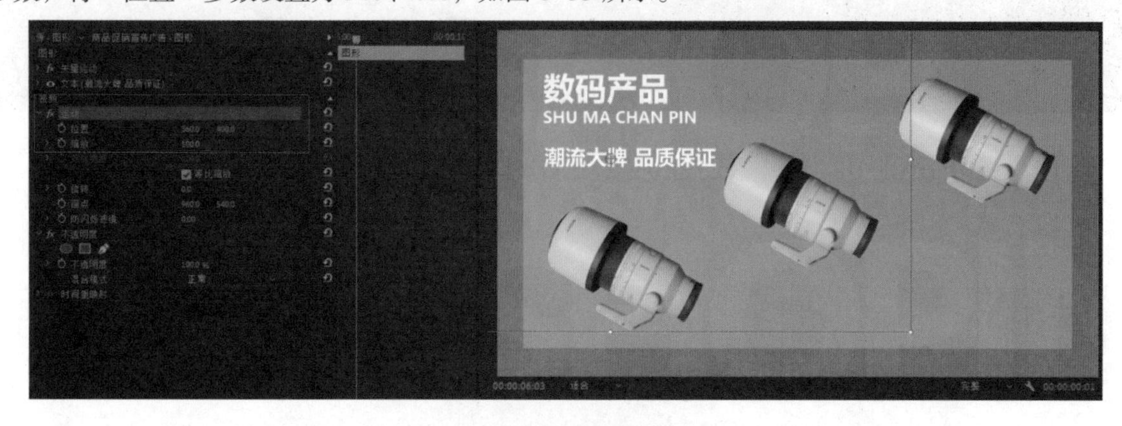

图 8-35 调整字幕素材所在的位置

⑲ 为 V8 轨道“潮流大牌 品质保证”字幕素材添加“效果→视频过渡→划像→交叉划像”效果，如图 8–36 所示。

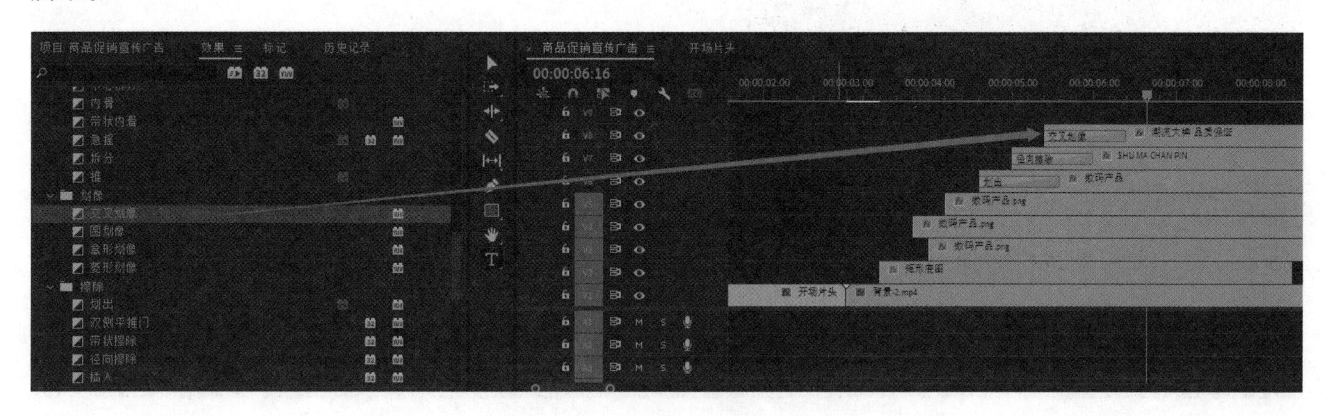

图 8–36　添加“交叉划像”效果

⑳ 在“时间线”面板，将“标尺”移动至“00:00:05:20”处，执行“图形和标题→新建图层→字幕”，创建一个字幕，字幕内容为“立刻购买 敬享 8 折优惠”。在“基本图形”面板设置字幕参数，字幕参数分别如下：“文本”中“字体”为“微软雅黑”，“大小”为 80，点击文字，单独选择“8 折”二字，在“基本图形”面板中，将“文本”中的“大小”更改为 110，“外观”中“填充”为“白色（RGB 255 255 255）”，“对齐并变换”中“对齐”为“水平居中对齐”和“垂直居中对齐”，如图 8–37 所示。

图 8–37　设置字幕参数

㉑ 调整 V8 轨道“立刻购买 敬享 8 折优惠”字幕素材的位置。在“效果控件”面板中展开“视频→运动”效果参数，将“位置”参数设置为 1350、850，如图 8–38 所示。

㉒ 为 V8 轨道“潮流大牌 品质保证”字幕素材添加“效果→视频效果→扭曲→变换”效果。在“效果控件”面板展开“变换”效果，设置关键帧动画，参数设置如下：在“00:00:05:20”时“位置”为 760、540，“缩放”为 150，“不透明度”为 0；在“00:00:06:10”时“位置”为 960、540，“缩放”为 100，“不透明度”为 100%，如图 8–39 所示。

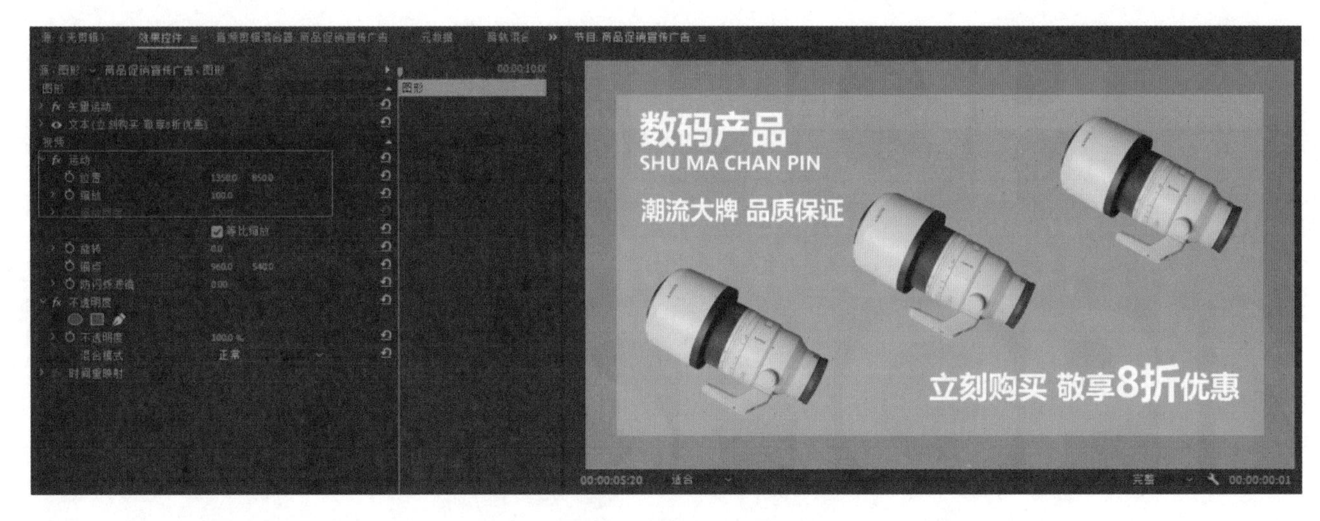

图 8-38　调整字幕位置

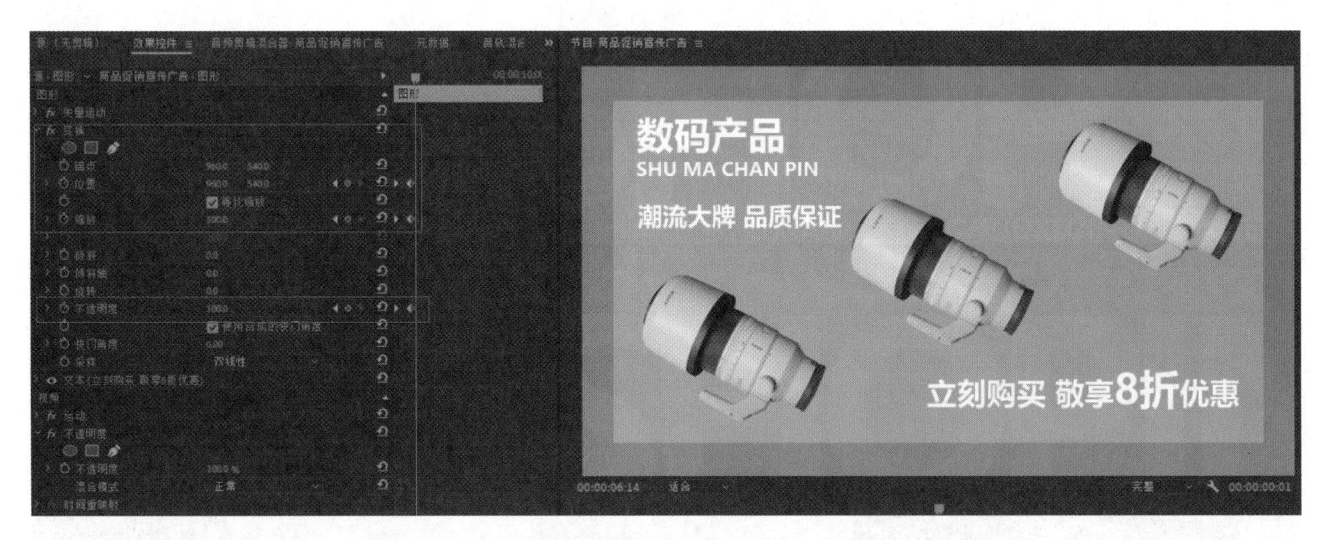

图 8-39 添加“变换”效果

㉓ 在“时间线”面板，将标尺移动“00:00:07:00”位置处，用“剃刀工具”分别将 V1 至 V9 轨道进行剪辑，并删掉 V1 至 V9 轨道“00:00:07:00”之后的素材。

㉔ 选中“时间线”面板中的素材，制作“嵌套”，命名为“场景一”，如图 8-40 所示。

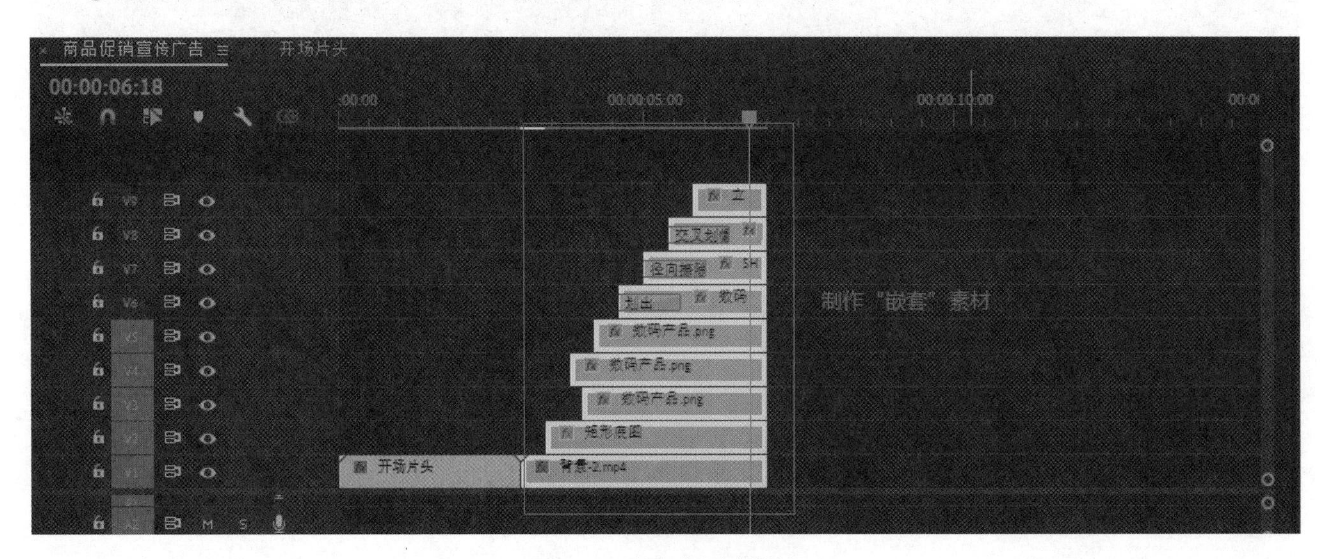

图 8-40　制作“嵌套”素材

4. 制作场景二

①在“项目”面板中选择“背景 -3”素材，将该素材拖至“时间线”面板上 V1 轨道的“00:00:07:00”处，如图 8-41 所示。

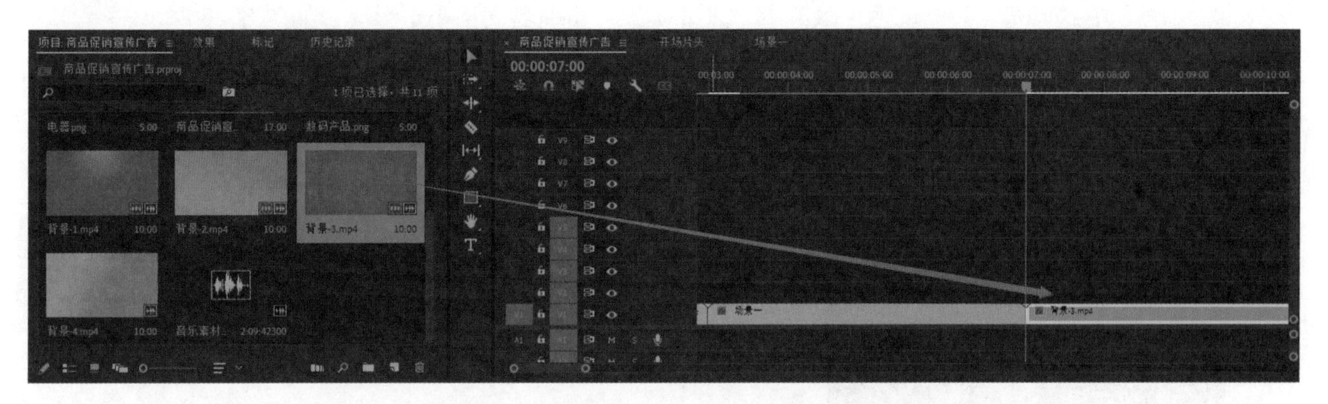

图 8-41　将“背景 -3”素材拖至“时间线”面板上

②在“时间线”面板，将“标尺”移动至“00:00:07:20”处，执行“图形和标题→新建图层→矩形”，创建一个矩形蒙版。快捷键 Ctrl+Alt+R，在“基本图形”面板中的“编辑”面板中设置矩形参数，将“对齐并变换”中的“对齐”下的“宽”设为 1500，“高”设为 700，鼠标左击“水平居中对齐”和“垂直居中对齐”，将“外观”中的“填充”关闭，启动“描边”，“颜色”为“白色（RGB 255 255 255），“描边宽度”为 20，“描边方向”为“外侧”，重命名为“边框”，如图 8-42 所示。

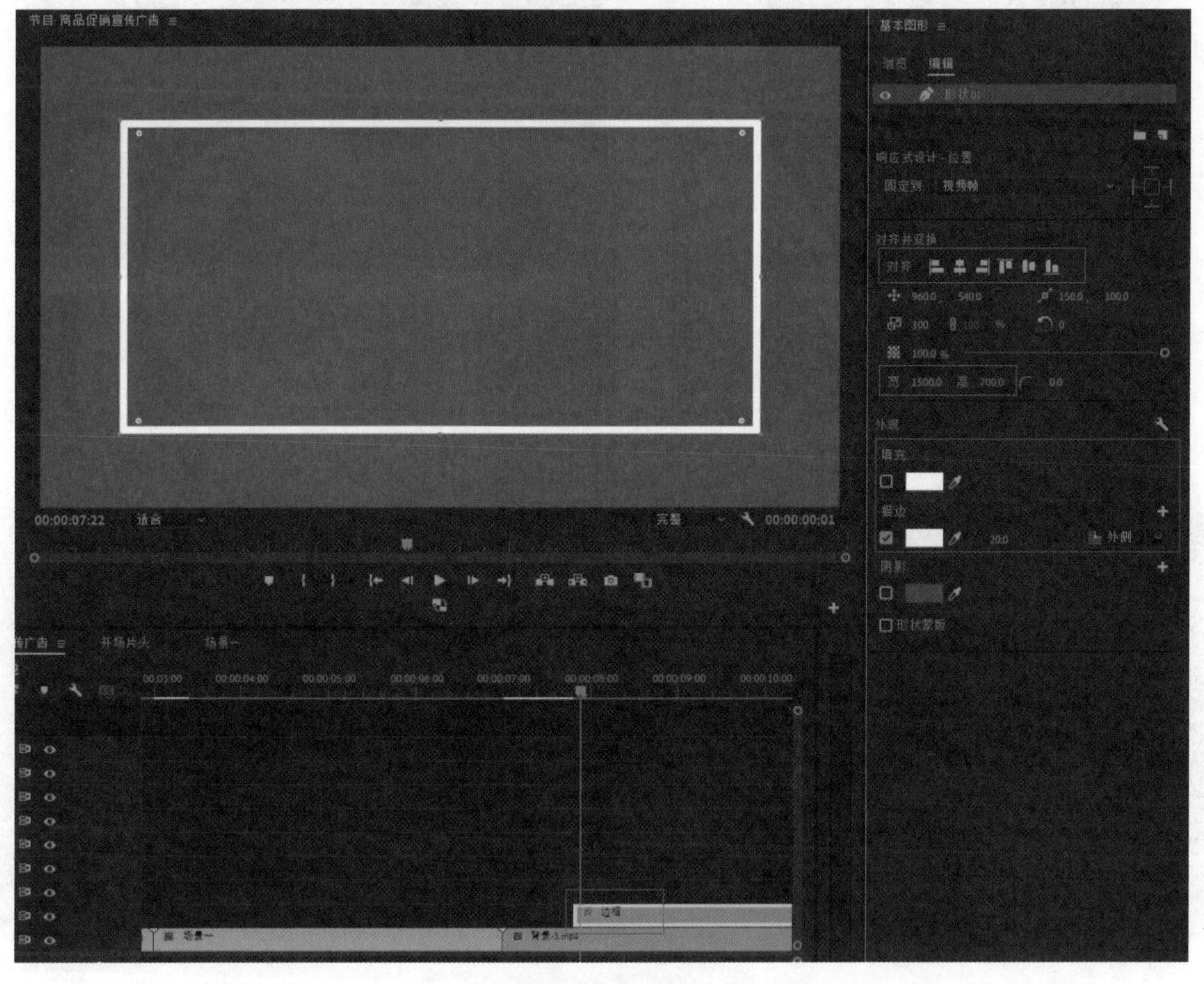

图 8-42　设置矩形参数

③在“时间线”面板，将“标尺”移动至“00:00:07:10”处，执行“图形和标题→新建图层→矩形”，创建一个矩形蒙版，快捷键 Ctrl+Alt+R。在“基本图形”面板中的“编辑”面板中设置矩形参数，将“对齐并变换”中的“对齐”下的“宽”设为 600，“高”设为 850，鼠标左击“水平居中对齐”和“垂直居中对齐”，“外观”中“填充”为“黄色（RGB 252 231 0）”，重命名为“小矩形”，如图 8-43 所示。

④为 V3 轨道的“小矩形”素材添加“效果→视频效果→扭曲→变换”效果，在“效果控件”面板中分别展开“变换”效果，制作关键帧动画。参数设置如下：“00:00:07:10”时“位置”为 -300、540；“00:00:07:20”时“位置”为 1440、540，如图 8-44 所示。

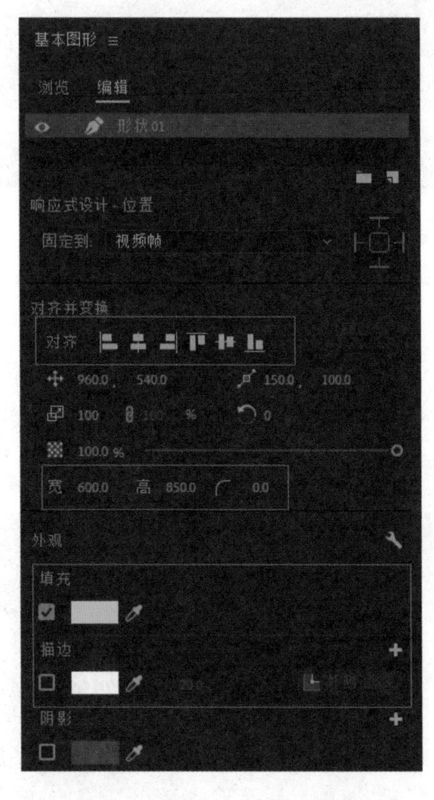

图 8-43　设置“小矩形”参数

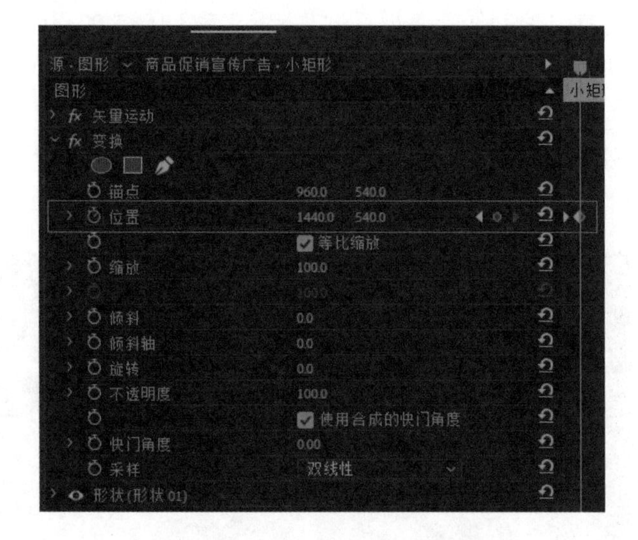

图 8-44　制作“小矩形”关键帧动画

⑤为 V2 轨道的“边框”素材添加“效果→视频效果→变换→裁剪”效果。在“效果控件”面板中分别展开“裁剪”效果，制作关键帧动画。参数设置如下：“00:00:07:20”时“左侧”为 100%；“00:00:08:05”时“左侧”为 0，如图 8-45 所示。

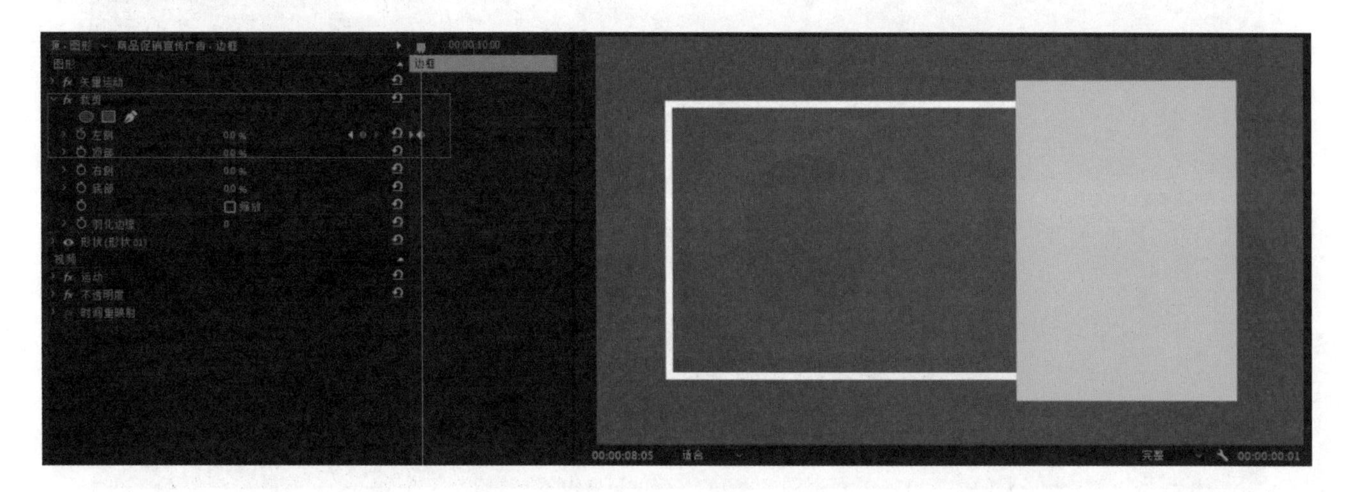

图 8-45　为“边框”素材添加“剪裁”效果

⑥在“时间线”面板，将“标尺”移动至“00:00:07:20”处，把“项目→望远镜”素材拖至 V4 轨道，如图 8–46 所示。

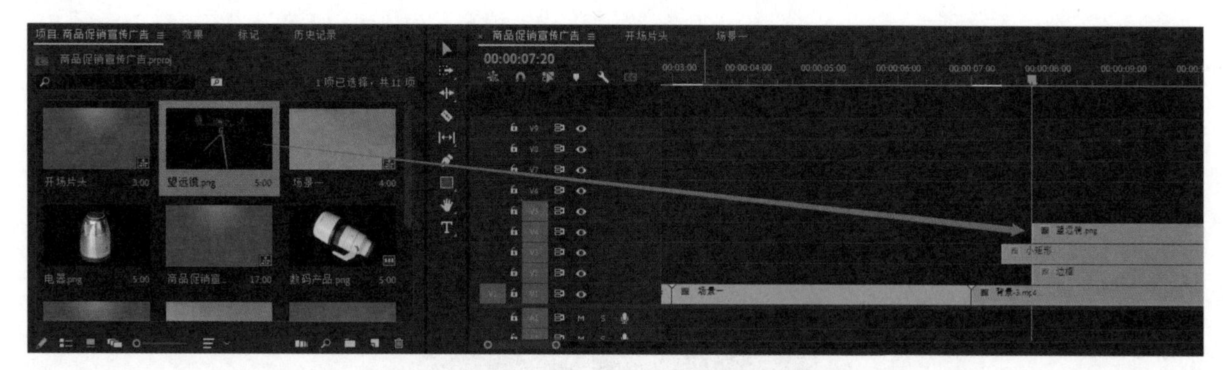

图 8–46　把“项目 – 望远镜”素材拖至 V4 轨道

⑦调整 V4 轨道“望远镜”素材的“位置”和“大小”。在“效果控件”面板展开“运动”效果，进行参数设置，参数设置如下：“位置”为 1430、540，“缩放”为 25，如图 8–47 所示。

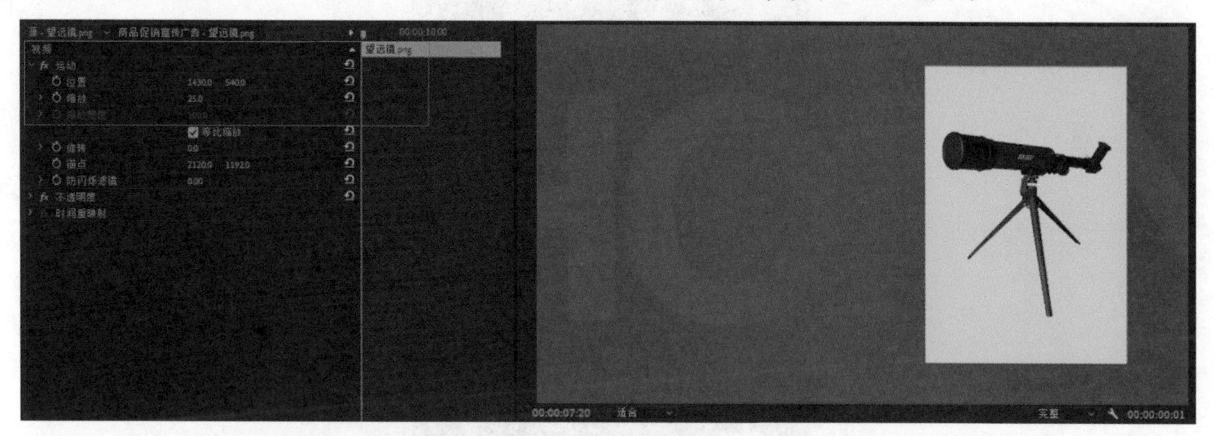

图 8–47　调整 V4 轨道“望远镜”素材的“位置”和“大小”

⑧为 V4 轨道的“望远镜”素材添加“效果→视频效果→扭曲→变换”效果，在“效果控件”面板中分别展开“变换”效果，制作关键帧动画。参数设置如下：第“00:00:07:20”时“缩放”为 0、“不透明度”为 0、“旋转”为 0°；第“00:00:08:05”时“缩放”为 100，“不透明度”为 100%，如图 8–48 所示。

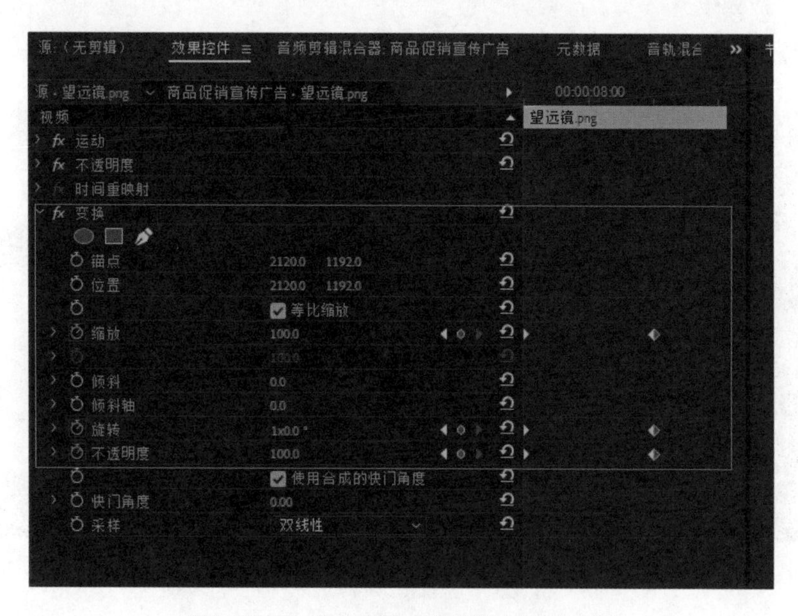

图 8–48　为“望远镜”素材设置“变换”效果

⑨添加字幕。将“时间线”面板中的“标尺”移动至“00:00:08:05”处，执行“图形和标题－新建图层－字幕”，创建一个字幕，字幕内容为“天文望远镜”。在“基本图形”面板设置字幕参数，字幕参数分别如下：“文本”中“字体”为“微软雅黑”，“大小”为100，“外观”中“填充”为“白色（RGB 255 255 255）”，“对齐并变换”中“对齐”为“水平居中对齐”和“垂直居中对齐”，如图8-49所示。

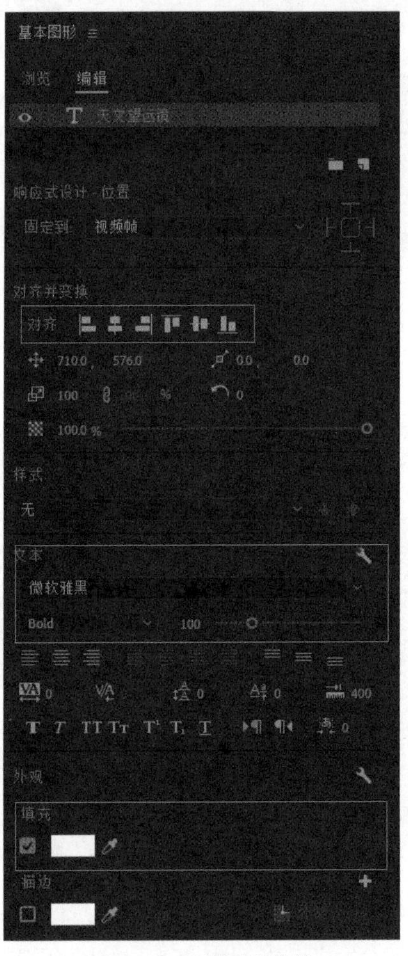

图8-49 设置字幕参数

⑩调整V5轨道“天文望远镜”字幕素材的位置。在“效果控件”面板中展开“视频→运动”效果参数，将“位置”参数设置为510、280，如图8-50所示。

图8-50 调整“天文望远镜”字幕素材的位置

⑪为V5轨道“天文望远镜”字幕素材添加“效果→视频过渡→插除→划出”效果，如图8-51所示。

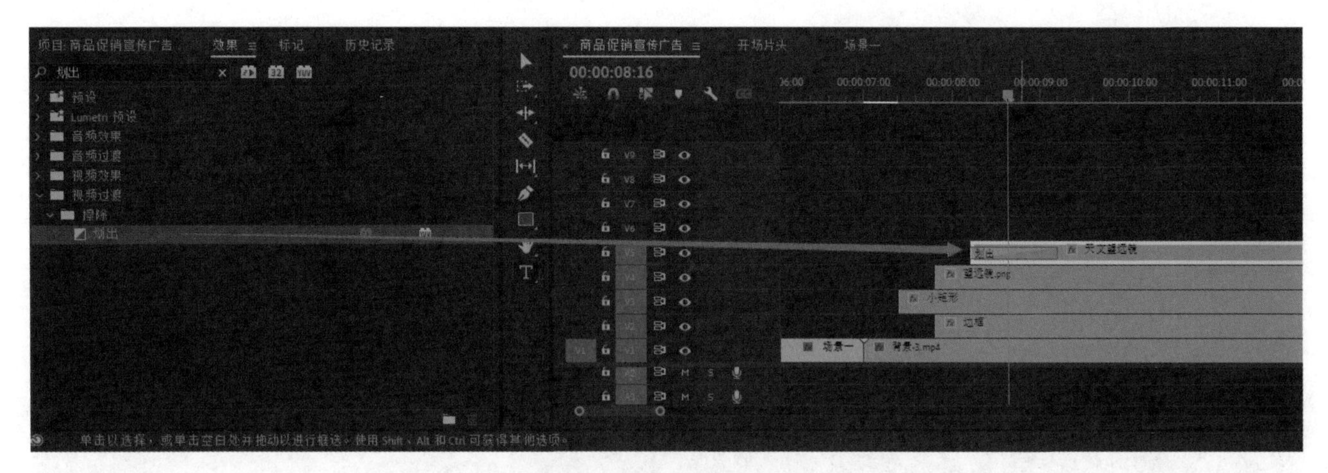

图 8-51　添加“划出”效果

⑫ 在“时间线”面板，将“标尺”移动至“00:00:08:15”处，执行“图形和标题→新建图层→字幕”，创建一个字幕，字幕内容为“TIAN WEN WANG YUAN JING”。在“基本图形”面板设置字幕参数，字幕参数分别如下：“文本”中“字体”为“微软雅黑”，“大小”为 50，“外观”中“填充”为“白色（RGB 255 255 255）”，“对齐并变换”中“对齐”为“水平居中对齐”和“垂直居中对齐”，如图 8-52 所示。

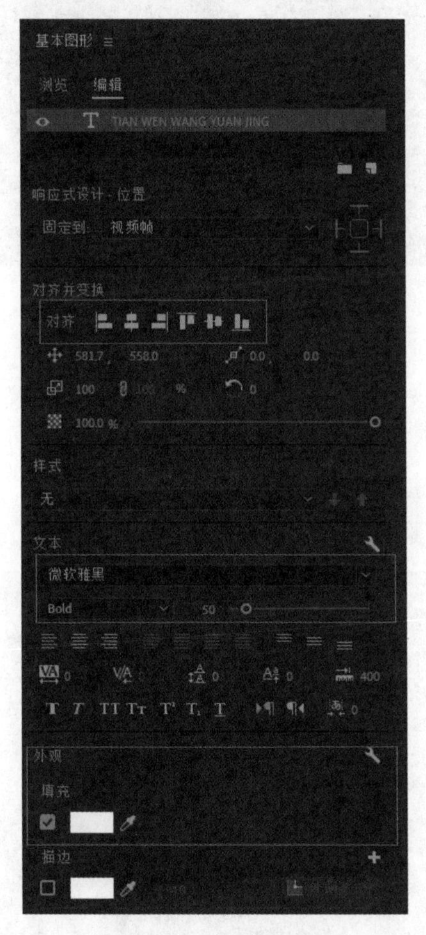

图 8-52　设置字幕参数

⑬ 调整 V6 轨道“TIAN WEN WANG YUAN JING”字幕素材的位置。在“效果控件”面板中展开“视频→运动”效果参数，将“位置”参数设置为 640、370，如图 8-53 所示。

⑭ 为 V6 轨道“TIAN WEN WANG YUAN JING”字幕素材添加“效果→视频过渡→插除→径向擦除”效果，如图 8-54 所示。

图 8-53　调整字幕素材的位置

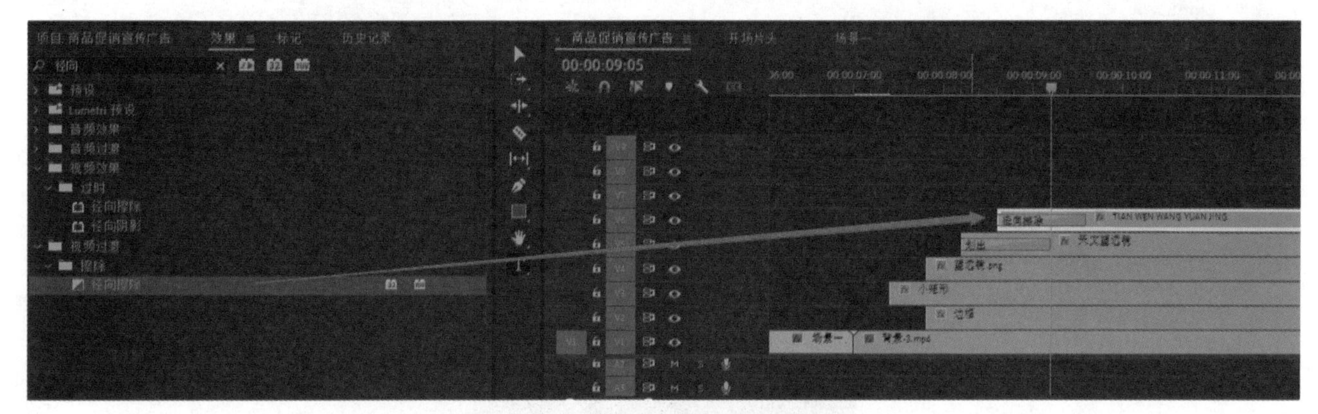

图 8-54　添加“径向擦除”效果

⑮ 在“时间线”面板，将“标尺”移动至“00:00:09:00”处，执行“图形和标题→新建图层→字幕”，创建一个字幕，字幕内容为“探寻宇宙的魅力”。在“基本图形”面板设置字幕参数，字幕参数分别是：“文本”中“字体”为“微软雅黑”，“大小”为 66，单独选取“魅力”二字，将“文本”中的“字号大小”设为 96，“外观”中“填充”为“白色（RGB 255 255 255）”，“对齐并变换”中“对齐”为“水平居中对齐”和“垂直居中对齐”，如图 8-55 所示。

图 8-55　在“基本图形”面板设置字幕参数

⑯ 调整 V7 轨道“探寻宇宙的魅力”字幕素材的位置。在“效果控件”面板中展开“视频→运动”效果参数，将“位置”参数设置为 530、540，如图 8–56 所示。

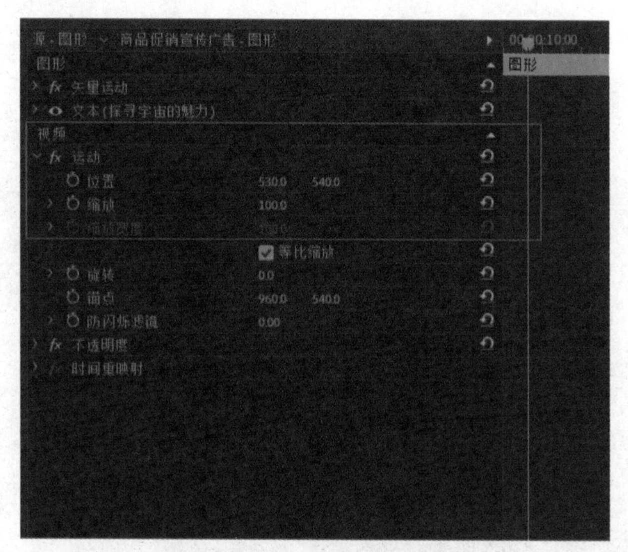

图 8–56　调整字幕素材的位置

⑰ 为 V7 轨道“探寻宇宙的魅力”字幕素材添加“效果→视频过渡→划像→交叉划像”效果，如图 8–57 所示。

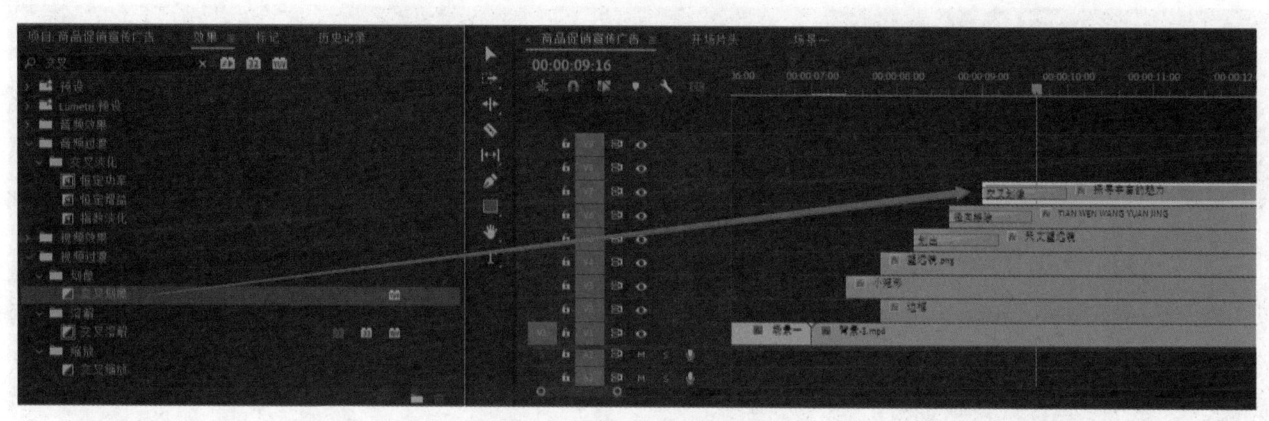

图 8–57　添加“交叉划像”效果

⑱ 在“时间线”面板，将“标尺”移动至“00:00:09:10”处，执行“图形和标题→新建图层→字幕”，创建一个字幕，字幕内容为“惊爆价：1599 元”。在“基本图形”面板设置字幕参数，字幕参数分别如下：“文本”中“字体”为“微软雅黑”，“大小”为 80，点击文字，单独选择“1599”，在“基本图形”面板中，将“文本”中的“大小”更改为 110，“外观”中“填充”为“白色（RGB 255 255 255）”，“对齐并变换”中“对齐”为“水平居中对齐”和“垂直居中对齐”，如图 8–58 所示。

⑲ 调整 V8 轨道“惊爆价：1599 元”字幕素材的位置。在“效果控件”面板中展开“视频→运动”效果参数，将“位置”参数设置为 730、750，如图 8–59 所示。

⑳ 为 V8 轨道“惊爆价：1599 元”字幕素材添加“效果→视频效果→扭曲→变换”效果。在“效果控件”面板展开“变换”效果，设置关键帧动画，参数设置如下：在“00:00:09:10”时“缩放”为 0，“不透明度”为 0，在“00:00:10:00”时“缩放”为 100；“不透明度”为 100%，如图 8–60 所示。

㉑ 在“时间线”面板，将标尺移动至“00:00:11:00”位置处，用“剃刀工具”分别将 V1 至 V9 轨道进行剪辑，并删掉 V1 至 V8 轨道“00:00:11:00”之后的素材。

㉒ 选中“时间线”面板中的素材，制作“嵌套”，命名为“场景二”，如图 8–61 所示。

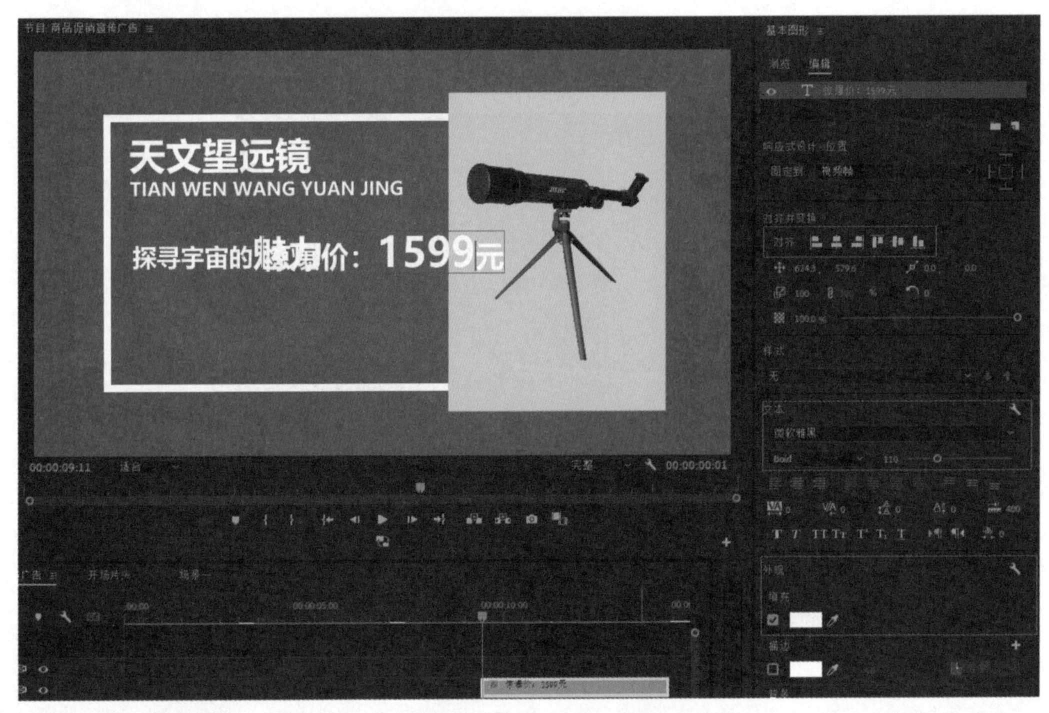

图 8-58　设置字幕参数

图 8-59　调整字幕素材的位置

图 8-60　添加“变换”效果

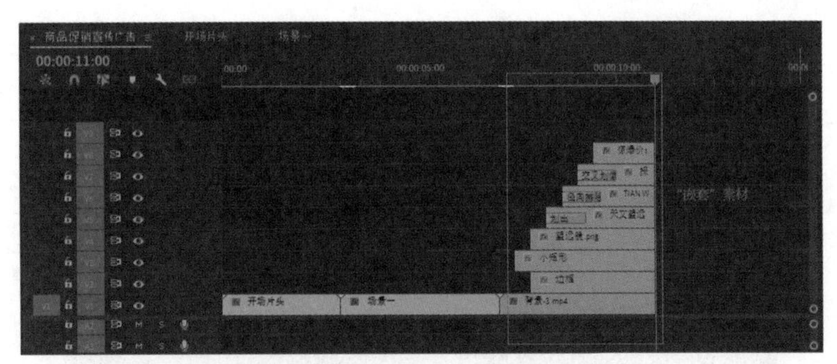

图 8-61　制作“嵌套”素材

5. 制作场景三

①在“项目”面板中选择“背景 -4”素材，将该素材拖至“时间线”面板上 V1 轨道的“00:00:07:00”处，如图 8-62 所示。

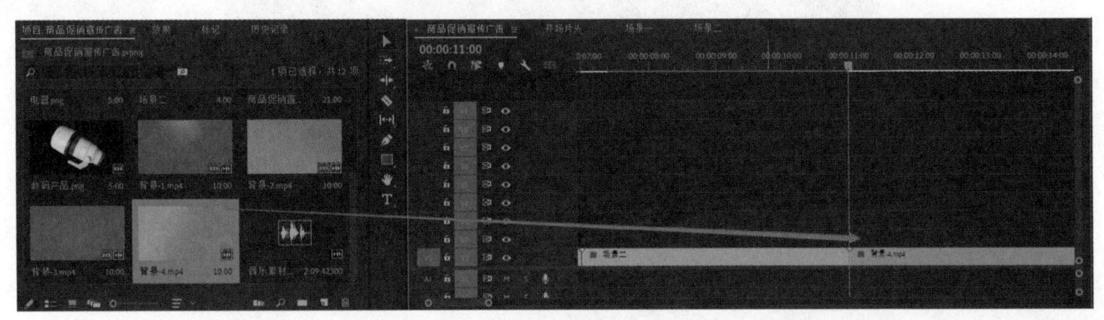

图 8-62　将“背景 -4”素材拖至“时间线”面板

②在“时间线”面板，将“标尺”移动至“00:00:11:10”处，执行“图形和标题→新建图层→矩形”，创建一个矩形蒙版，快捷键 Ctrl+Alt+R，在“基本图形”面板中的“编辑”面板中设置矩形参数，将“对齐并变换”中的“对齐”下的“宽”设为 1600，“高”设为 750，“不透明度”为 30%，鼠标左击“水平居中对齐”和“垂直居中对齐”，“外观”中“填充”“颜色”为“白色（RGB 255 255 255）”，重命名为“矩形底图 -1”，如图 8-63 所示。

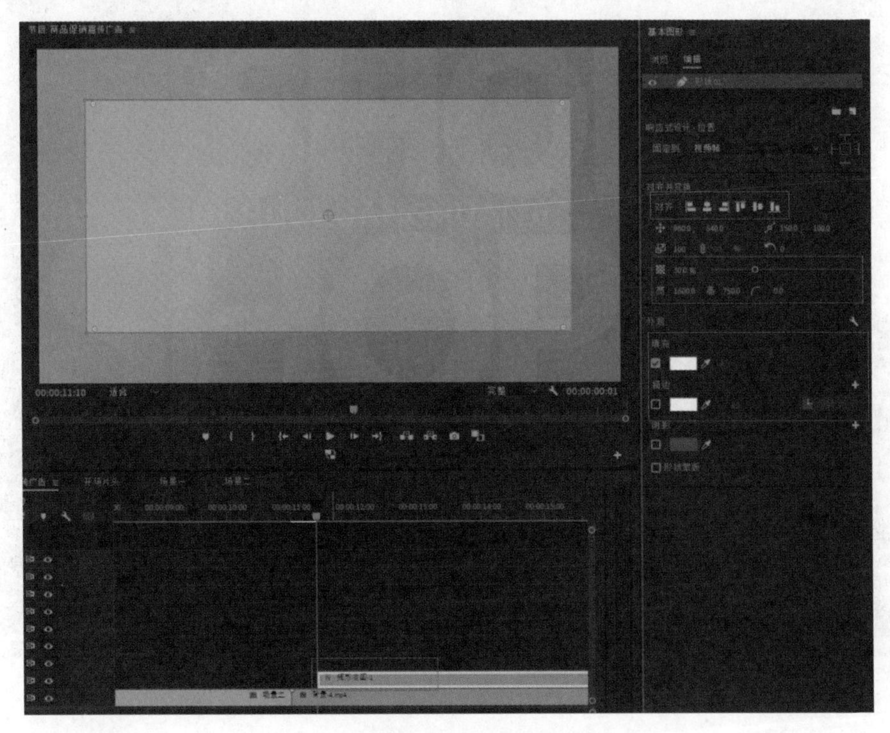

图 8-63　设置“矩形底图 -1”参数

③为 V2 轨道的“小矩形”素材添加“效果→视频效果→扭曲→变换”效果，在“效果控件”面板中分别展开“变换”效果，制作关键帧动画。参数设置如下：“00:00:11:10”时“缩放”为 0，“不透明度”为 0；“00:00:11:20”时“缩放”为 100，“不透明度”为 100%，如图 8–64 所示。

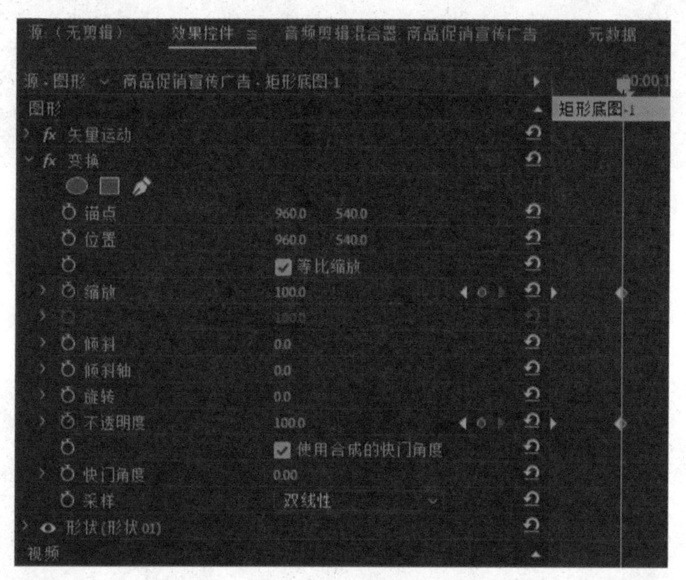

图 8–64　为“小矩形”添加“变换”效果

④在“时间线”面板，将“标尺”移动至“00:00:11:20”处，执行“图形和标题→新建图层→椭圆”，快捷键 Ctrl+Alt+E，创建一个椭圆蒙版。在“基本图形”面板中的“编辑”中设置“椭圆”蒙版参数，将“对齐并变换”中的“对齐”下的“宽”设为 300，“高”设为 300，鼠标左击“水平居中对齐”和“垂直居中对齐”，“外观”中“填充”“颜色”为“紫色（RGB 165 13 203）”，“描边”中“颜色”为“白色（RGB 255 255 255）”，“描边宽度”为 7，“描边方向”为“外侧”，重命名为“圆形底图”，如图 8–65 所示。

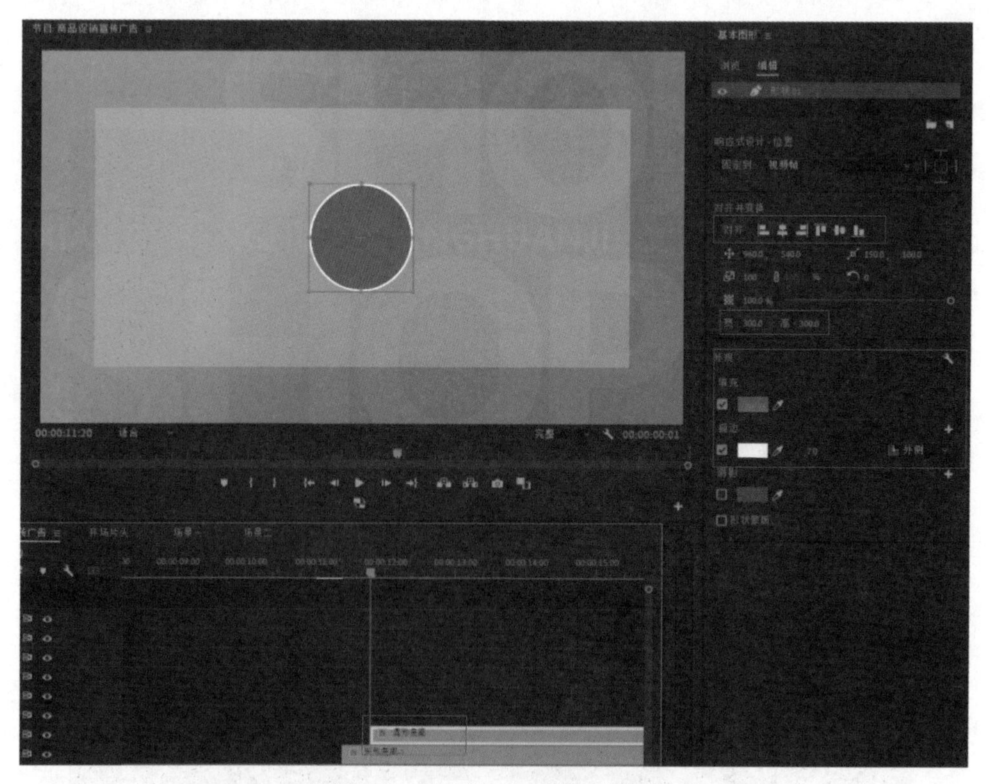

图 8–65　设置“圆形底图”蒙版参数

⑤在“时间线”面板，将“标尺”移动至“00:00:11:20”处，把“项目→电器”素材拖至 V4 轨道，如图 8–66 所示。

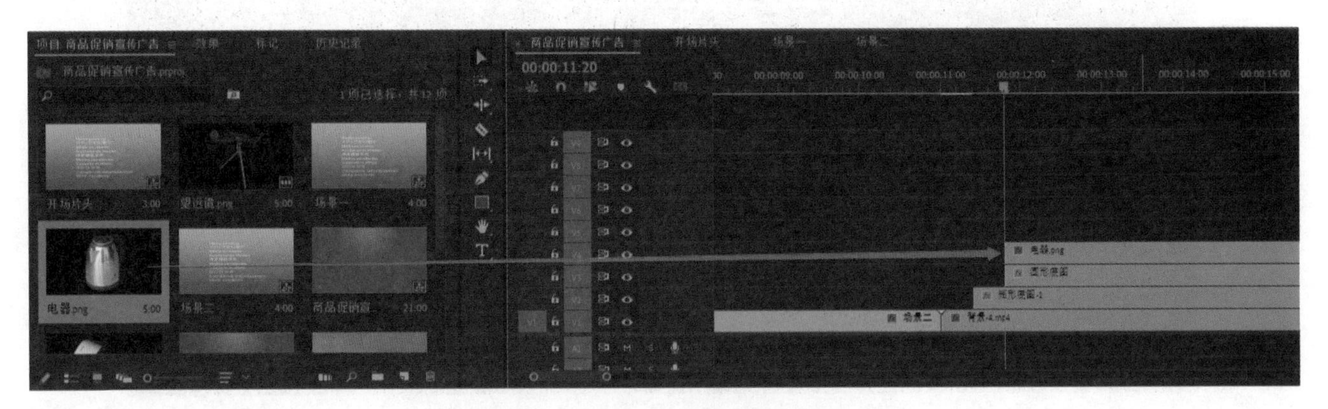

图 8–66　把“项目 – 电器”素材拖至 V4 轨道

⑥调整 V4 轨道“电器”素材的“位置”和“大小”。在“效果控件”面板展开“运动”效果，进行参数设置，参数设置如下：“位置”为 960、540，“缩放”为 11，如图 8–67 所示。

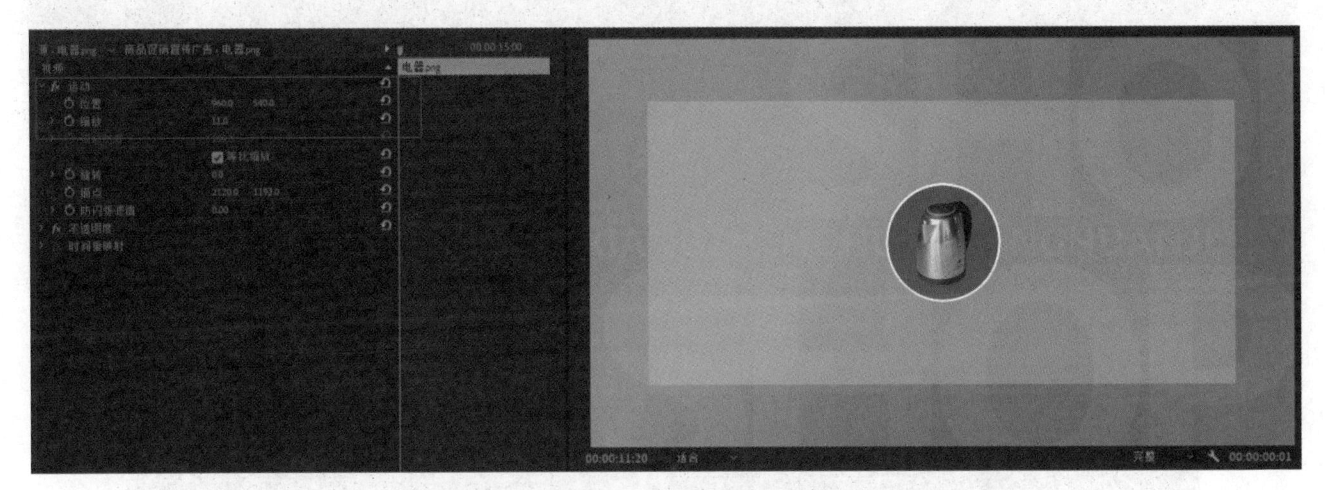

图 8–67　调整“电器”素材的“位置”和“大小”

⑦制作嵌套。选中 V3 轨道的“矩形底图”素材和 V4 轨道的“电器”素材，鼠标右击执行“嵌套”命令，“嵌套序列名称”改为“电器嵌套”，如图 8–68 所示。

图 8–68　“嵌套序列名称”改为“电器嵌套”

⑧将 V3 轨道“电器嵌套”素材复制，复制两份至 V4、V5 轨道，按住键盘 Alt 键，鼠标左击 V3 轨道“电器嵌套”素材向上拖动即可进行复制，如图 8–69 所示。

⑨为 V3 轨道“电器嵌套”素材添加“效果→视频过渡→擦除→时钟式插除”，缩短“时钟式插除”效果长度，如图 8–70 所示。

⑩在“时间线”面板，将“标尺”移动至“00:00:12:05”处，用“剃刀工具”剪掉并删除 V4、V5 轨道“电器嵌套”素材“00:00:12:05”之前的素材，如图 8–71 所示。

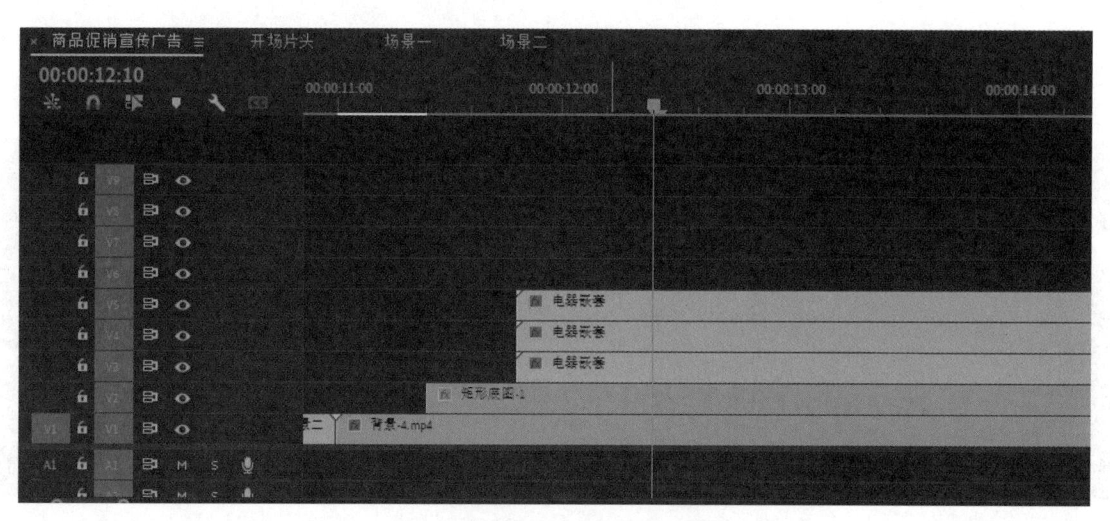

图 8-69　复制“电器嵌套”素材

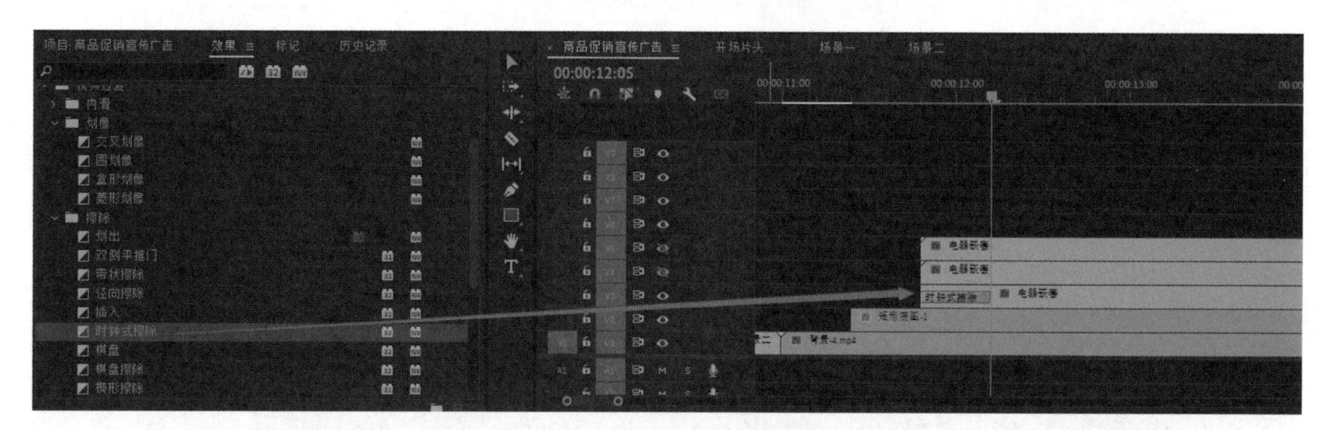

图 8-70　添加“时钟式插除”效果

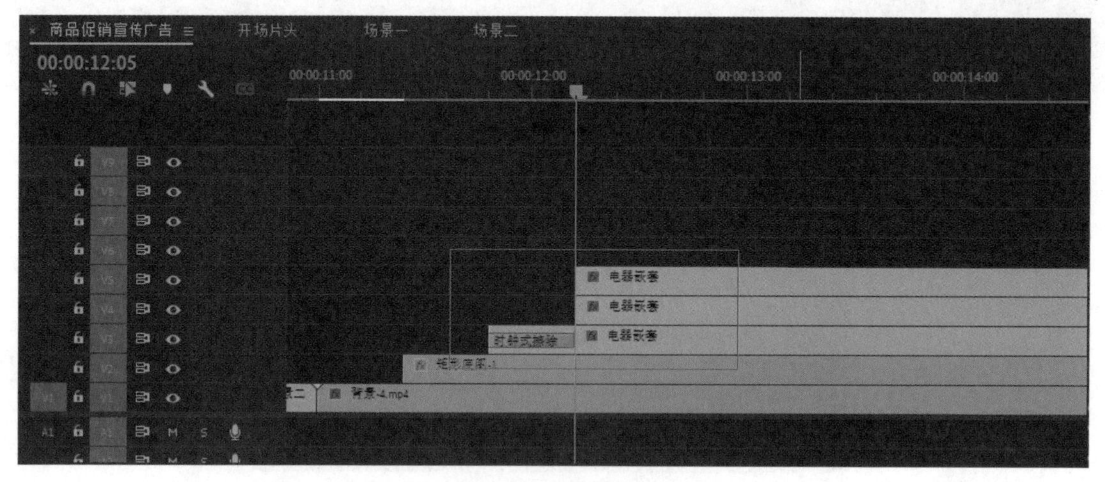

图 8-71　删除部分素材

⑪ 在“时间线”面板，为 V4、V5 轨道“电器嵌套”素材添加“效果→视频效果→扭曲→变换”效果。在“效果控件”面板设置“变换”中“位置”动画关键帧。V4 轨道“电器嵌套”素材“变换”中“位置”参数设置如下：在“00:00:12:05”时“位置”为 960、540；在“00:00:12:15”时“位置”为 510、540（图 8-72）。V5 轨道“电器嵌套”素材“变换”中“位置”参数设置如下：在“00:00:12:05”时“位置”为 960、540，在“00:00:12:15”时“位置”为 1410、540（图 8-73）。

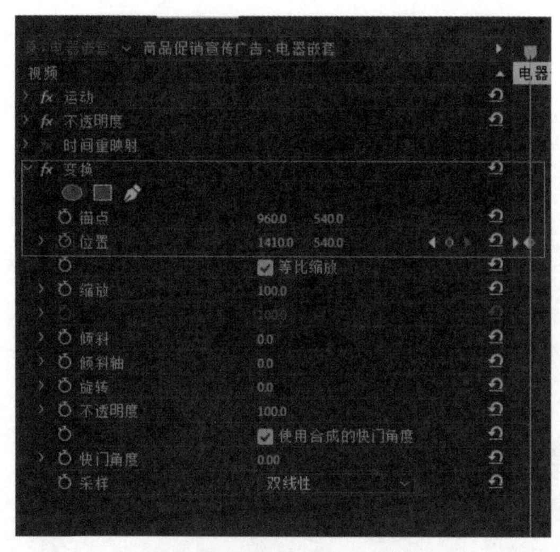

图 8-72　V4 轨道动画关键帧

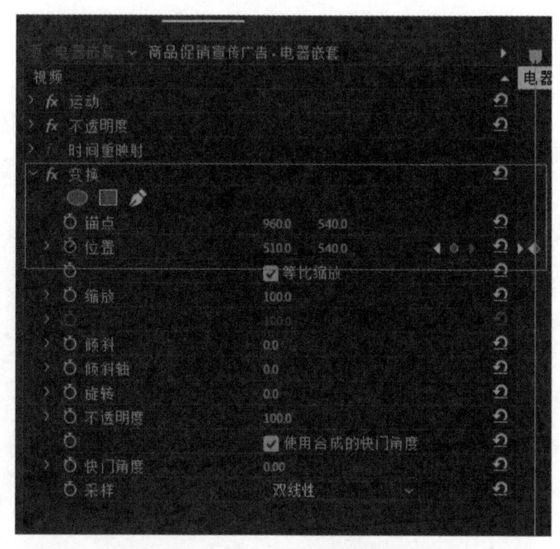

图 8-73　V5 轨道动画关键帧

⑫ 将 V3 轨道“电器嵌套”素材移动至 V6 轨道，如图 8-74 所示。

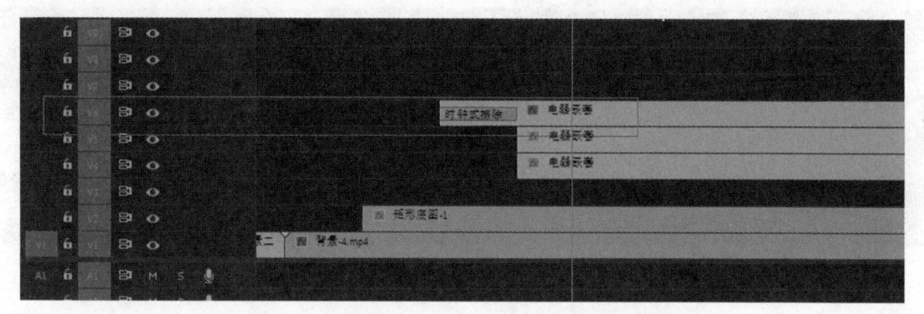

图 8-74　将 V3 轨道“电器嵌套”素材移动至 V6 轨道

⑬ 添加字幕。将“时间线”面板中的“标尺”移动至“00:00:12:10”处，执行“图形和标题→新建图层→字幕”，创建一个字幕，字幕内容为“家用小电器”。在“基本图形”面板设置字幕参数，字幕参数分别如下：“文本”中“字体”为“微软雅黑”，“大小”为 100，“外观”中“填充”为“白色（RGB 255 255 255）”，“对齐并变换”中“对齐”为“水平居中对齐”和“垂直居中对齐”，如图 8-75 所示。

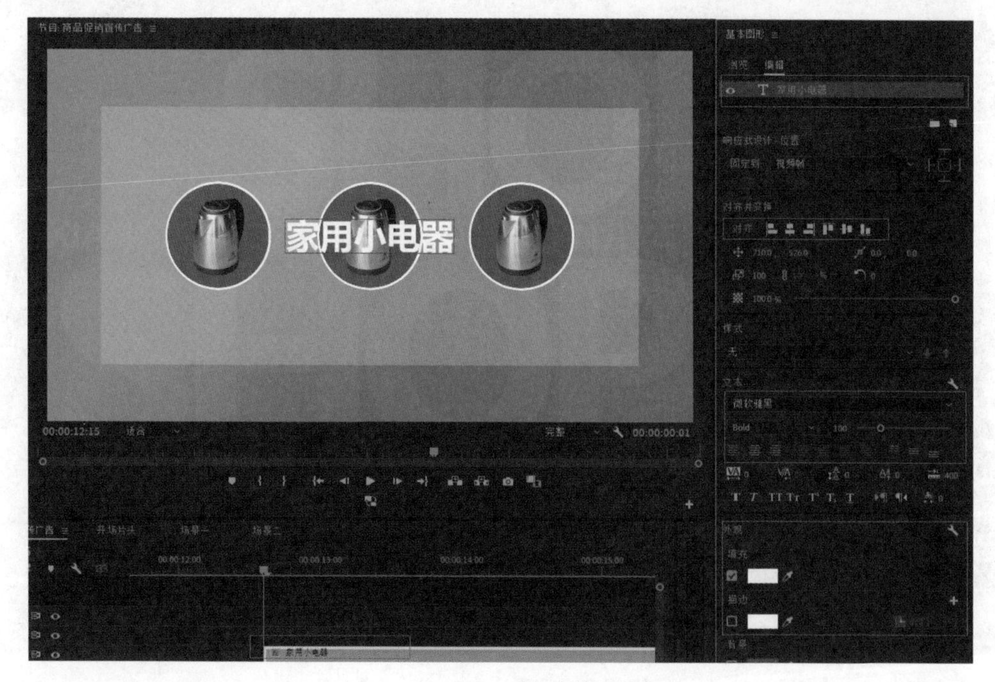

图 8-75　添加字幕

⑭ 调整 V7 轨道“家用小电器”字幕素材的位置。在“效果控件”面板中展开“视频→运动”效果参数，将“位置”参数设置为 960、245，如图 8-76 所示。

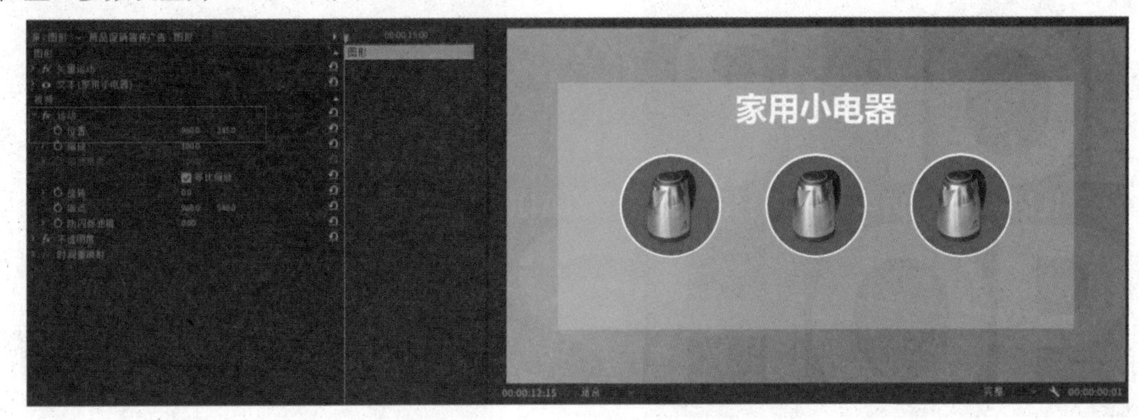

图 8-76 调整字幕位置

⑮ 为 V7 轨道“家用小电器”字幕素材添加“效果→视频过渡→插除→划出”效果，如图 8-77 所示。

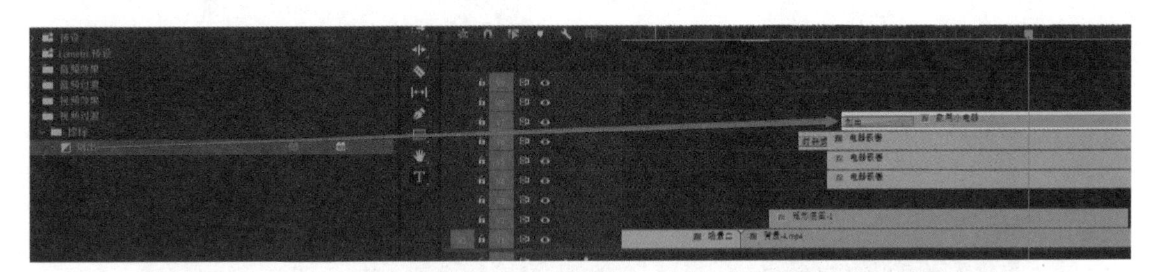

图 8-77 添加“划出”效果

⑯ 在“时间线”面板，将“标尺”移动至“00:00:12:20”处，执行“图形和标题→新建图层→字幕”，创建一个字幕，字幕内容为“JIA YONG XIAO DIAN QI”。在“基本图形”面板设置字幕参数，字幕参数分别如下：“文本”中“字体”为“微软雅黑”，“大小”为 50，“外观”中“填充”为“白色（RGB 255 255 255）”，“对齐并变换”中“对齐”为“水平居中对齐”和“垂直居中对齐”，如图 8-78 所示。

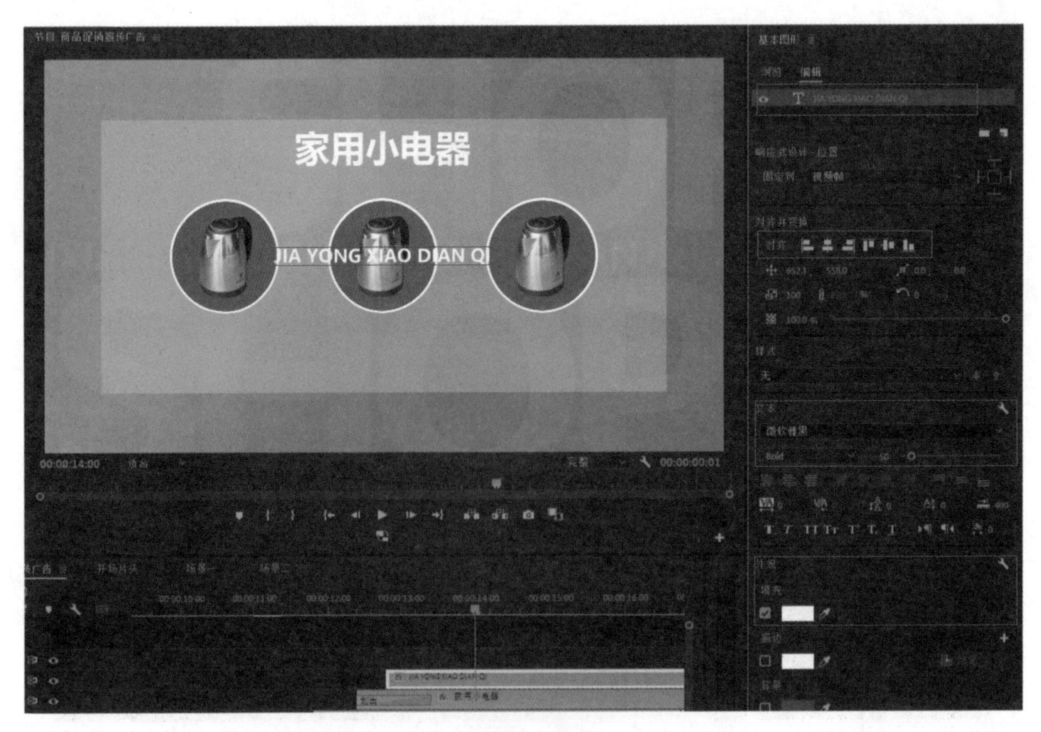

图 8-78 调整“基本图形”面板

⑰ 调整 V8 轨道“JIA YONG XIAO DIAN QI”字幕素材的位置。在“效果控件”面板中展开“视频→运动”效果参数，将“位置”参数设置为 960、335，如图 8-79 所示。

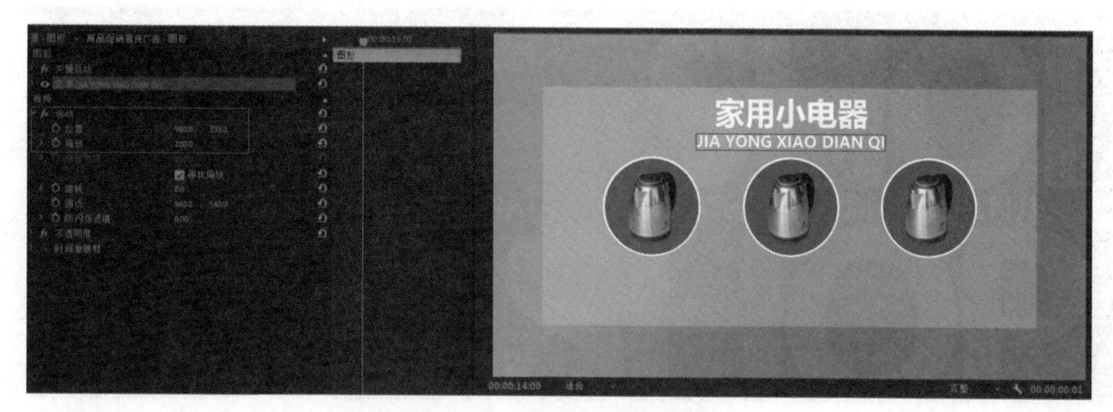

图 8-79　调整字幕素材的位置

⑱ 为 V8 轨道“JIA YONG XIAO DIAN QI”字幕素材添加“效果→视频过渡→插除→径向擦除”效果，如图 8-80 所示。

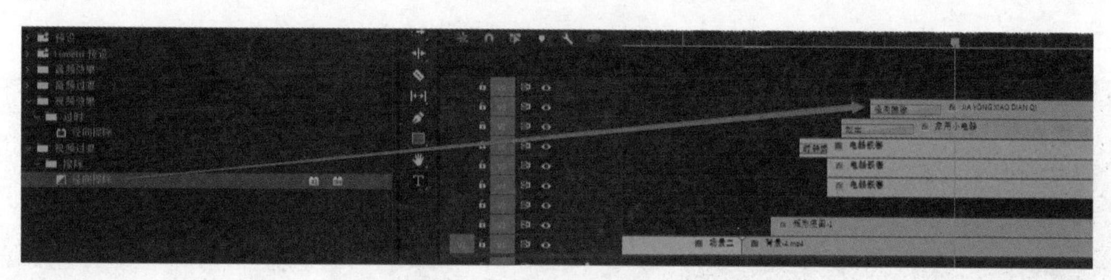

图 8-80　添加“径向擦除”效果

⑲ 在“时间线”面板，将“标尺”移动至“00:00:13:05”处，执行“图形和标题→新建图层→字幕”，创建一个字幕，字幕内容为“加入 VIP 会员　免费赠送”。在“基本图形”面板设置字幕参数，字幕参数分别如下：“文本”中“字体”为“微软雅黑”，“大小”为 66，单独选取“VIP”和“赠”字，将“文本”中的“字号大小”设为 96，“外观”中“填充”为“白色（RGB 255　255　255）”，“对齐并变换”中“对齐”为“水平居中对齐”和“垂直居中对齐”，如图 8-81 所示。

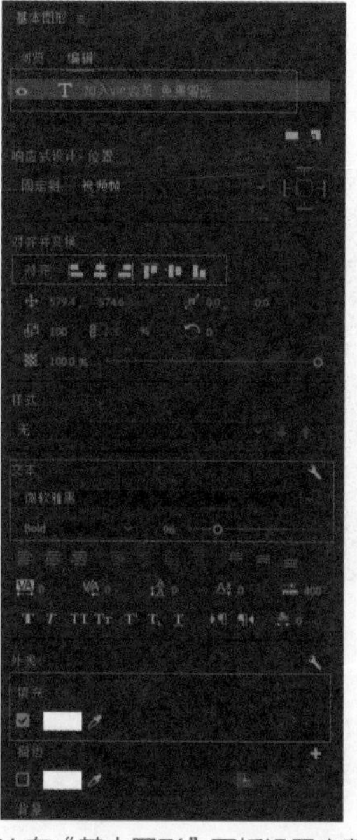

图 8-81 在“基本图形”面板设置字幕参数

⑳ 调整 V9 轨道“加入 VIP 会员 免费赠送”字幕素材的位置。在“效果控件”面板中展开“视频→运动”效果参数，将“位置”参数设置为 960、800，如图 8-82 所示。

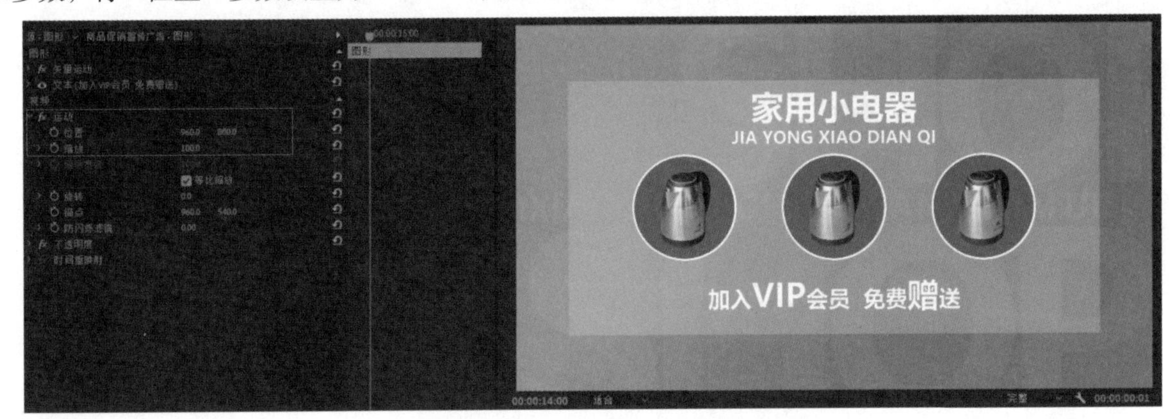

图 8-82 调整字幕素材的位置

㉑ 为 V9 轨道“加入 VIP 会员 免费赠送”字幕素材添加“效果→视频效果→扭曲→变换”效果。在“效果控件”面板展开“变换”效果，设置关键帧动画，参数设置如下：在“00:00:13:05”时“缩放”为 175；“不透明度”为 0；在“00:00:13:15”时，“缩放”为 100；“不透明度”为 100%，如图 8-83 所示。

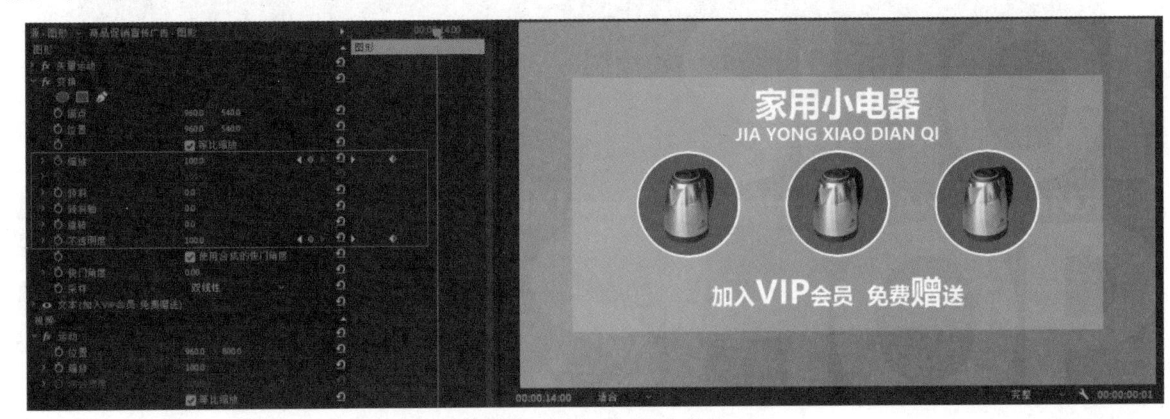

图 8-83 添加“变换”效果

㉒ 在“时间线”面板，将标尺移动“00:00:14:00”位置处，用“剃刀工具”分别将 V1 至 V9 轨道进行剪辑，并删掉 V1 至 V8 轨道“00:00:14:00”之后的素材。

㉓ 选中“时间线”面板中的素材，制作“嵌套”，命名为“场景三”，如图 8-84 所示。

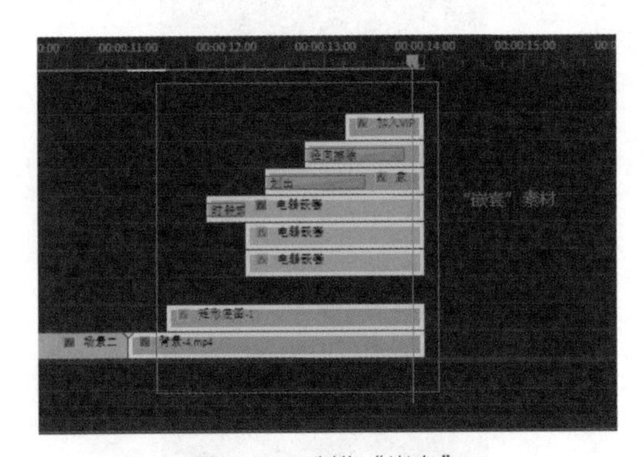

图 8-84 制作“嵌套”

6. 制作片尾

①在“项目”面板中选择“背景 -1”素材，将该素材拖至“时间线”面板上的 V1 轨道的“00:00:14:00”处，如图 8-85 所示。

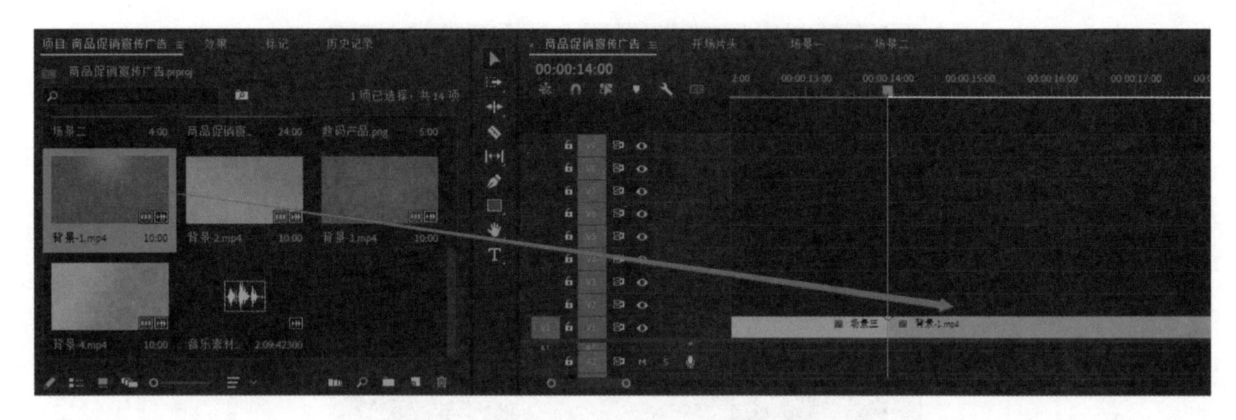

图 8-85　将“背景 -1”素材拖至“时间线”面板

②在“时间线”面板，将标尺移动“00:00:14:10”位置处，执行“图形和标题→新建图层→矩形”，快捷键 Ctrl+Alt+R，创建一个矩形蒙版。在“基本图形”面板中的“编辑”面板中设置多边形参数，在“对齐并变换”中“对齐”分别点击“水平居中对齐”和“垂直居中对齐”，“宽”为 1250，“高”为 200，“角半径”为 10，将“外观”中“填充”去掉，启动“描边”，“颜色”为“白色（RGB 255 255 255）”，“描边宽度”为 3，并选择“外侧”，名称更改为“矩形 -1”，如图 8-86 所示。

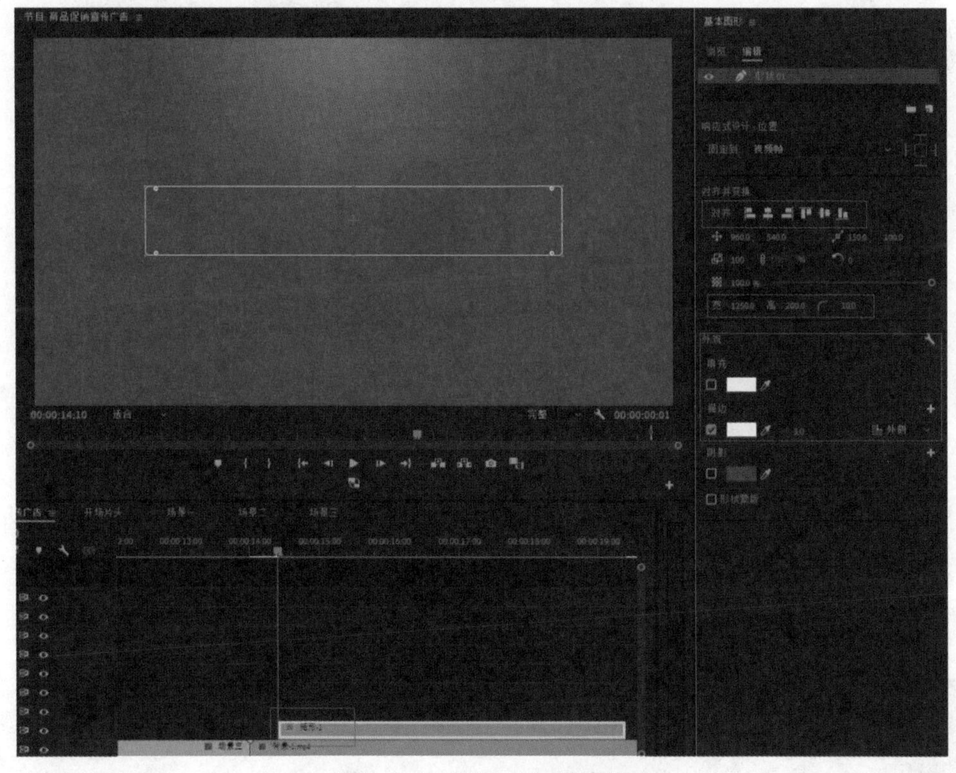

图 8-86　“矩形 -1”参数设置

③为 V2 轨道的“矩形 -1”素材添加“添加→效果→视频效果→变换”效果，在“效果控件”面板展开“变换”效果设置动画关键帧，参数设置如下：在“00:00:14:10”时“缩放”为 175，“不透明度”为 0，在“00:00:14:20”时“缩放”为 100，“不透明度”为 100%，如图 8-87 所示。

④添加字幕。在“时间线”面板将“标尺”移动至“00:00:14:10”处，执行“图形和标题→新建图层→字幕”，创建一个字幕，字幕内容为“幸福生活 品质人生”。在“基本图形”面板设置字幕参数，字幕参数分别如下：“文本”中“字体”为“微软雅黑”，“大小”为 135，“外观”中“填充”为“白色（RGB 255 255 255）”，“对齐并变换”中“对齐”为“水平居中对齐”和“垂直居中对齐”，如图 8-88 所示。

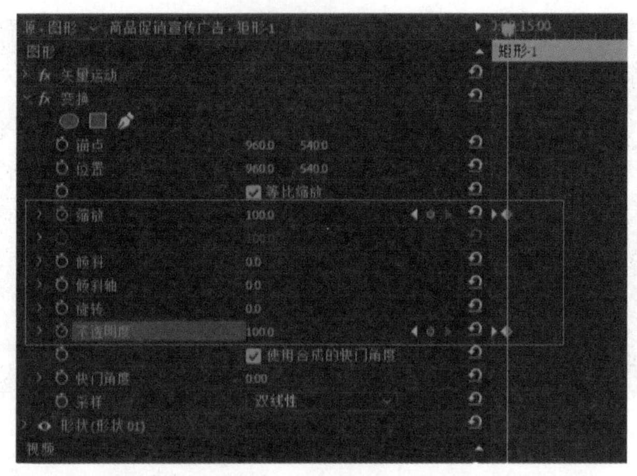

图 8-87 添加“变换”效果

图 8-88 设置字幕参数

⑤为 V3 轨道的“幸福生活 品质人生”素材添加“添加→效果→视频效果→变换”效果，在“效果控件”面板展开“变换”效果，设置动画关键帧，参数设置如下：在“00:00:14:10”时“缩放”为 0，“不透明度”为 0；在“00:00:14:20”时“缩放”为 100，“不透明度”为 100%，如图 8-89 所示。

图 8-89　添加“变换”效果

⑥在“时间线”面板将“标尺”移动至“00:00:14:20”处，执行“图形和标题→新建图层→字幕”，创建一个字幕，字幕内容为“狂欢季与您 5 月 1 日相约商品大世界”。在“基本图形”面板设置字幕参数，字幕参数分别如下：“文本”中“字体”为“微软雅黑”、“大小”为 75，“外观”中“填充”为“白色（RGB 255 255 255）”，“对齐并变换”中“对齐”为“水平居中对齐”和“垂直居中对齐”，如图 8–90 所示。

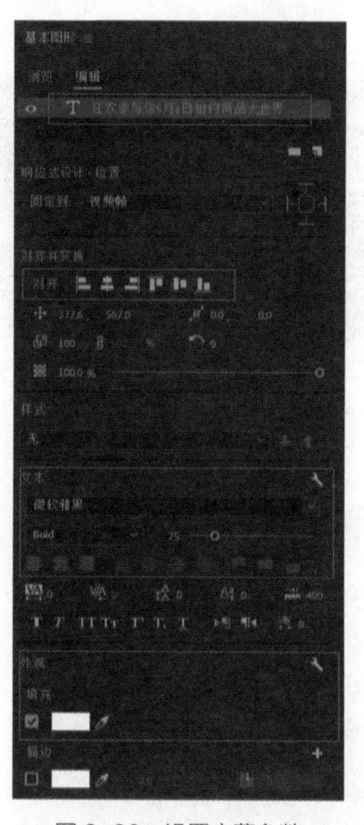

图 8–90　设置字幕参数

⑦调整 V4 轨道“狂欢季与您 5 月 1 日相约商品大世界”字幕素材的位置。在“效果控件”面板中展开“视频→运动”效果参数，将“位置”参数设置为 960、700。

⑧选中“时间线”面板中的素材，制作“嵌套”，命名为“片尾场景”，如图 8–91 所示。

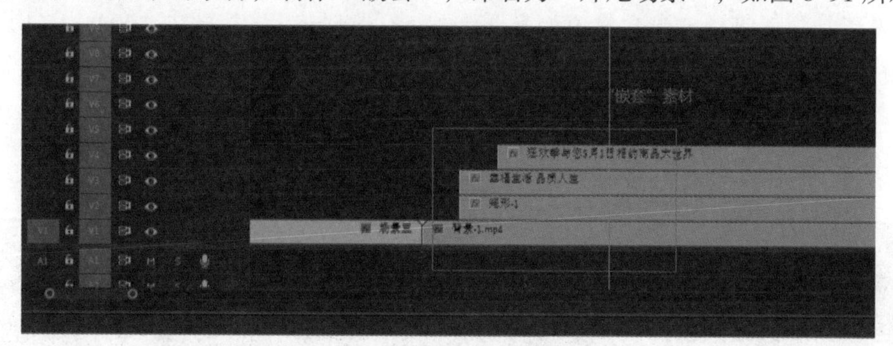

图 8–91　制作“嵌套”

7. 制作转场

①在“时间线”面板，将“场景一”移动至“00:00:02:15”处，如图 8–92 所示。

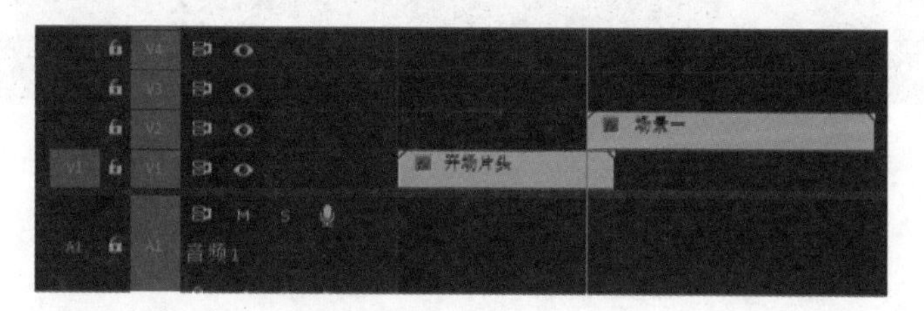

图 8–92　移动“场景一”

②为V1轨道“开场片头”素材和V2轨道“场景一”素材添加“效果→视频效果→扭曲→变换”效果，在“效果控件”面板展开“变换”效果，设置动画关键帧，参数设置如下：V1轨道“开场片头”素材在“00:00:02:05”时“位置”为960、540，“00:00:02:15”时“位置”为-960、540（图8-93）；V2轨道“场景一”素材在“00:00:02:05”时“位置”为2880、540，“00:00:02:15”时“位置”为960、540，“00:00:06:05”时“位置”为960、540，“00:00:06:15”时“位置”为960、1620（图8-94）。

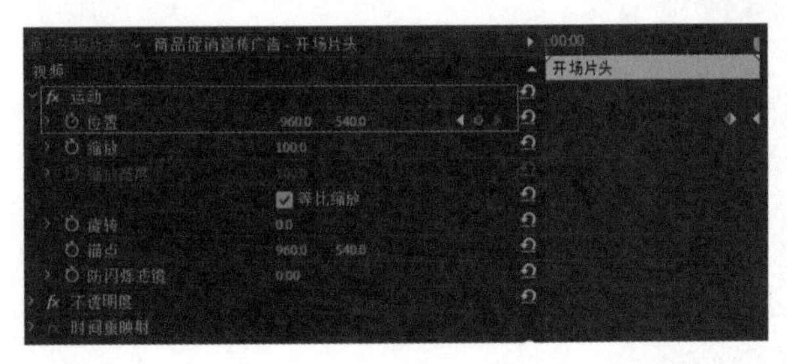

图8-93 “开场片头”参数设置

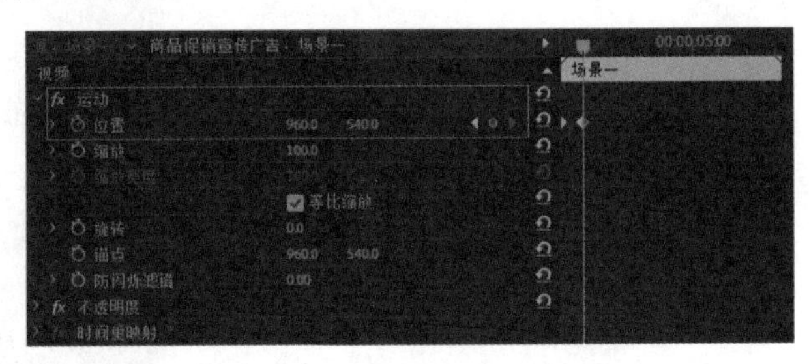

图8-94 “场景一”参数设置

③将V1轨道“场景二”素材移动至V1”轨道“00:00:06:05”处。

④为V1轨道“场景二”素材添加“效果→视频效果→扭曲→变换”效果，在“效果控件”面板展开“变换”效果，设置动画关键帧，参数设置如下：V1轨道“场景二”素材在“00:00:06:05”时“位置”为960、-540，“00:00:06:15”时“位置”为960、540，“00:00:09:20”时“位置”为960、540，“00:00:10:05”时“位置”为2880、540。

⑤将V1轨道“场景三”素材移动至V1轨道“00:00:09:20”处。

⑥为V2轨道“场景三”素材添加“效果→视频效果→扭曲→变换”效果，在“效果控件”面板展开“变换”效果，设置动画关键帧，参数设置如下：V1轨道“场景三”素材在“00:00:09:20”时“位置”为-960、540，“00:00:10:05”时“位置”为960、540，“00:00:12:10”时“位置”为960、540，“00:00:10:20”时“位置”为960、-540。

⑦将V1轨道“场景三”素材移动至V1轨道“00:00:09:20”处。

⑧为V2轨道“片尾场景”素材添加“效果→视频效果→扭曲→变换”效果，在“效果控件”面板展开“变换”效果，设置动画关键帧，参数设置如下：V1轨道“场景三”素材在“00:00:10:10”时“位置”为960、1620，“00:00:10:20”时“位置”为960、540。

⑨添加音乐。在“项目”面板中选择“背景-1”素材，将该素材拖至“时间线”面上的A1轨道的“00:00:00:00”处，如图8-95所示。

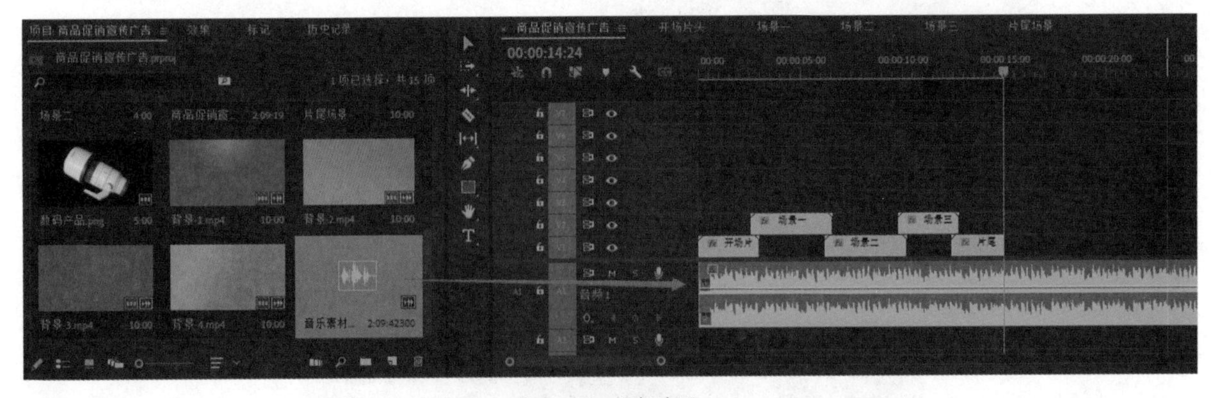

图8-95 添加音乐

⑩在“时间线”面板，选择A1轨道音频素材用“剃刀工具”剪掉并删除“00:00:15:00”处之后的素材，如图8-96所示。

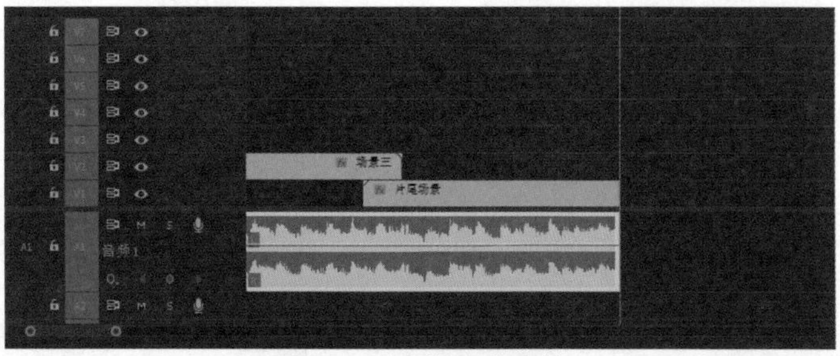

图 8-96　删掉部分素材

⑪ 设置音频“缓出”关键帧动画，在“时间线”面板，先择 A1 轨道音频素材，将“标尺”移动至“00:00:13:00”处点击“音频码表”，将“标尺”移动至“00:00:15:00”处再次点击“音频码表”，鼠标左击推至最低，如图 8-97 所示。

图 8-97　设置音频“缓出”关键帧动画

⑫ 点击“导出”，选择“路径”，完成渲染。

任务 2　Vlog 短视频

学习情境

Vlog 全称是 video blog 或 video log，意思是视频日志。Vlog 作者以影像代替文字或图片，写个人网志，上传与网友分享。每条 Vlog 视频为 15 ～ 60 秒，其时效性、易传播性是优势。

随着短视频平台的兴起，个人媒体成为了时下最火热的传播媒介。其“短小精悍”的特点，与快节奏生活模式下的人们精神生活需求相契合。与之相对应的商业宣传模式也应运而生。本次任务结合当前国家的“黄河战略”，以济南黄河风景区作为模拟宣传对象，讲解详细的制作步骤，使初学者可以理解并独立制作完成一条精美的景点宣传 Vlog。黄河风景区 Vlog 展示效果图见 8-98。

图 8-98　黄河风景区 Vlog 展示效果图

操作步骤指引

1. 新建项目

①打开 Adobe Premiere Pro 2023 软件，点击“新建项目”，项目名命名为“Vlog 短视频”，选择合适的“项目位置”，选择所需要的素材，点击“创建”按钮，创建项目，如图 8-99 所示。

图 8-99 创建项目

②执行“文件→新建→序列”命令，快捷键 Ctrl+N，创建一个序列。序列预设为：分辨率“1920×1080”，帧速率“25 帧 / 秒”，色彩空间“BT.709 RGB FULL”，序列名称“Vlog 短视频”，点击“确定”，如图 8-100 所示。

图 8-100 序列预设

2. 制作开场字幕片头

①将“项目”面板中的“镜头 34”素材添加到“时间线”面板的 V1 轨道，“持续时间”为“00:00:03:00”，如图 8-101 所示。

图 8-101　将“镜头 34”添加到 V1 轨道

②为 V1 轨道“镜头 34”素材添加“效果→视频效果→变换→裁剪”效果。在“效果控件”面板展开“裁剪”效果设置关键帧动画，参数设置如下：在“00:00:00:00”时“裁剪”效果“顶部”为 50%，“底部”为 50%；在“00:00:03:00”时“裁剪”效果“顶部”为 0，“底部”为 0，如图 8-102 所示。

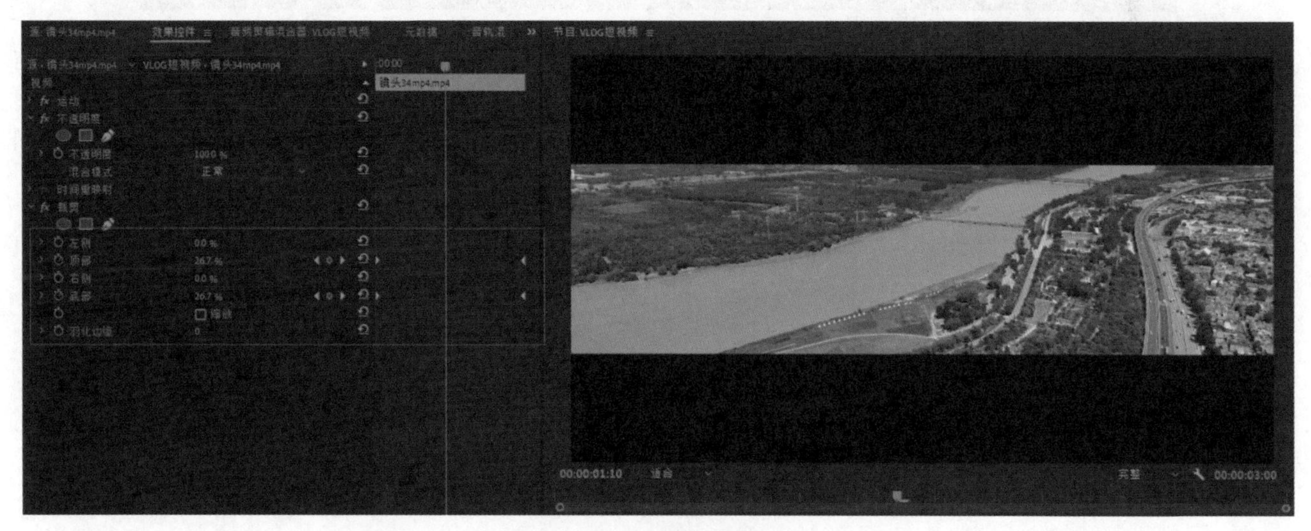

图 8-102 设置关键帧动画

③在“时间线”面板，将“标尺”移动至“00:00:00:15”处，执行“图形和标题 - 新建图层 - 文本”，“持续时间”为“00:00:02:10”。在“基本图形”面板“编辑”中，“文本内容”为“黄河安澜”，“文本”中“字体”为“微软雅黑”，“字体大小”为 300，“外观”中“填充”为“白色（RGB 255 255 255）”，“对齐和变换”中“水平居中对齐”和“垂直居中对齐”，如图 8-103 所示。

④在“时间线”面板，把“标尺”移动到“00:00:15:00”处，将“项目”面板中的“镜头 02”素材添加到“时间线”面板的 V3 轨道，“持续时间”为“00:00:02:10”。

⑤为“时间线”面板 V2 轨道“黄河安澜”素材添加“效果→视频效果→监控→轨道遮罩键”效果，在“效果控件”面板展开“轨道遮罩键”效果进行设置，设置参数如下：“合成方式”为“亮度遮罩”，“遮罩”为“视频 3”，如图 8-104 所示。

如图 8-103　设置文本参数

图 8-104　设置“轨道遮罩键”

⑥为 V2 轨道“黄河安澜”素材添加“效果→视频效果→扭曲→变换”效果，在“效果控件”面板展开“变换”效果设置关键帧动画，参数设置如下：在“00:00:00:15”时“缩放”为 0，“不透明度”为 0；在“00:00:03:00”时“缩放”为 100，“不透明度”为 100%，如图 8-105 所示。

图 8-105　关键帧动画

3. 制作音乐

①在“时间线”面板，把“标尺”移动至“00:00:03:00”处，将“项目”面板中的“音乐”素材添加到“时间线”面板的 A1 轨道，如图 8–106 所示。

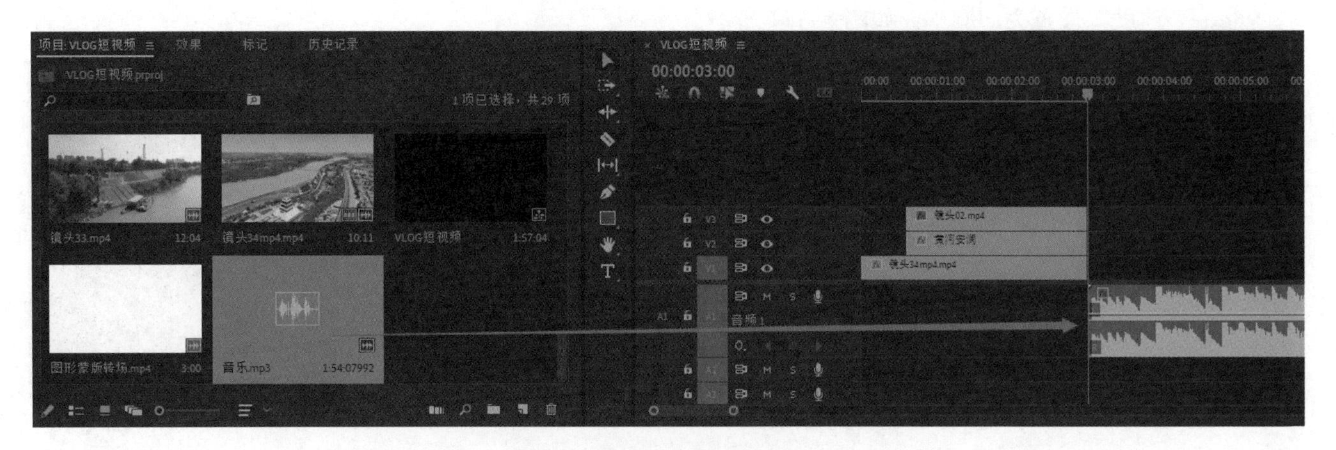

图 8–106　将“音乐”素材添加到 A1 轨道

②选择 A1 轨道“音乐”素材，右击鼠标执行“音频增益”命令，“音频增益”中“调整增益值”为 –3dB。如图 8–107 所示。

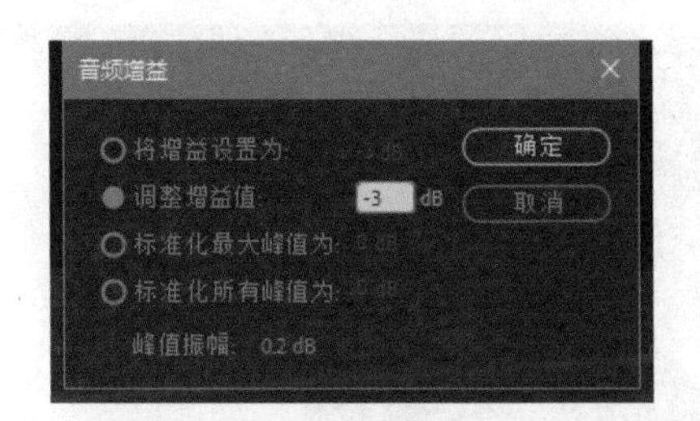

图 8–107　设置“音频增益”

③选择 A1 轨道“音乐”素材，右击鼠标执行“重新混合→启动重新混合”命令，“基本声音”面板中调整“持续时间”，“持续时间”中“目标持续时间”设置为“00:00:15:00”，如图 8–108 和图 8–109 所示。

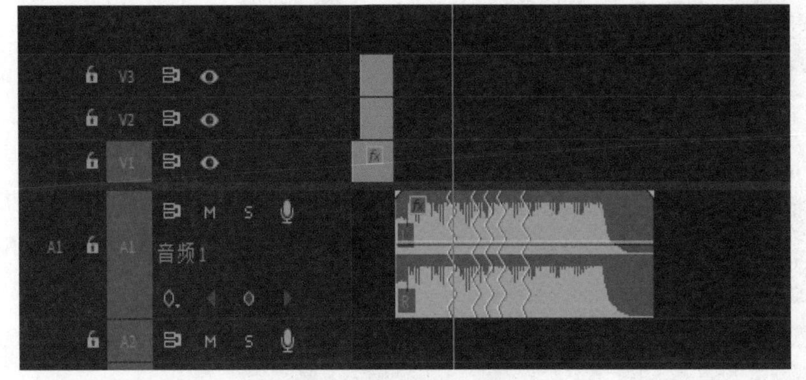

图 8–108　调整“目标持续时间”

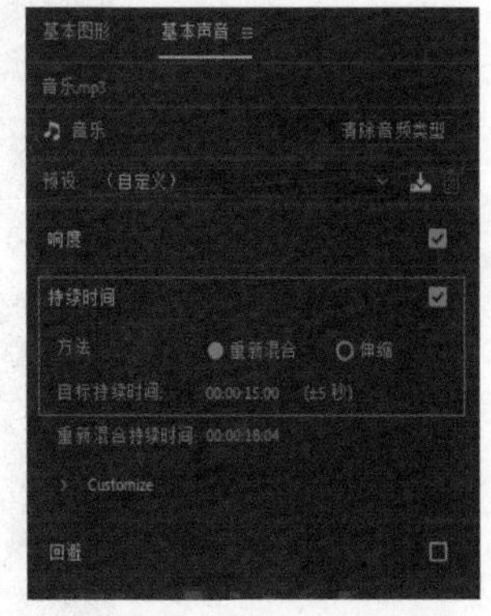

图 8–109　调整后效果

4. 编辑画面

①在“时间线”面板，把“标尺”移动至“00:00:03:00”处，将“项目”面板中的“镜头 03”素材添加到“时间线”面板的 V1 轨道，持续时间为“00:00:00:03”；将“镜头 32”素材添加到 V1 轨道的“00:00:03:03”处，持续时间为“00:00:00:03”；将“镜头 05”素材添加到 V1 轨道的“00:00:03:06”处，持续时间为“00:00:00:03”；将“镜头 02”素材添加到 V1 轨道的“00:00:03:09”处，持续时间为“00:00:00:03”；将“镜头 01”素材添

加到 V1 轨道的“00:00:03:12”处，持续时间为“00:00:00:05”，如图 8–110 所示。

②在“时间线”面板，把“标尺”移动至“00:00:03:17”处，将“项目”面板中的“镜头 18”素材添加到“时间线”面板的 V1 轨道，选择素材，鼠标右击执行“速度 / 持续时间”，命令，弹出“剪辑素材 / 持续时间”对话框，“速度”设置为 2000%，如图 8–111 所示。

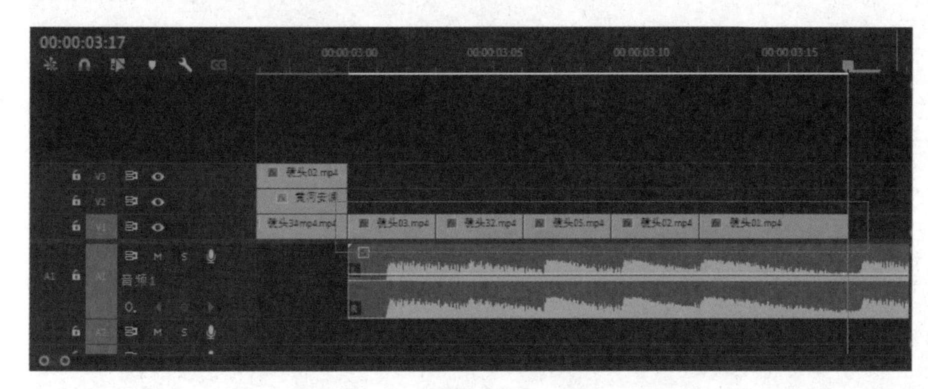

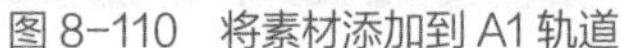
图 8–110　将素材添加到 A1 轨道

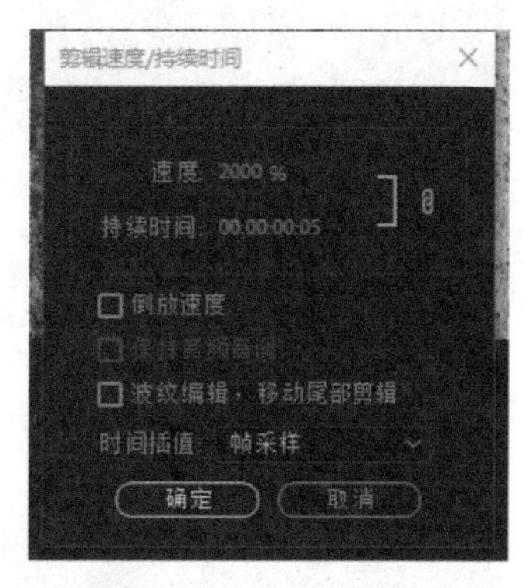

图 8–111　设置“速度”

③在“时间线”面板，把“标尺”移动至“00:00:03:22”处，用“剃刀工具”剪辑“镜头 18”素材，将“00:00:03:22”之后的“镜头 18”素材恢复常速 100%，持续时间为“00:00:00:11”，即可得到一段变速运镜，也可以使用“时间重映射”进行制作，如图 8–112 所示。

图 8–112　制作变速运镜

④在“时间线”面板，把“标尺”移动至“00:00:04:08”处，将“项目”面板中的“镜头 31”素材添加到“时间线”面板的 V1 轨道，预览素材，选取“镜头 31”素材开头部分、中间部分、结尾部分使用“剃刀工具进行剪辑”，三段素材的持续时间为“00:00:00:03”，完成抽帧效果，如图 8–113 所示。

图 8-113　制作抽帧效果

⑤在“时间线”面板，把“标尺”移动至“00:00:04:17”处，将“项目”面板中的“镜头 19”素材添加到“时间线”面板的 V1 轨道，持续时间为“00:00:00:19”，为素材添加“效果→视频效果→变换→裁剪”效果。

⑥复制 V1 轨道“镜头 19”素材“4 份”至 V2、V3、V4、V5 轨道。

⑦对每个轨道的“镜头 19”素材的“裁剪”效果进行设置，在“效果控件”面板展开“裁剪”效果，V1 轨道“镜头 19”“裁剪”效果参数设置如下：“左侧”为 1.0%，“顶部”为 1.0%，“右侧”为 79.5%，“底部”为 1.0%。V2 轨道“镜头 19”“裁剪”效果参数设置如下：“左侧”为 21.0%，“顶部”为 1.0%，“右侧”为 60.0%，“底部”为 1.0。V3 轨道“镜头 19”“裁剪”效果参数设置如下：“左侧”为 40.5%，“顶部”为 1.0%，“右侧”为 40.5%，“底部”为 1.0%。V4 轨道“镜头 19”“裁剪”效果参数设置如下：“左侧”为 60.0%，“顶部”为 1.0%，“右侧”为 20.0%，“底部”为 1.0%。V5 轨道“镜头 19”“裁剪”效果参数设置如下：“左侧”为 80.5%，“顶部”为 1.0%，“右侧”为 1.0%、“底部”为 1.0%。如图 8-114 ~ 图 8-118 所示。最终效果如图 8-119 所示。

图 8-114　V1 轨道“镜头”的“裁剪”效果参数设置

图 8-115　V2 轨道“镜头”的“裁剪”效果参数设置

图 8-116　V3 轨道“镜头”的“裁剪”效果参数设置

图 8-117　V4 轨道“镜头”的“裁剪”效果参数设置

图 8-118　V5 轨道“镜头”的“裁剪”效果参数设置

图 8-119 效果图

⑧在“时间线”面板，将“标尺”移动至“00:00:04:20”处，使用“剃刀工具”对V2轨道“镜头19”素材进行剪辑，并删除“00:00:04:20”之前多余的素材；将“标尺”移动至“00:00:04:23”处，使用“剃刀工具”对V3轨道“镜头19”素材进行剪辑，并删除“00:00:04:23”之前多余的素材；将“标尺”移动至“00:00:05:01”处，使用“剃刀工具”对V4轨道“镜头19”素材进行剪辑，并删除“00:00:05:01”之前多余的素材；将“标尺”移动至“00:00:05:04”处，使用“剃刀工具”对V5轨道“镜头19”素材进行剪辑，并删除“00:00:05:04”之前多余的素材，如图8-120所示。

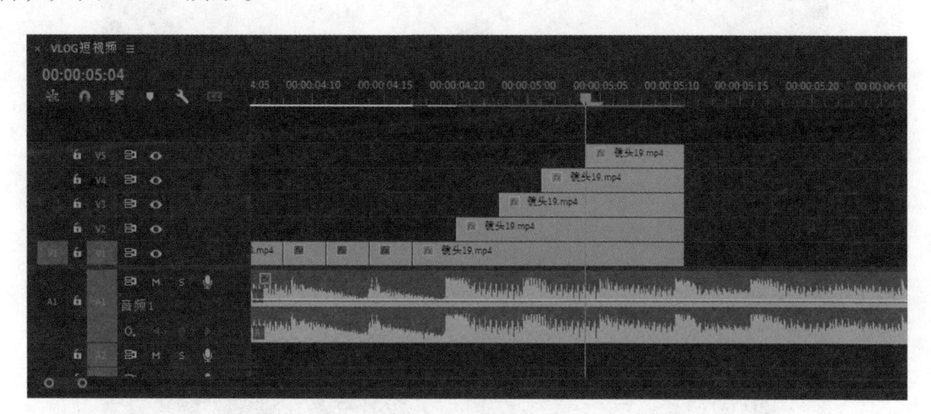

图 8-120 删除部分素材

⑨在“时间线”面板，将“标尺”移动至“00:00:05:11”处，将“项目”面板中的“镜头28”素材添加到“时间线”面板的V1轨道，复制V1轨道素材至V2轨道“1份”。为V1、V2轨道素材添加“效果→视频效果→变换→裁剪”和“效果→视频效果→变换→垂直反转”效果，设置V1轨道素材“运动”和“裁剪”参数，参数设置为：“运动”中“位置”为960、132，“裁剪”中“顶部”为16%；设置V2轨道素材“运动”和“裁剪”参数，参数设置为：“运动”中“位置”为960、875，“裁剪”中“顶部”为16%。如图8-121和图8-122所示。

⑩分别为V1轨道和V2轨道的“镜头28”素材设置“变速”效果，鼠标左击执行“速度/持续时间”命令，弹出“剪辑素材/持续时间”对话框，“速度”设置为1000%。将“时间线”面板的“标尺”移动至“00:00:05:15”处，用“剃刀工具”对V1轨道和V2轨道的“镜头28”素材进行剪辑，在分别将V1轨道和V2轨道的“镜头28”素材恢复常速100%。也可以使用“时间重映射”进行制作，将“标尺”移动至“00:00:06:01”处，用“剃刀工具”对V1轨道和V2轨道的“镜头28”素材进行剪辑，并删掉“00:00:06:01”之后的素材，如图8-123所示。

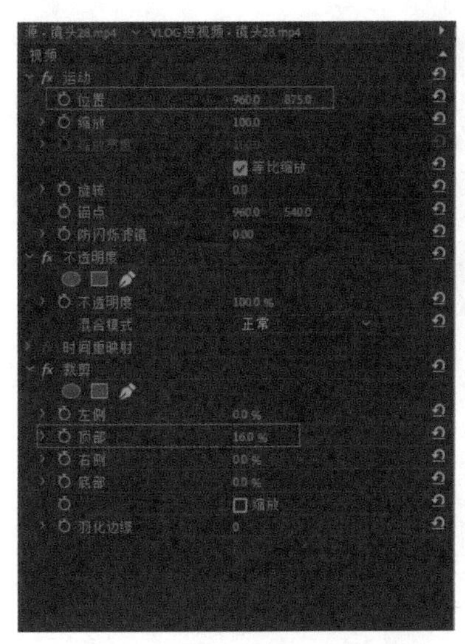
图 8-121 设置 V1 轨道素材参数

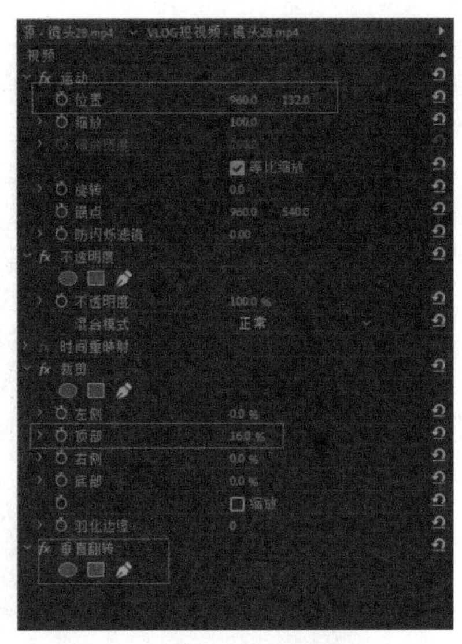
图 8-122 设置 V2 轨道素材参数

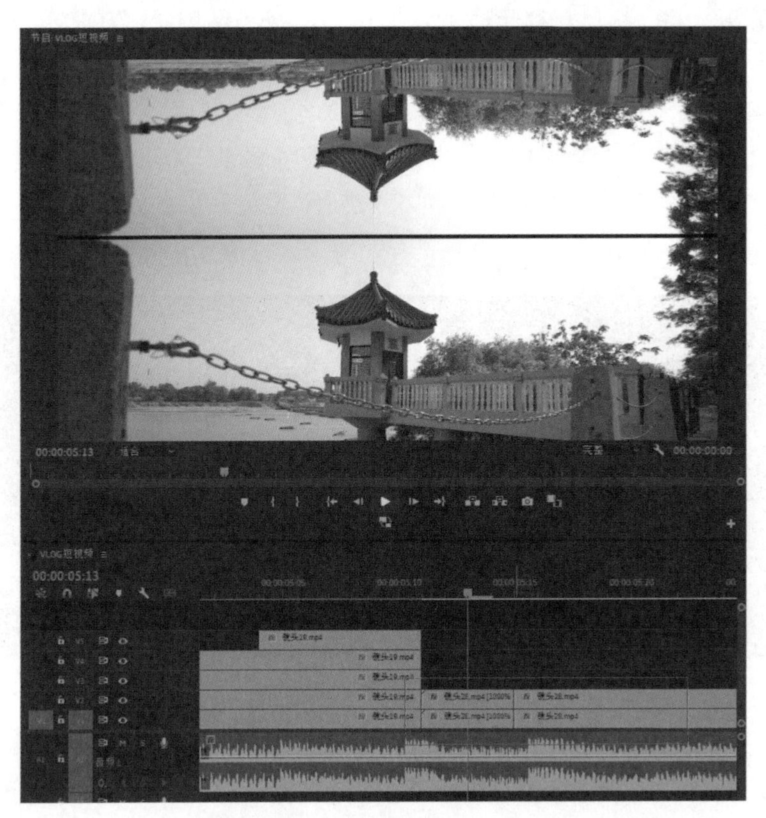
图 8-123 删掉部分素材

⑪ 在“时间线”面板，将“标尺”移动至“00:00:06:01”处，将“项目”面板中的“镜头 16”素材添加到“时间线”面板的 V1 轨道，对素材制作抽帧和变速效果。在素材开始部分，使用“剃刀工具”剪辑持续时间为“00:00:00:03”的素材，向右移动“标尺”再选取一段持续时间为“00:00:00:03”的素材并将素材移动至“00:00:06:04”处，选中 V1 轨道剩余的“镜头 16”的素材，在该段素材的开头部分减去 1 秒，将剪后的素材移动至“00:00:06:07”处。将“标尺”移动至“00:00:06:17”处，用“剃刀工具”剪辑素材，将“00:00:06:17”之后的素材制作“变速”，鼠标右击执行“速度 / 持续时间”命令，弹出“剪辑素材 / 持续时间”对话框，“速度”设置为 750%。将“标尺”移动至“00:00:07:07”处，用“剃刀工具”剪辑素材，将“00:00:07:07”之后的素材恢复常速。将“00:00:09:00”处，用“剃刀工具”剪辑并删除“00:00:09:00”之后的素材，如图 8-124 所示。

图 8-124　删除“镜头 16”部分素材

⑫ 将“项目”面板中的“镜头 10”素材添加到“时间线”面板的 V1 轨道，持续时间为“00:00:01:18”。将“镜头 08”素材添加到“时间线”面板的 V2 轨道，持续时间为“00:00:01:18”，如图 8-125 所示。

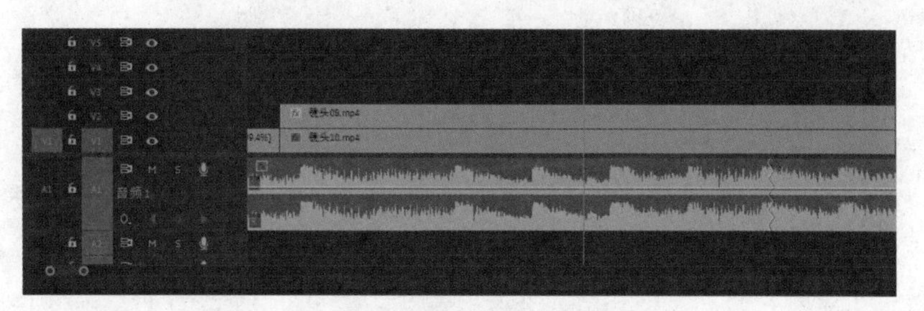

图 8-125　添加“镜头 08”素材

⑬ 选择 V2 轨道“镜头 08”素材添加“不透明度”蒙版，在“效果控件”面板展开“不透明度”效果，鼠标左击“钢笔工具”为画面绘制蒙版，并设置“蒙版羽化”值为 450，如图 8-126 所示。

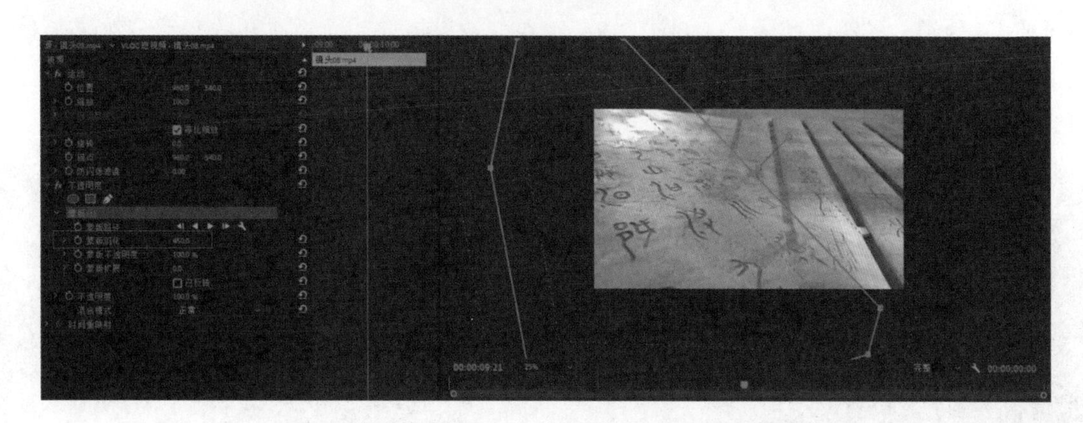

图 8-126　为“镜头 08”素材添加“不透明模板”蒙版

⑭ 在“时间线”面板，将“标尺”移动至“00:00:10:18”处，将“项目”面板中的“镜头 11”素材添加到“时间线”面板的 V1 轨道，持续时间为“00:00:01:20”。将“镜头 13”素材添加到“时间线”面板的 V2 轨道，持续时间为“00:00:01:20”，如图 8-127 所示。

⑮ 选择 V1 轨道“镜头 11”素材在“效果控件”面板设置“运动”效果，设置参数为“运动”中“位置”为 960、600，如图 8-128 所示。

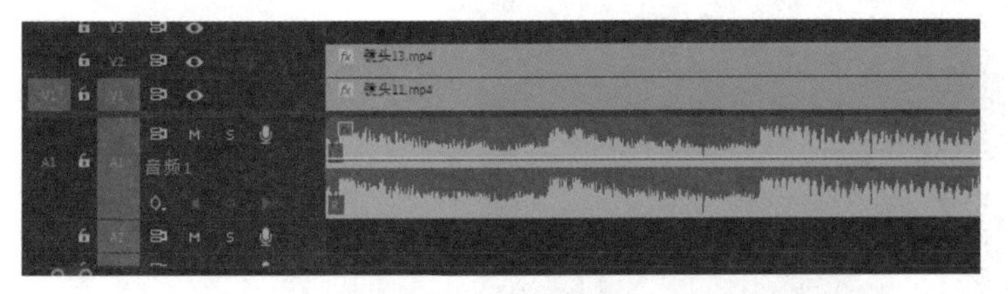

图 8-127 添加“镜头 13”素材到 V2 轨道

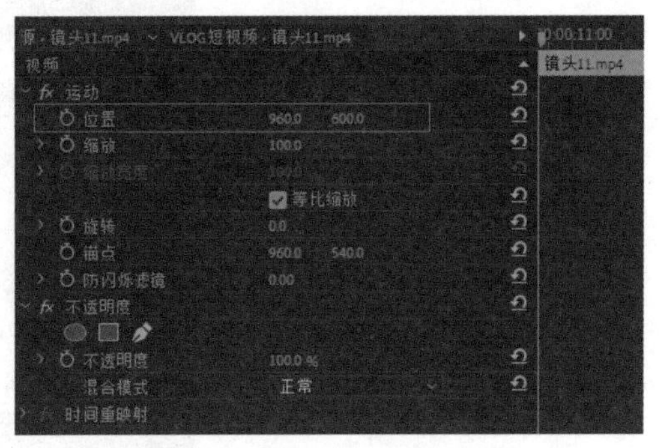

图 8-128 设置“镜头 11”效果

⑯ 选择 V2 轨道“镜头 13”素材添加“不透明度”蒙版，在“效果控件”面板设置“运动”效果，设置参数为“运动”中“位置”为 960、440，“缩放”为 102，“旋转”为 -1°。展开“不透明度”效果，鼠标左击“矩形”，调整“矩形蒙版”大小，为画面绘制蒙版，并设置“蒙版羽化”值为 300，如图 8-129 所示。

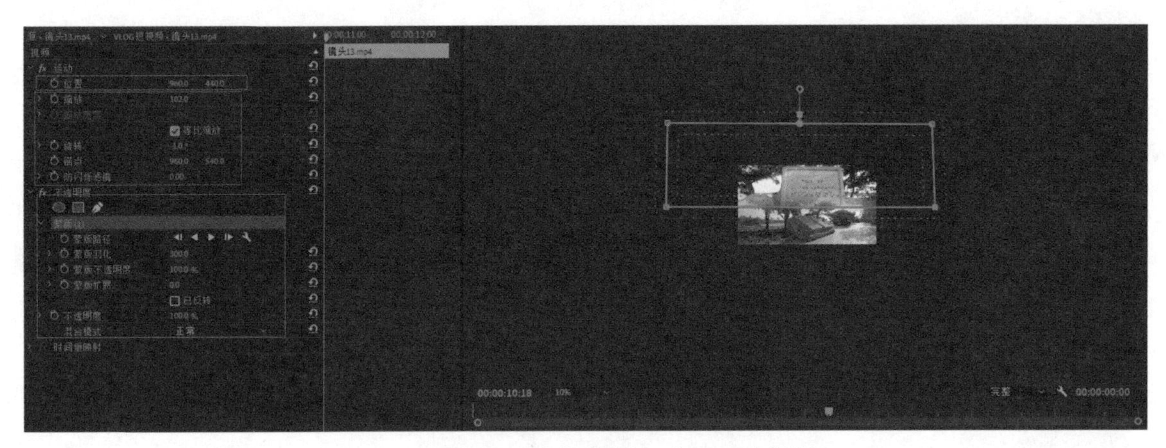

图 8-129 为“镜头 13”素材添加“不透明度”蒙版

⑰ 在“时间线”面板，将“标尺”移动至“00:00:12:13”处，将“项目”面板中的“镜头 21”素材添加到“时间线”面板的 V3 轨道，持续时间为“00:00:01:17”。在“效果控件”面板展开“运动”效果，对“缩放”进行设置，设置“缩放”为 110，如图 8-130 所示。

⑱ 选择“镜头 21”素材，在素材最开始“00:00:12:13”处导出单帧画面，如图 8-131 所示。

图 8-130 设置“镜头 21”素材参数

图 8-131　导出单帧画面

⑲ 执行"文件→导入→路径→超然楼→单帧"命令，导入单帧。

⑳ 在"时间线"面板，将"标尺"移动至"00:00:12:06"处，将"项目"面板中的"超然楼 - 单帧"素材添加到 V3 轨道，持续时间为"00:00:00:07"。

㉑ 选择 V3 轨道"超然楼→单帧"素材添加"不透明度"蒙版，在"效果控件"面板展开"不透明度"，用"钢笔工具"对画面的楼体部分进行蒙版绘制，"蒙版羽化"值为 2.0，如图 8-132 所示。

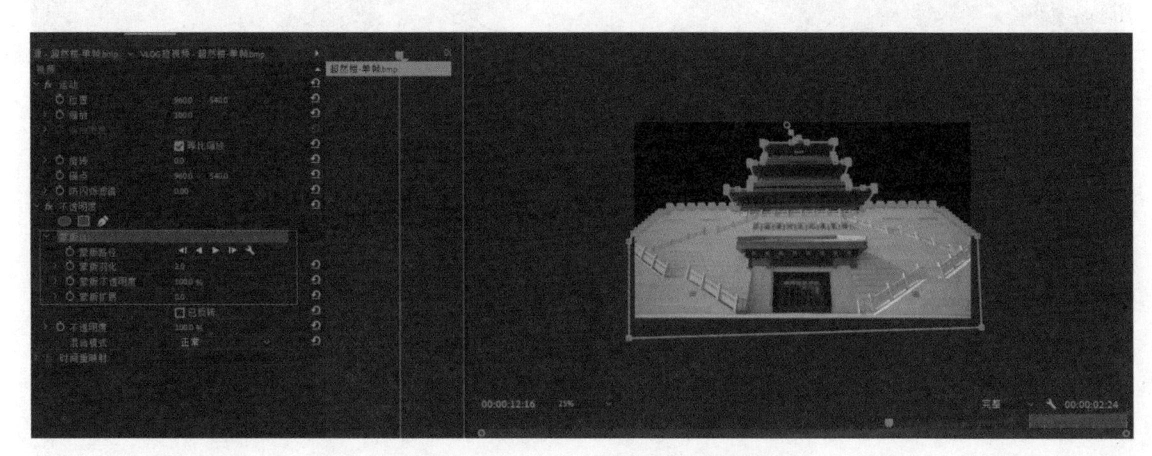

图 8-132　添加"不透明度"蒙版

㉒ 设置 V3 轨道"超然楼→单帧"素材的"运动"关键帧动画，在"效果控件"面板展开"运动"效果，设置"位置"关键帧动画，参数设置为：在"00:00:12:06"时"位置"为 960、1600；在"00:00:12:10"时"位置"为 960、691.4，如图 8-133 所示。

㉓ 在"时间线"面板，将"标尺"移动至"00:00:13:19"处，将"项目"面板中的"镜头 22"素材添加到 V4 轨道，将"图形蒙版转场"素材添加到 V5 轨道。

㉔ 将 V5 轨道"图形蒙版转场"素材的"速度 / 持续时间"设置为 300%，将"标尺"移动至"00:00:14:05"处，用"剃刀工具"剪掉并删除 V5 轨道"图形蒙版转场"素材"00:00:14:05"之后的素材，如图 8-134 所示。

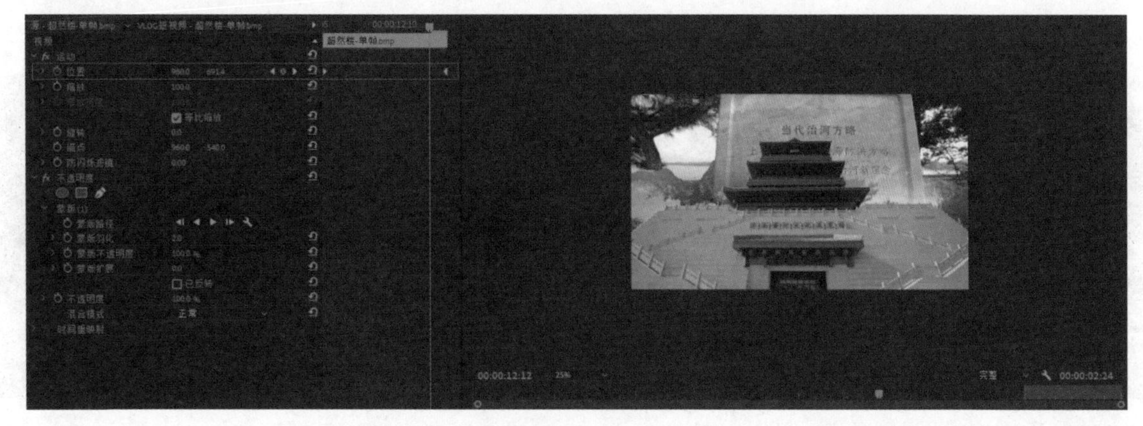

图 8-133　设置"运动"关键帧动画

图 8-134 删除部分素材

㉕ 为 V4 轨道“镜头 22”素材添加“效果→视频效果→监控→轨道遮罩键”，在“效果控件”面板展开“轨道遮罩键”设置参数，“合成方式”为“亮度遮罩”，“遮罩：”为“视频 5”，如图 8-135 所示。

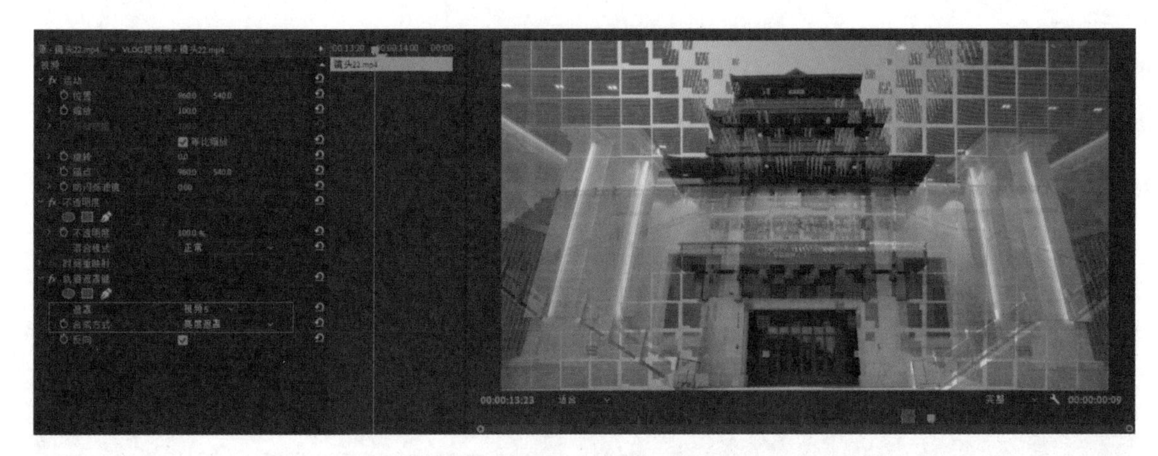

图 8-135 设置“轨道遮罩键”

㉖ 在“时间线”面板，将“标尺”移动至“00:00:14:05”处，用“剃刀工具”V4 轨道“镜头 22”素材进行剪辑，对“00:00:14:05”之后的 V4 轨道“镜头 22”素材制作“速度 / 持续时间”效果，选择素材，鼠标右击执行“速度 / 持续时间”命令，弹出对话框，“剪辑速度 / 持续时间”中“速度”设置为 3000%，如图 8-136 所示。

㉗ 将“标尺”移动至“00:00:14:10”处，用“剃刀工具”对 V4 轨道“镜头 22”素材进行剪辑，将“00:00:14:10”之后的 V4 轨道“镜头 22”素材恢复常速 100%。

㉘ 将“标尺”移动至“00:00:14:15”处，用“剃刀工具”对 V4 轨道“镜头 22”素材进行剪辑并删除“00:00:14:15”之后的素材。

㉙ 将“项目”面板中的“镜头 25”素材添加到 V1 轨道，用“剃刀工具”剪辑素材“开始部分”和“结束部分”“持续时间”为“00:00:00:05”的素材，并把两段素材移动至“00:00:14:15”和“00:00:14:20”处，如图 8-137 所示。

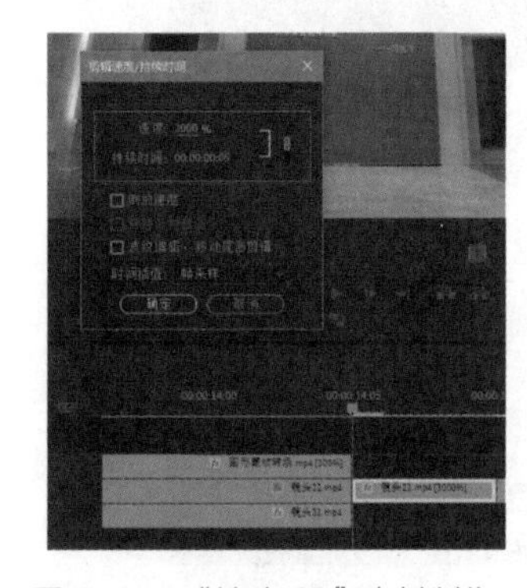

图 8-136 “镜头 22”素材制作“速度 / 持续时间”效果

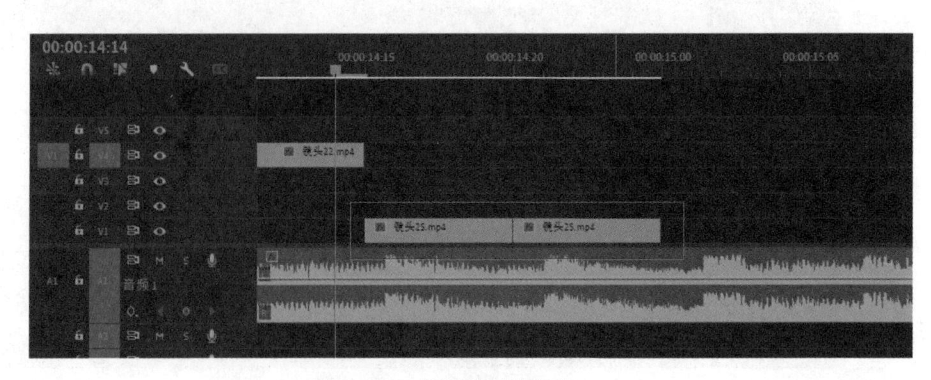

图 8-137 送回素材并移动

㉚ 将“标尺”移动至“00:00:15:00”处，将“项目”面板中的“镜头 26”素材添加到 V1 轨道，将“镜头 24”素材添加到 V2 轨道，如图 8-138 所示。

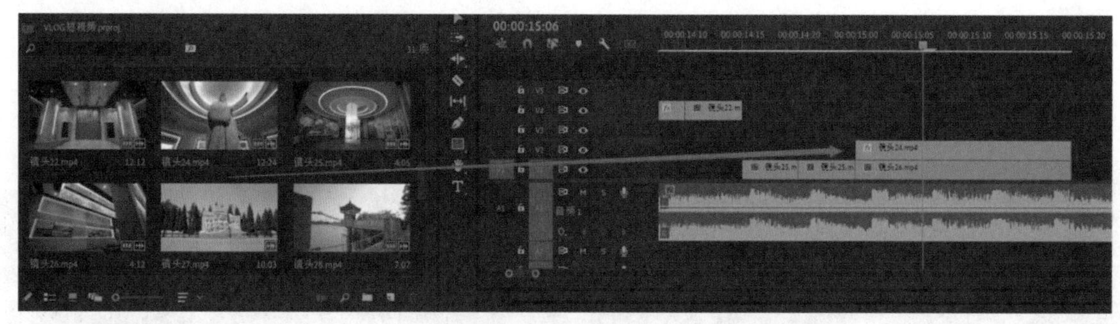

图 8-138　添加素材

㉛ 选择 V2 轨道“镜头 24”素材在“效果控件”面板展开“不透明度”效果，绘制“不透明度”蒙版，点击“钢笔工具”将画面中“人物雕像”的部分绘制出来，设置“蒙版羽化”值为 100。设置“运动”参数：“运动”中“位置”为 543、600，“缩放”为 125，如图 8-139 所示。

㉜ 在“时间线”面板，将“标尺”移动至“00:00:15:19”处，将“项目”面板中的“镜头 27”素材添加到 V1 轨道。选择素材，鼠标右击执行“速度 / 持续时间”命令，弹出对话框，把“剪辑速度 / 持续时间”中的“速度”设置为 2000%。将“标尺”移动至“00:00:15:23”处，用“剃刀工具”对 V1 轨道“镜头 27”素材进行剪辑，并将“00:00:15:23”之后的素材恢复常速 100%。将“标尺”移动至“00:00:16:08”处，用“剃刀工具”对 V1 轨道“镜头 27”素材进行剪辑。

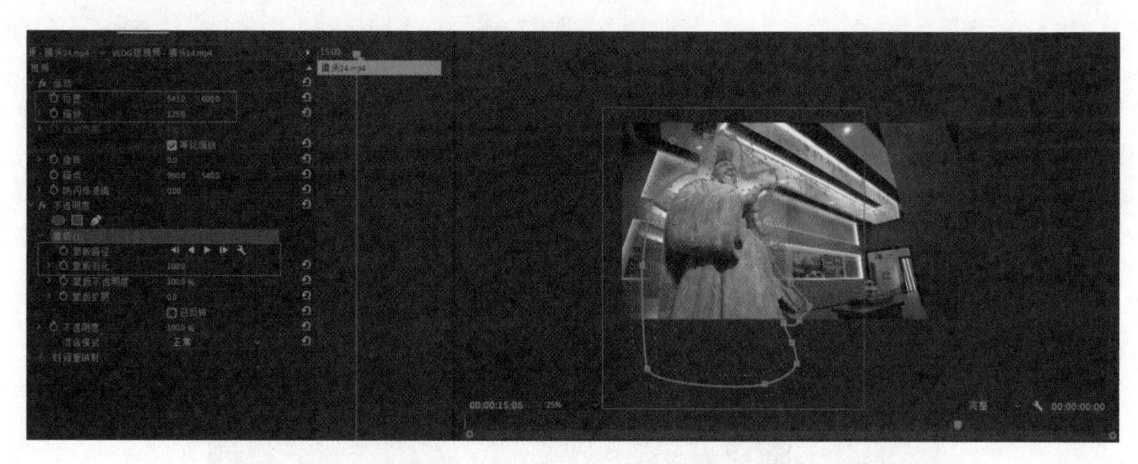

图 8-139　设置“蒙版羽化”和“运动”参数

图 8-140　剪辑素材并移动

㉝ 选择“00:00:16:08”之后的 V1 轨道“镜头 27”素材的“中间部分”和“介绍部分”用“剃刀工具”剪辑两段“持续时间”为“00:00:00:05”的素材，顺序移动至“00:00:16:08”和“00:00:16:13”处，如图 8-140 所示。

㉞ 在“时间线”面板，将“标尺”移动至“00:00:16:18”处，将“项目”面板中的“镜头 17”素材添加到 V1 轨道，“持续时间”为“00:00:00:03”。将“标尺”移动至“00:00:16:21”处，将“项目”面板中的“镜头 20”素材添加到 V1 轨道，“持续时间”为“00:00:00:03”。将“标尺”移动至“00:00:16:24”处，将“项目”面板中的“镜头 33”素材添加到 V1 轨道，“持续时间”为“00:00:00:03”。将“标尺”移动至“00:00:17:02”处，将“项目”

面板中的“镜头 04”素材添加到 V1 轨道，“持续时间”为“00:00:00:03”，如图 8–141 所示。

㉟ 将“标尺”移动至“00:00:17:05”处，将“项目”面板中的“镜头 30”素材添加到 V1 轨道，将“标尺”移动至“00:00:17:10”处，用“剃刀工具”对 V1 轨道“镜头 30”素材进行剪辑，选择“00:00:17:10”之后的 V1 轨道“镜头 30”素材，鼠标右击执行“速度 / 持续时间”命令，弹出对话框，“剪辑速度 / 持续时间”中的“速度”设置为 10000%，如图 8–142 所示。

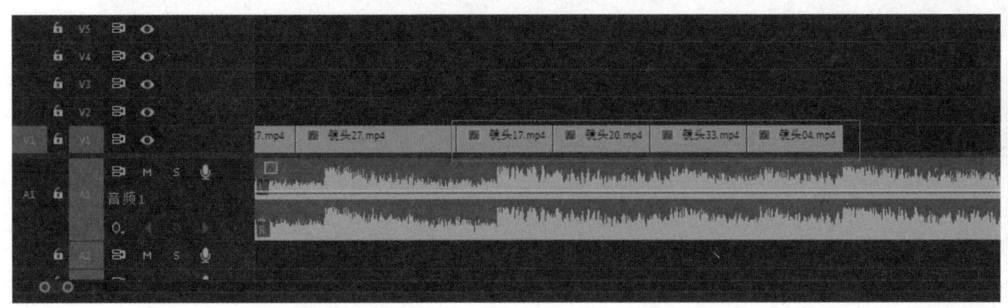

图 8–141　添加素材

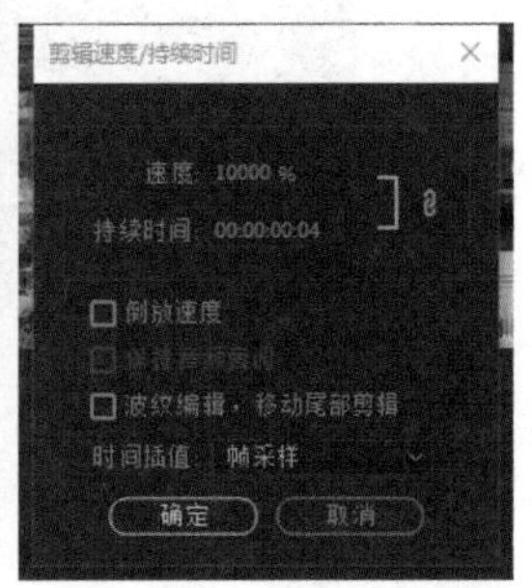

图 8–142　设置速度

㊱ 将“标尺”移动至“00:00:17:14”处，用“剃刀工具”对 V1 轨道“镜头 30”素材进行剪辑，对“00:00:17:14”之后的素材恢复常速 100%。

㊲ 将“00:00:17:23”处，执行“图形和标题→新建图层→文字”，在“基本图形”面板中编辑文字，“文字内容”为“让黄河成为造福人民的幸福河”，“文本”中“字体”为“微软雅黑”，“字体大小”为 102，“字距调整”为 100，“外观”中关闭“填充”，启动“描边”，“描边宽度”为 3，“描边方向”为“外侧”，“对齐并变换”中“对齐”为“水平居中对齐”和“垂直居中对齐”，“切换动画的位置”为 230.7、576.6，如图 8–143 所示。

图 8–143　设置文字参数

㊳ 为 V2 轨道“字幕”素材添加“效果→视频过渡→溶解→交叉溶解”。

㊴ 点击“导出”，选择“路径”，完成渲染。

拓展案例